高等院校"十二五"规划教材

AutoCAD 2012 中文版
实用教程

张彬 汪胜莲　主编

王凡 郭剑琴 李慧　副主编

人民邮电出版社
北　京

图书在版编目（CIP）数据

AutoCAD2012中文版实用教程 / 张彬，汪胜莲主编
. -- 北京 ：人民邮电出版社，2014.9（2019.7重印）
高等院校"十二五"规划教材
ISBN 978-7-115-36786-0

Ⅰ．①A… Ⅱ．①张… ②汪… Ⅲ．①AutoCAD软件—
高等学校—教材 Ⅳ．①TP391.72

中国版本图书馆CIP数据核字（2014）第186272号

内 容 提 要

本书共 11 章，系统地介绍了 AutoCAD 2012 的功能和操作技巧，包括初识 AutoCAD 2012、绘图设置、绘制基本建筑图形、绘制复杂建筑图形、编辑建筑图形、输入文字与应用表格、尺寸标注、图块与外部参照、创建和编辑三维模型、信息查询与辅助工具、打印与输出等内容。

本书既突出基础性学习，又重视实践性应用，内容讲解均以课堂案例为主线，每个案例都有详细的操作步骤，读者通过案例操作可快速熟悉软件功能和室内设计绘图思路。每章的软件功能解析部分使读者能够深入学习软件功能、了解制作特色。部分章节的最后还安排了课堂练习和课后习题，以求尽快提高读者的室内设计绘图水平，拓展读者的实际设计应用能力。

本书可作为高等院校设计类各专业 AutoCAD 课程的教材，也可供初学者自学参考。

◆ 主　　编　张　彬　汪胜莲
　　副主编　王　凡　郭剑琴　李　慧
　　责任编辑　吴宏伟
　　执行编辑　喻智文
　　责任印制　张佳莹　杨林杰

◆ 人民邮电出版社出版发行　　北京市丰台区成寿寺路 11 号
　　邮编　100164　电子邮件　315@ptpress.com.cn
　　网址　http://www.ptpress.com.cn
　　北京捷迅佳彩印刷有限公司印刷

◆ 开本：787×1092　1/16
　　印张：17.5　　　　　　　2014 年 9 月第 1 版
　　字数：482 千字　　　　　2019 年 7 月北京第 4 次印刷

定价：39.80 元

读者服务热线：（010）81055256　印装质量热线：（010）81055316
反盗版热线：（010）81055315

前言

PREFACE

　　AutoCAD 是由 Autodesk 公司开发的计算机辅助设计软件。它功能强大、易学易用，深受室内设计人员的喜爱，已经成为这一领域最流行的软件之一。目前，我国很多高职院校的数字媒体艺术类专业，都将 AutoCAD 作为一门重要的专业课程。为了帮助高职院校的教师全面、系统地讲授这门课程，使学生能够熟练地使用 AutoCAD 来进行室内设计制图，我们几位长期在高职院校从事 AutoCAD 教学的教师和专业装饰设计公司经验丰富的设计师，共同编写了本书。

　　我们对本书的编写结构做了精心的设计，按照"课堂案例－软件功能解析－课堂练习－课后习题"的思路进行编排，力求通过课堂案例演练，使读者快速熟悉软件功能和设计制图思路。

　　通过软件功能解析，使读者深入学习软件功能和绘图技巧。

　　通过课堂练习和课后习题，拓展读者的实际设计应用能力。

　　在内容编写方面，我们力求细致全面、重点突出；在文字叙述方面，我们注意言简意赅、通俗易懂。

　　在案例选取方面，我们强调案例的针对性和实用性。

　　本书由张彬、汪胜莲主编，王凡、郭剑琴、李慧副主编。

　　由于时间仓促，加之水平有限，书中难免存在错误和不妥之处，敬请广大读者批评指正。

编　者
2014 年 5 月

目录 CONTENTS

第1章 初识 AutoCAD 2012

本章主要介绍 AutoCAD 的基本概况和 AutoCAD 在建筑制图中的应用，同时还将详细讲解启动 AutoCAD 2012 中文版、AutoCAD 2012 中文版的工作界面及文件的操作方法。本章介绍的知识可帮助用户快速了解 AutoCAD 2012 中文版这一款绘图软件的特点与功能。

课堂学习目标

- AutoCAD 在建筑制图中的应用
- 启动 AutoCAD 2012 中文版
- AutoCAD 2012 中文版的工作界面
- 文件的基础操作
- 命令的使用方法
- 绘图窗口的视图显示
- 鼠标的定义
- 使用帮助和教程

1.1 AutoCAD 在建筑制图中的应用

AutoCAD 主要应用于建筑、机械等行业，凭借其强大的平面绘图功能、直观的界面和简捷的操作等优点，该软件赢得了众多工程师的青睐。在建筑设计方面，利用 AutoCAD 2012 可以完成建筑绘图中的二维绘图和三维绘图。建筑工程师应用 AutoCAD 可方便地绘制建筑施工图、结构施工图、设备施工图和三维图形，并可快速标注图形尺寸，打印图形，还能够进行三维图形渲染，制作出逼真的效果图。

1.2 启动 AutoCAD 2012 中文版

启动 AutoCAD 2012 中文版的方式有以下 3 种。

1. 双击桌面上的快捷图标

安装 AutoCAD 2012 中文版后，默认设置将在 Windows 2000/NT/XP/7 等系统的桌面上产生一个快捷图标，如图 1-1 所示，双击该快捷图标，启动 AutoCAD 2012 中文版。

AutoCAD 2012 - Simplified Chinese

图 1-1

2. 选择菜单命令

选择"开始>程序> Autodesk>AutoCAD 2012-Simplified Chinese>AutoCAD 2012-Simplified Chinese"命令，如图 1-2 所示，启动 AutoCAD 2012 中文版。

3. 双击图形文件

若硬盘内已存在 AutoCAD 的图形文件（*.dwg），双击该图形文件，即可启动 AutoCAD 2012 中文版，并在窗口中打开该图形文件。

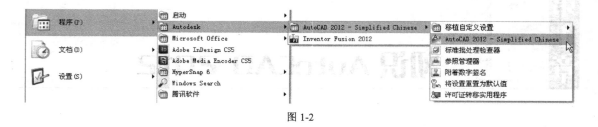

图 1-2

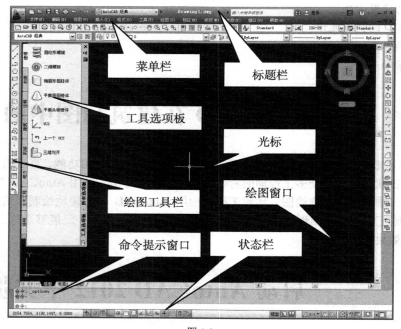

1.3 AutoCAD 2012 中文版的工作界面

AutoCAD 2012 中文版工作界面主要由标题栏、菜单栏、工具栏、工具选项板、绘图工具栏、绘图窗口、命令提示窗口等部分组成，如图 1-3 所示。AutoCAD 为用户提供了比较完善的操作环境，下面分别介绍主要部分的功能。

图 1-3

1.3.1 标题栏

标题栏显示软件的名称、版本，以及当前绘制的图形文件的文件名。运行 AutoCAD 2012 时，在没有打开任何图形文件的情况下，标题栏显示的是"Drawing1.dwg"，其中"Drawing1"是系统默认的文件名，".dwg"是 AutoCAD 图形文件的后缀名。

1.3.2 绘图窗口

绘图窗口是用户绘图的工作区域，相当于工程制图中绘图板上的绘图纸，用户绘制的图形显示于该窗口。绘图窗口的左下方显示坐标系的图标。该图标指示绘图时的正负方位，其中的"X"

和"Y"分别表示 *x* 轴和 *y* 轴，箭头指示着 *x* 轴和 *y* 轴的正方向。

　　AutoCAD 2012 包含两种绘图环境，分别为模型空间和图纸空间。系统在绘图窗口的左下角提供了 3 个切换选项卡，如图 1-4 所示。默认的绘图环境为模型空间，单击"布局 1"或"布局 2"选项卡，绘图窗口会从模型空间切换至图纸空间。

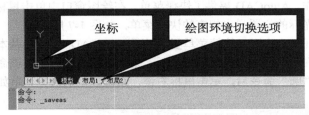

图 1-4

1.3.3 菜单栏

　　菜单栏集合了 AutoCAD 2012 中的绘图命令，如图 1-5 所示。这些命令被分类放置在不同的菜单中，供用户选择使用。

图 1-5

1.3.4 工具栏

　　工具栏是由形象化的图标按钮组成的。它提供选择 AutoCAD 命令的快捷方式，如图 1-6 所示。单击工具栏中的图标按钮，AutoCAD 即可选择相应的命令。

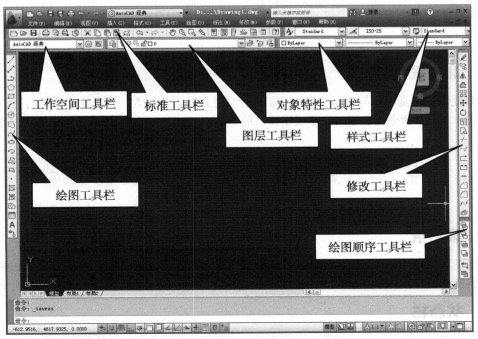

图 1-6

将鼠标光标移到某个图标按钮之上，并稍作停留，系统将显示该图标按钮的名称，同时在状态栏中显示该图标按钮的功能与相应命令的名称。

1.3.5 快捷菜单

为了方便用户操作，AutoCAD 提供了快捷菜单。在绘图窗口中单击鼠标右键，系统会根据当前系统的状态及鼠标光标的位置弹出相应的快捷菜单，如图 1-7 所示。

当用户没有选择任何命令时，快捷菜单显示的是 AutoCAD 2012 最基本的编辑命令，如"剪切"、"复制"、"粘贴"等；用户选择某个命令后，则快捷菜单显示的是该命令的所有相关命令。

例如，用户选择"圆"命令后，单击鼠标右键，系统显示的快捷菜单如图 1-8 所示。

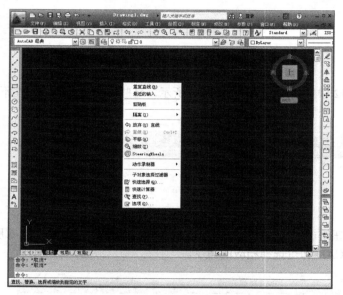

图 1-7

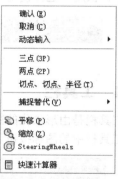

图 1-8

1.3.6 命令提示窗口

命令提示窗口是用户与 AutoCAD 2012 进行交互式对话的位置，用于显示系统的提示信息与用户的输入信息。命令提示窗口位于绘图窗口的下方，是一个水平方向的较长的小窗口，如图 1-9 所示。

图 1-9

1.3.7 滚动条

在绘图窗口的右边与下面有两个滚动条，利用这两个滚动条可以上下或左右移动视图，以便用户观察图形。

1.3.8 状态栏

状态栏位于命令提示窗口的下方，用于显示当前的工作状态与相关的信息。当鼠标出现在绘图窗口时，状态栏左边的坐标显示区将显示当前鼠标光标所在位置的坐标，如图1-10所示。

状态栏中间的14个按钮用于控制相应的工作状态。当按钮处于高亮状态时，表示打开了相应功能的开关，该功能处于打开状态。

图 1-10

例如，单击██按钮，使其处于高亮显示状态，即可打开正交模式，再次单击██按钮，即可关闭正交模式。

状态栏中间的14个按钮的功能如下。

██：控制是否使用推断约束功能。

██：控制是否使用捕捉功能。

██：控制是否显示栅格。

██：控制是否以正交模式绘图。

██：控制是否使用极轴追踪功能。

██：控制是否使用对象捕捉功能。

██：控制是否使用三维对象捕捉功能。

██：控制是否使用对象捕捉追踪功能。

██：控制是否使用动态UCS。

██：控制是否采用动态输入。

██：控制是否显示线条的宽度。

██：控制显示或隐藏透明度。

██：控制是否使用快捷特性面板。

██：控制是否选择循环。

1.4 文件的基础操作

文件的基础操作一般包括新建图形文件、打开图形文件、保存图形文件和关闭图形文件等。在进行绘图之前，用户必须掌握文件的基础操作。因此，本节将详细介绍AutoCAD文件的基础操作。

1.4.1 新建图形文件

在应用AutoCAD绘图时，首先需要新建一个图形文件。AutoCAD为用户提供了"新建"命令，用于新建图形文件。

启用命令方法：单击"新建"按钮██。

单击██按钮，选择"新建>图形"命令，弹出"选择样板"对话框，如图1-11所示。在"选择样板"对话框中，用户可以选择系统提供的样板文件，或选择不同的单位制从空白文件开始创建图形。

1．利用样板文件创建图形

在"选择样板"对话框中，系统在列表框中列出了许多标准的样板文件，供用户选择。单击██打开⑩██按钮，将选中的样板文件打开，此时用户可在该样板文件上创建图形。用户也可直接双击列表框中的样板文件将其打开。

图 1-11

AutoCAD 根据绘图标准设置了相应的样板文件，其目的是为了使图纸统一，如字体、标注样式、图层等一致。

2．从空白文件创建图形

在"选择样板"对话框中，AutoCAD 还提供了两个空白文件，分别为 acad 与 acadiso。当需要在空白文件上开始创建图形时，可以任选这两个文件之一。

acad 为英制，其绘图界限为 12 英寸×9 英寸；acadiso 为公制，其绘图界限为 420mm×297mm。

单击"选择样板"对话框中 打开⑩ 按钮右侧的 按钮，弹出下拉菜单，如图 1-12 所示。当选择"无样板打开-英制"命令时，打开的是以英制为单位的空白文件；当选择"无样板打开-公制"命令时，打开的是以公制为单位的空白文件。

图 1-12

1.4.2　打开图形文件

可以利用"打开"命令来浏览或编辑绘制好的图形文件。

启用命令方法：单击"打开"按钮 。

单击 按钮，选择"打开>图形"命令，弹出"选择文件"对话框，如图 1-13 所示。在"选择文件"对话框中，用户可通过不同的方式打开图形文件。

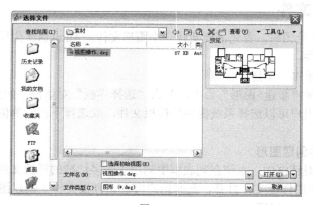

图 1-13

在"选择文件"对话框的列表框中选择要打开的文件，或者在"文件名"选项的文本框中输入要打开文件的路径与名称，单击 打开(D) 按钮，打开选中的图形文件。

单击 打开(D) 按钮右侧的 按钮，弹出下拉菜单，如图1-14所示。选择"以只读方式打开"命令，图形文件将以只读方式打开；选择"局部打开"命令，可以打开图形的一部分；选择"以只读方式局部打开"命令，则以只读方式打开图形的一部分。

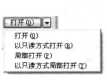

图1-14

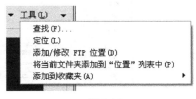

图1-15

当图形文件包含多个命名视图时，选择"选择文件"对话框中的"选择初始视图"复选框，在打开图形文件时可以指定显示的视图。

在"选择文件"对话框中单击 工具(L) 按钮，弹出下拉菜单，如图1-15所示。选择"查找"命令，弹出"查找"对话框，如图1-16所示。在"查找"对话框中，可以根据图形文件的名称、位置或修改日期来查找相应的图形文件。

图1-16

1.4.3 保存图形文件

绘制图形后，就可以对其进行保存。保存图形文件的方法有两种，一种是以当前文件名保存图形，另一种是指定新的文件名保存图形。

1. 以当前文件名保存图形

使用"保存"命令可采用当前文件名称保存图形文件。

启用命令方法：单击"保存"按钮 。

单击 按钮，选择"保存"命令，当前图形文件将以原名称直接保存到原来的位置。若是第一次保存图形文件，AutoCAD会弹出"图形另存为"对话框，用户可按需要输入文件名称，并指定保存文件的位置和类型，如图1-17所示。单击 保存(S) 按钮，保存图形文件。

2. 指定新的文件名保存图形

使用"另存为"命令可指定新的文件名称保存图形文件。

图 1-17

启用命令方法：单击 ▲ 按钮，选择"另存为>AutoCAD 图形"命令，弹出"图形另存为"对话框，用户可在"文件名"的文本框中输入文件的新名称，指定文件保存位置和类型，如图 1-18 所示。单击 保存(S) 按钮，保存图形文件。

图 1-18

1.4.4 关闭图形文件

保存图形文件后，可以将窗口中的图形文件关闭。

1．关闭当前图形文件

启用命令方法：单击 ▲ 按钮，选择"关闭"命令，或单击绘图窗口右上角的 ☒ 按钮，可关闭当前图形文件。如果图形文件尚未保存，系统将弹出"AutoCAD"对话框，如图 1-19 所示，提示用户是否保存文件。

图 1-19

2．退出 AutoCAD 2012

单击标题栏右侧的 ☒ 按钮，即可退出 AutoCAD 2012 系统。

1.5 命令的使用方法

在 AutoCAD 中，命令是系统的核心，用户执行的每一个操作都需要启用相应的命令。因此，用户有必要掌握启用命令的方法。

1.5.1 启用命令

单击工具栏中的按钮图标或选择菜单中的命令，可以启用相应的命令，然后进行具体操作。在 AutoCAD 中，启用命令通常有以下 4 种方式。

1．工具按钮方式

直接单击工具栏或面板中的按钮图标，启用相应的命令。

2．菜单命令方式

选择菜单中的命令，启用相应的命令。

3．命令提示窗口的命令行方式

在命令提示窗口中输入一个命令的名称，按 Enter 键，启用该命令。有些命令还有相应的缩写名称，输入其简写名称也可以启用该命令。

例如，绘制一个圆时，可以输入"圆"命令的名称"CIRCLE"（大小写字母均可），也可输入其简写名称"C"。输入命令的简写名称是一种快捷的操作方法，有利于提高工作效率。

4．快捷菜单中的命令方式

在绘图窗口中单击鼠标右键，弹出相应的快捷菜单，从中选择菜单命令，启用相应的命令。

无论以哪种方式启用命令，命令提示窗口中都会显示与该命令相关的信息，其中包含一些选项，这些选项显示在方括号［ ］中。如果要选择方括号中的某个选项，可在命令提示窗口中输入该选项后的数字和大写字母（输入字母时大写或小写均可）。

例如，启用"矩形"命令，命令行的信息如图 1-20 所示，如果需要选择"圆角"选项，输入"F"，按 Enter 键即可。

```
命令: _rectang
指定第一个角点或 [倒角(C)/标高(E)/圆角(F)/厚度(T)/宽度(W)]:
```

图 1-20

1.5.2 取消正在执行的命令

在绘图过程中，可以随时按 Esc 键取消当前正在执行的命令，也可以在绘图窗口内单击鼠标右键，在弹出的快捷菜单中选择"取消"命令，取消正在执行的命令。

1.5.3 重复调用命令

当需要重复执行某个命令时，可以按 Enter 键或 Space 键，也可以在绘图窗口内单击鼠标右键，在弹出的快捷菜单中选择"重复××"命令（其中××为上一步使用过的命令）。

1.5.4 放弃已经执行的命令

在绘图过程中，当出现一些错误而需要取消前面执行的一个或多个操作时，可以使用"放弃"命令。

启用命令方法：单击"放弃"按钮⟲。

例如，用户在绘图窗口中绘制了一条直线，完成后发现了一些错误，现在希望删除该直线。

（1）单击"直线"按钮⟋，或选择"绘图>直线"命令，在绘图窗口中绘制一条直线。

（2）单击"放弃"按钮⟲，或选择"编辑>放弃"命令，删除该直线。

另外，用户还可以一次性撤销前面进行的多个操作。

（1）在命令提示窗口中输入"undo"，按 Enter 键。

（2）系统将提示用户输入想要放弃的操作数目，如图 1-21 所示，在命令提示窗口中输入相应的数字，按 Enter 键。例如，想要放弃最近的 5 次操作，可先输入"5"，然后按 Enter 键。

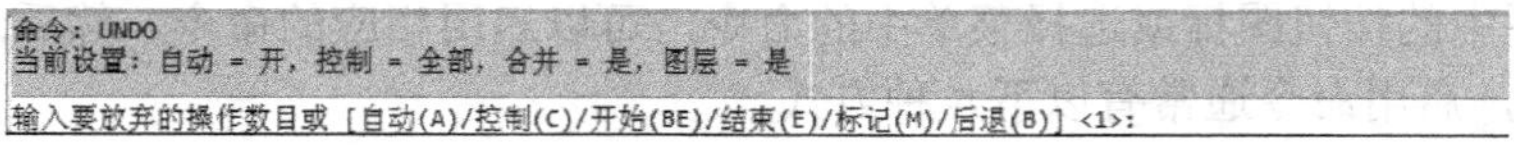

```
命令: UNDO
当前设置: 自动 = 开, 控制 = 全部, 合并 = 是, 图层 = 是

输入要放弃的操作数目或 [自动(A)/控制(C)/开始(BE)/结束(E)/标记(M)/后退(B)] <1>:
```

图 1-21

1.5.5　恢复已经放弃的命令

当放弃一个或多个操作后，又想重做这些操作，将图形恢复到原来的效果，这时可以使用"重做"命令，即单击"标准"工具栏中的"重做"按钮⟳，或选择"编辑>重做××"命令（其中××为上一步撤销操作的命令）。反复执行"重做"命令，可重做多个已放弃的操作。

1.6　绘图窗口的视图显示

AutoCAD 2012 的绘图区域是无限大的。在绘图的过程中，用户可通过实时平移命令来实现绘图窗口显示区域的移动，通过缩放命令来实现绘图窗口的放大和缩小显示，并且还可以设置不同的视图显示方式。

1.6.1　缩放视图

AutoCAD 2012 提供了多种调整视图显示的命令。下面对各种调整视图显示的命令进行详细讲解。

1．实时缩放

单击"实时缩放"按钮🔍，启用实时缩放功能，光标变成放大镜的形状🔍⁺。光标中的"+"表示放大，向右、上方拖动鼠标，可以放大视图；光标中的"−"表示缩小，向左、下方拖动鼠标，可以缩小视图。

2．窗口缩放

单击"窗口缩放"按钮🔍，启用窗口缩放功能，光标会变成十字形。在需要放大图形的一侧单击，并向其对角方向移动鼠标，系统会显示出一个矩形框。将矩形框包围住需要放大的图形，单击鼠标，矩形框内的图形会被放大并充满整个绘图窗口。矩形框的中心就是新的显示中心。

在命令提示窗口中输入命令来调用此命令，操作步骤如下。

```
命令: '_zoom                           //输入缩放命令
指定窗口的角点，输入比例因子 (nX 或 nXP)，或者
[全部(A)/中心(C)/动态(D)/范围(E)/上一个(P)/比例(S)/窗口(W) /对象(O)] <实时>: W
                                      //选择"窗口"选项
```

指定第一个角点：指定对角点：	//绘制矩形窗口放大图形显示

3."缩放"工具栏

单击并按住"窗口缩放"按钮，会弹出 9 种调整视图显示的命令按钮，如图 1-22 所示。下面详细介绍这些按钮的功能。

⊙ 动态缩放

选择"动态缩放"按钮，光标变成中心有"×"标记的矩形框，如图 1-23 所示。移动鼠标光标，将矩形框放在图形的适当位置上单击，使其变为右侧有"→"标记的矩形框，调整矩形框的大小，矩形框的左侧位置不会发生变化，如图 1-24 所示。按 Enter 键，矩形框中的图形被放大并充满整个绘图窗口，如图 1-25 所示。

图 1-22   图 1-23

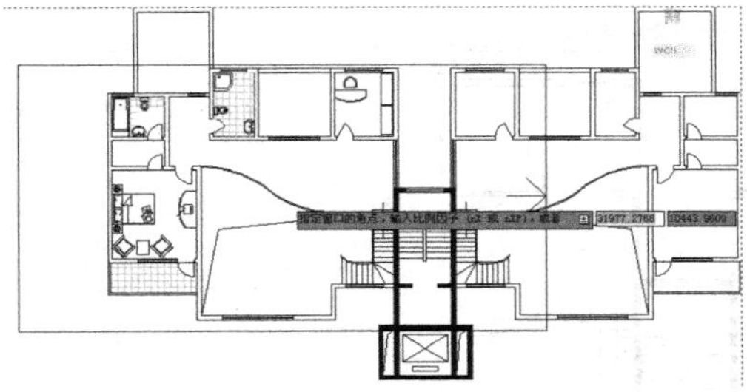

图 1-24 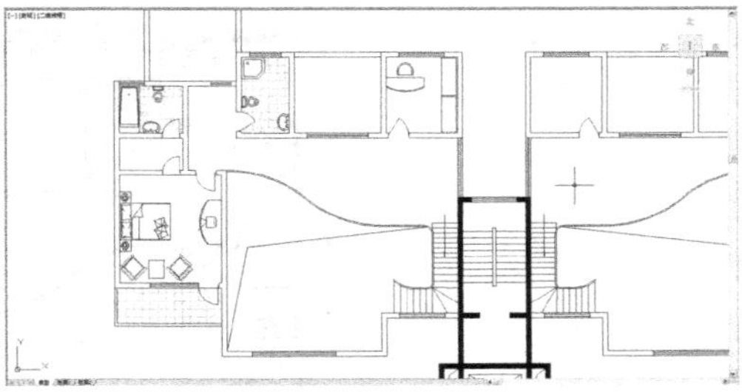   图 1-25

在命令提示窗口中输入命令来调用此命令，操作步骤如下。

命令：'_zoom	//输入缩放命令
指定窗口的角点，输入比例因子 (nX 或 nXP)，或者	
[全部(A)/中心(C)/动态(D)/范围(E)/上一个(P)/比例(S)/窗口(W)/对象(O)] <实时>：D	
	//选择"动态"选项

⊙ 比例缩放

选择"比例缩放"按钮，光标变成十字形。在图形的适当位置上单击并移动鼠标光标到适当比例长度的位置上，再次单击，图形被按比例放大显示。

在命令提示窗口中输入命令来调用此命令，操作步骤如下。

命令：'_zoom	//输入缩放命令
指定窗口的角点，输入比例因子 (nX 或 nXP)，或者	
[全部(A)/中心(C)/动态(D)/范围(E)/上一个(P)/比例(S)/窗口(W)/对象(O)] <实时>：S	
	//选择"比例"选项
输入比例因子 (nX 或 nXP)：2X	//输入比例数值

如果要相对于图纸空间缩放图形，就需要在比例因子后面加上字母"XP"。

⊙ 中心缩放

选择"中心缩放"命令按钮🔍，光标变成十字形，如图 1-26 所示。在需要放大的图形中间位置上单击，确定放大显示的中心点，再绘制一条线段来确定需要放大显示的方向和高度，如图 1-27 所示，图形将按照所绘制的高度被放大并充满整个绘图窗口，如图 1-28 所示。

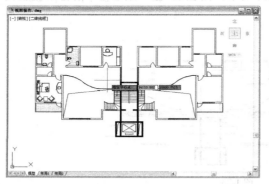

图 1-26　　　　　　　　　　　　　　　图 1-27

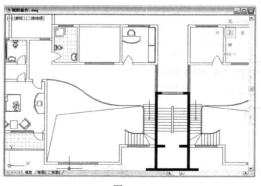

图 1-28

在命令提示窗口中输入命令来调用此命令，操作步骤如下。

命令：'_zoom	//输入缩放命令
指定窗口的角点，输入比例因子 (nX 或 nXP)，或者	
[全部(A)/中心(C)/动态(D)/范围(E)/上一个(P)/比例(S)/窗口(W) /对象(O)] <实时>：C	//选择"中心"选项
指定中心点：	//单击确定放大区域的中心点的位置
输入比例或高度 <1129.0898 >：指定第二点：	//绘制直线指定放大区域的高度

输入高度时，如果输入的数值比当前显示的数值小，视图将进行放大显示；反之，视图将进行缩小显示。缩放比例因子的方式是输入"nx"，n 表示放大的倍数。

⊙ 缩放对象

选择"缩放对象"按钮，光标会变为拾取框。选择需要显示的图形，如图 1-29 所示，按 Enter 键，在绘图窗口中将按所选择的图形进行适合显示，如图 1-30 所示。

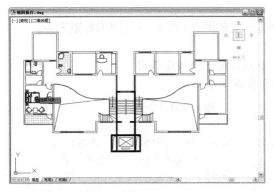

| 图 1-29 | 图 1-30 |

在命令提示窗口中输入命令来调用此命令，操作步骤如下。

```
命令：'_zoom                              //输入缩放命令
指定窗口的角点，输入比例因子 (nX 或 nXP)，或者
[全部(A)/中心(C)/动态(D)/范围(E)/上一个(P)/比例(S)/窗口(W)/对象(O)] <实时>：O
                                         //选择"对象"选项
选择对象：指定对角点：找到 329 个            //显示选择对象的数量
选择对象：                                 //按 Enter 键
```

⊙ 放大

选择"放大"按钮，将把当前视图放大 2 倍。命令提示窗口中会显示视图放大的比例数值，操作步骤如下。

```
命令：'_zoom                              //选择放大命令
指定窗口的角点，输入比例因子 (nX 或 nXP)，或者
[全部(A)/中心(C)/动态(D)/范围(E)/上一个(P)/比例(S)/窗口(W) /对象(O)] <实时>：2x
                                //图像被放大 2 倍进行显示
```

⊙ 缩小

选择"缩小"命令按钮，将把当前视图缩小 0.5 倍。命令提示窗口中会显示视图缩小的比例数值，操作步骤如下。

```
命令：'_zoom                              //选择缩小命令
指定窗口的角点，输入比例因子 (nX 或 nXP)，或者
[全部(A)/中心(C)/动态(D)/范围(E)/上一个(P)/比例(S)/窗口(W) /对象(O)] <实时>：.5x
                                //图像被缩小 0.5 倍进行显示
```

⊙ "全部缩放"按钮

选择"全部缩放"命令按钮，如果图形超出当前所设置的图形界限，绘图窗口将适合全部图形对象进行显示；如果图形没有超出图形界限，绘图窗口将适合整个图形界限进行显示。

在命令提示窗口中输入命令来调用此命令，操作步骤如下。

```
命令：'_zoom                              //输入缩放命令
```

指定窗口的角点，输入比例因子 (nX 或 nXP)，或者
[全部(A)/中心(C)/动态(D)/范围(E)/上一个(P)/比例(S)/窗口(W) 对象(O)] <实时>：A
　　　　　　　　　　　　　　　　　　　//选择"全部"选项

⊙ "范围缩放"按钮 。

选择"范围缩放"命令按钮 ，绘图窗口中将显示全部图形对象，且与图形界限无关。

4. 缩放上一个

单击"缩放上一个"命令按钮 ，将缩放显示返回到前一个视图效果。

在命令提示窗口中输入命令来调用此命令，操作步骤如下。

命令：'_zoom　　　　　　　　　　　　　//输入缩放命令
指定窗口的角点，输入比例因子 (nX 或 nXP)，或者
[全部(A)/中心(C)/动态(D)/范围(E)/上一个(P)/比例(S)/窗口(W) 对象(O)] <实时>：P
　　　　　　　　　　　　　　　　　　　//选择"上一个"选项

命令：'_zoom　　　　　　　　　　　　　//按 Enter 键
指定窗口的角点，输入比例因子 (nX 或 nXP)，或者
[全部(A)/中心(C)/动态(D)/范围(E)/上一个(P)/比例(S)/窗口(W) 对象(O)] <实时>：P
　　　　　　　　　　　　　　　　　　　//选择"上一个"选项

技巧 连续进行视图缩放操作后，如需要返回上一个缩放的视图效果，可以单击放弃按钮 来进行返回操作。

1.6.2 平移视图

在绘制图形的过程中使用平移视图功能，可以更便捷地观察和编辑图形。

启用命令方法：单击"实时平移"按钮 。

启用"实时平移"命令，光标变成实时平移的图标 ，按住鼠标左键并拖曳鼠标指针，可平移视图来调整绘图窗口的显示区域。

命令：'_pan　　　　　　　　　　　　　//选择实时平移命令
按 Esc 键或 Enter 键退出，或单击右键显示快捷菜单。　//退出平移状态

1.6.3 命名视图

在绘图的过程中，常会用到"缩放上一个"工具 ，返回到前一个视图显示状态。如果要返回到特定的视图显示，并且常常会切换到这个视图时，就无法使用该工具来完成了。如果绘制的是复杂的大型建筑设计图，使用缩放和平移工具来寻找想要显示的图形，会花费大量的时间。使用"命名视图"命令来命名所需要显示的图形，并在需要的时候根据图形的名称来恢复图形的显示，就可以轻松地解决这些问题。

启用命令方法：视图>命名视图。

选择"视图>命名视图"命令，弹出"视图管理器"对话框，如图 1-31 所示。在对话框中可以保存、恢复以及删除命名的视图，也可以改变已有视图的名称和查看视图的信息。

1. 保存命名视图

(1) 在"视图"对话框中单击 新建(N)... 按钮，弹出"新建视图"对话框，如图 1-32 所示。

(2) 在"视图名称"文本框中输入新建视图的名称。

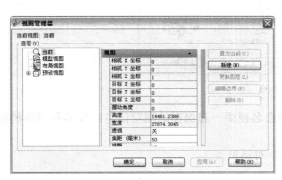

图 1-31

图 1-32

（3）设置视图的类别，如立视图或剖视图。用户可以从下拉列表中选择一个视图类别，也可以输入新的类别或保留此选项为空。

（4）如果只想保存当前视图的某一部分，可以选择"定义窗口"单选项。单击"定义视图窗口"按钮，可以在绘图窗口中选择要保存的视图区域。若选择"当前显示"单选项，AutoCAD将自动保存当前绘图窗口中显示的视图。

（5）选择"将图层快照与视图一起保存"复选框，可以在视图中保存当前图层设置。同时也可以设置"UCS"、"活动截面"和"视觉样式"。

（6）在"背景"栏中，选择"替代默认背景"复选框，在弹出的"背景"对话框中，在"类型"下拉列表中选择背景颜色，单击 确定 按钮，返回"新建视图"对话框。

（7）单击 确定 按钮，返回"视图管理器"对话框。

（8）单击 确定 按钮，关闭"视图管理器"对话框。

2．恢复命名视图

在绘图过程中，如果需要回到指定的某个视图，则可以将该命名视图恢复。

（1）选择"视图>命名视图"命令，弹出"视图管理器"对话框。

（2）在"视图管理器"对话框的视图列表中选择要恢复的视图。

（3）单击 置为当前(C) 按钮。

（4）单击 确定 按钮，关闭"视图管理器"对话框。

3．改变命名视图的名称

（1）选择"视图>命名视图"命令，弹出"视图管理器"对话框。

（2）在"视图管理器"对话框的视图列表中选择要重命名的视图。

（3）在中间的"常规"栏中，选中需要命名的视图名称，然后输入视图的新名称，如图 1-33 所示。

（4）单击 确定 按钮，关闭"视图管理器"对话框。

4．更新视图图层

（1）选择"视图>命名视图"命令，弹出"视图管理器"对话框。

（2）在"视图管理器"对话框的视图列表中选择要更新图层的视图。

图 1-33

（3）单击 更新图层(L) 按钮，更新与选定的命名视图一起保存的图层信息，使其与当前模型空间和布局视口中的图层可见性匹配。

（4）单击 确定 按钮，关闭"视图管理器"对话框。

5. 编辑视图边界

（1）选择"视图>命名视图"命令，弹出"视图管理器"对话框。

（2）在"视图管理器"对话框的视图列表中选择要编辑边界的视图。

（3）单击 编辑边界(B)... 按钮，居中并缩小显示选定的命名视图，绘图区域的其他部分以较浅的颜色显示，以显示出命名视图的边界。可以重复指定新边界的对角点，并按 Enter 键接受结果。

（4）单击 确定 按钮，关闭"视图"对话框。

6. 删除命名视图

不再需要某个视图时，可以将其删除。

（1）选择"视图>命名视图"命令，弹出"视图管理器"对话框。

（2）在"视图管理器"对话框的视图列表中选择要删除的视图。

（3）单击 删除(D) 按钮，将视图删除。

（4）单击 确定 按钮，关闭"视图管理器"对话框。

1.6.4 平铺视图

在使用模型空间绘图时，一般情况下都是在充满整个屏幕的单个视口中进行的。如果需要同时显示一幅图的不同视图，可以利用平铺视图功能，将绘图窗口分成几个部分。这时，屏幕上会出现多个视口。

启用命令方法：视图>视口>新建视口。

选择"视图>视口>新建视口"命令，弹出"视口"对话框，如图 1-34 所示。在"视口"对话框中，可以根据需要设置多个视口，进行平铺视图的操作。

对话框选项解释如下。

⊙ "新名称"文本框：可以在此输入新建视口的名称。

⊙ "标准视口"列表：可以在此列表中选择需要的标准视口样式。

⊙ "应用于"下拉列表框：如果要将所选择的设置应用到当前视口中，可在此下拉列表中选择"当前视口"选项；如果要将所选择的设置应用到整个模型空间，可在此下拉列表中选择"显示"选项。

⊙ "设置"下拉列表框：在进行二维图形操作时，可以在该下拉列表中选择"二维"选项；如果是进行三维图形操作，可以在该下拉列表中选择"三维"选项。

图 1-34

⊙ "预览"窗口：在"标准视口"列表中选择所需设置后，可以通过该窗口预览平铺视口的样式。

⊙ "修改视图"下拉列表框：当在"设置"下拉列表中选择"三维"选项时，可以在该下拉列表内选择定义各平铺视口的视角；而在"设置"下拉列表中选择"二维"选项时，该下拉列表内只有"当前"一个选项，即选择的平铺样式内都将显示同一个视图。

1.6.5　重生成视图

使用 AutoCAD 2012 所绘制的图形是非常精确的，但是为了提高显示速度，系统常常将曲线图形以简化的形式进行显示，如使用连续的折线来表示平滑的曲线。如果要将图形的显示恢复到平滑的曲线，可以使用如下几种方法。

1. 重生成

使用"重生成"命令，可以在当前视口中重生成整个图形并重新计算所有图形对象的屏幕坐标，优化显示和对象选择性能。

2. 全部重生成

"全部重生成"命令与"重生成"命令功能基本相同，不同的是"全部重生成"命令可以在所有视口中重生成图形并重新计算所有图形对象的屏幕坐标，优化显示和对象选择性能。

3. 设置系统的显示精度

通过对系统显示精度的设置，可以控制圆、圆弧、椭圆和样条曲线的外观，该功能可用于重生成更新的图形，并使圆的外观平滑。

启用命令方法如下。

⊙ 菜单命令：工具>选项。

⊙ 命令行：viewres。

选择"工具>选项"命令，弹出"选项"对话框，单击"显示"选项卡，如图1-35所示。

在对话框的右侧"显示精度"选项组中，在"圆弧和圆的平滑度"选项前面的数值框中输入数值可以控制系统的显示精度，默认数值为1000，有效的输入范围为1～20000。数值越大，系统显示的精度就越高，但是相对的显示速度就越慢。单击 确定 按钮，完成系统显示精度设置。

输入命令进行设置与在"选项"对话框中的设置结果相同。增大缩放百分比数值，会重生成更新的图形，并使圆的外观平滑；减小缩放百分比数值则会有相反的效果。增大缩放百分比数值可能会增加重生成图形的时间。

图 1-35

在命令提示窗口中输入命令来调用此命令，操作步骤如下。

命令：viewres	//输入快速缩放命令
是否需要快速缩放？[是(Y)/否(N)] < >: Y	//选择选项"是"
输入圆的缩放百分比 (1-20000) <1000>: 10000	//输入缩放百分比数值

1.7　鼠标的定义

在 AutoCAD 2012 中，鼠标的各个按键具有不同的功能。下面简要介绍各个按键的功能。

1. 左键

左键为拾取键，用于单击工具栏按钮、选取菜单命令以发出命令，也可以在绘图过程中选择点和图形对象等。

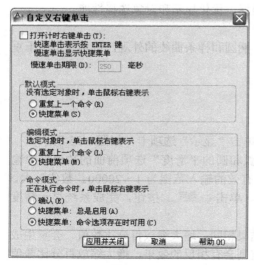

图 1-36

2. 右键

右键默认设置是用于显示快捷菜单，单击右键可以弹出快捷菜单。

用户可以自定义右键的功能，其方法如下。

选择"工具>选项"命令，弹出"选项"对话框，单击"用户系统配置"选项卡，单击其中的 自定义右键单击(I)... 按钮，弹出"自定义右键单击"对话框，如图 1-36 所示，可以在对话框中自定义右键的功能。

3. 中键

中键常用于快速浏览图形。在绘图窗口中按住中键，光标将变为 形状，移动光标可快速移动图形；双击中键，绘图窗口中将显示全部图形对象。当鼠标中键为滚轮时，将光标放置于绘图窗口中，直接向下转动滚轮则缩小图形，直接向上转动滚轮则放大图形。

1.8 使用帮助和教程

在 AutoCAD 2012 帮助系统中包含了有关如何使用此程序的完整信息。有效地使用帮助系统，将会给用户解决疑难问题带来很大的帮助。

AutoCAD 2012 的帮助信息几乎全部集中在菜单栏的"帮助"菜单中，如图 1-37 所示。

下面介绍"帮助"菜单中的各个命令的功能。

⊙ "帮助"命令：提供了 AutoCAD 的完整信息。选择"帮助"命令，会弹出"AutoCAD 2012 帮助：用户文档"对话框。该对话框汇集了 AutoCAD 2012 中文版的各种问题，其左侧窗口上方的选项卡提供了多种查看所需主题的方法。用户可在左侧的窗口中查找信息，右侧窗口将显示所选主题的信息，供用户查阅。

> 按 F1 键，也可以打开"AutoCAD 2012 帮助：用户文档"对话框。当选择某个命令时，按 F1 键，AutoCAD 将显示这个命令的帮助信息。

⊙ "新功能专题研习"命令：用于帮助用户快速了解 AutoCAD 2012 中文版的新功能。

⊙ "其他资源"命令：提供了可从网络查找 AutoCAD 网站以获取相关帮助的功能。单击"其他资源"命令，系统将弹出下一级子菜单，如图 1-38 所示，从中可以使用各项联机帮助。例如，单击"开发人员帮助"命令，系统将弹出"AutoCAD 2012 帮助：开发人员文档"对话框，开发人员可以从中查找和浏览各种信息。

图 1-37

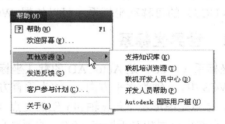

图 1-38

⊙ "发送反馈"命令：如果 AutoCAD 2012 在使用过程中出现错误或意外退出，可以将错误信息发送至 AutoCAD 2012 软件中心。

⊙ "客户参与计划"命令：可以通过这一选项参与这个计划，让 Autodesk 公司设计出符合用户自己需求和严格标准的软件。

⊙ "关于"命令：提供了 AutoCAD 2012 软件的相关信息，如版权、产品信息等。

第2章 绘图设置

本章将主要介绍 AutoCAD 的绘图设置，如设置坐标系统、图形单位与界限、工具栏、图层及非连续线的外观等。本章介绍的知识可帮助用户学习如何进行绘图设置，从而为绘制建筑工程图做好准备。

课堂学习目标

- 设置坐标系统
- 设置单位与界限
- 设置工具栏
- 图层管理
- 设置图层对象属性
- 设置非连续线的外观

2.1 设置坐标系统

AutoCAD 有两个坐标系统：一个是称为世界坐标系（WCS）的固定坐标系；一个是称为用户坐标系（UCS）的可移动坐标系。可以依据 WCS 定义 UCS。

2.1.1 世界坐标系

世界坐标系（WCS）是 AutoCAD 的默认坐标系，如图 2-1 所示。在 WCS 中，x 轴为水平方向，y 轴为垂直方向，z 轴垂直于 xy 平面。原点是图形左下角 x 轴和 y 轴的交点（0，0）。图形中的任何一点都可以用相对于原点（0,0）的距离和方向来表示。

在世界坐标系中，AutoCAD 提供了多种坐标输入方式。

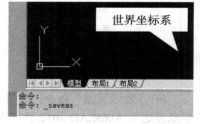

图 2-1

1．直角坐标方式

在二维空间中，利用直角坐标方式输入点的坐标值时，只需输入点的 x、y 坐标值，AutoCAD 自动分配 z 坐标值为 0。

在输入点的坐标值（即 x、y 坐标值）时，可以使用绝对坐标值或相对坐标值形式。绝对坐标值是相对于坐标系原点的数值；而相对坐标值是指相对于最后输入点的坐标值。

（1）绝对坐标值。绝对坐标值的输入形式是：x, y。

其中，x、y 分别是输入点相对于原点的 x 坐标和 y 坐标。

（2）相对坐标值。相对坐标值的输入形式是：@x, y。

即在坐标值前面加上符号@。例如，"@10,5"表示距当前点沿 x 轴正方向 10 个单位、沿 y 轴正方向 5 个单位的新点。

2．极坐标方式

在二维空间中，利用极坐标方式输入点的坐标值时，只需输入点的距离 r、夹角 θ，AutoCAD

自动分配 z 坐标值为 0。

利用极坐标方式输入点的坐标值时，也可以使用绝对坐标值或相对坐标值形式。

（1）绝对坐标值。绝对极坐标值的输入形式是：$r < \theta$。

其中，r 表示输入点与原点的距离，θ 表示输入点和原点的连线与 x 轴正方向的夹角。默认情况下，逆时针为正，顺时针为负，如图 2-2 所示。

（2）相对坐标值。相对极坐标值的输入形式是：$@ r < \theta$。

表 2-1 为坐标输入方式。

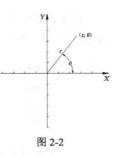

图 2-2

表 2-1

坐标输入方式	直角坐标	极坐标
绝对坐标值形式	x, y	r（距离值）$< \theta$（角度值）
相对坐标值形式	$@ x, y$	$@ r$（距离值）$< \theta$（角度值）

2.1.2 用户坐标系

AutoCAD 的另一种坐标系是用户坐标系（UCS）。世界坐标系是系统提供的，不能移动或旋转，而用户坐标系是由用户相对于世界坐标系而建立的，因此用户坐标系可以移动、旋转，用户可以设定屏幕上的任意一点为坐标原点，也可指定任何方向为 x 轴的正方向。

在用户坐标系中，输入坐标的方式与世界坐标系相同，也有 4 种输入方式，见表 2-1。但其坐标值不是相对世界坐标系，而是相对于当前坐标系。

设置单位与界限

利用 AutoCAD 2012 绘制建筑工程图，一般根据建筑物体的实际尺寸来绘制图纸。这就需要选择某种度量单位作为绘图标准，才能绘制出精确的工程图，并且还需要对图形制定一个类似图纸边界的限制，使绘制的图形能够按合适的比例尺打印成为图纸。因此，在绘制建筑工程图前需要选择绘图使用的单位，然后设置图形的界限，才能正常工作。

2.2.1 设置图形单位

可以在创建新文件时对图形文件进行单位设置，也可以在建立图形文件后，改变其默认的单位设置。

1. 创建新文件时进行单位设置

选择"文件>新建"命令，弹出"选择样板"对话框，单击 打开⑩ 按钮右侧的▼按钮，在弹出的下拉菜单中选择相应的打开命令，创建一个基于公制或英制单位的图形文件。

2. 改变已存在图形的单位设置

在绘制图形的过程中，可以改变图形的单位设置，操作步骤如下。

（1）选择"格式>单位"命令，弹出"图形单位"对话框，如图 2-3 所示。

（2）在"长度"选项组中，可以设置长度单位的类型和精度；在"角度"选项组中，可以设置角度单位的类型、精度以及方向；在"插入时的缩放单位"选项组中，可以设置用于缩放插入内容的单位。

（3）单击 方向(D)... 按钮，弹出"方向控制"对话框，从中可以设置基准角度，如图 2-4 所示。单击 确定 按钮，返回"图形单位"对话框。

图 2-3   图 2-4

（4）单击 确定 按钮，确认文件的单位设置。

2.2.2 设置图形界限

设置图形界限就是设置图纸的大小。绘制建筑工程图时，通常根据建筑物体的实际尺寸来绘制图形，因此需要设定图纸的界限。在 AutoCAD 中，设置图形界限主要是为图形确定一个图纸的边界。

建筑图纸常用的几种比较固定的图纸规格有：A0（1189mm×841mm）、A1（841mm×594mm）、A2（594mm×420mm）、A3（420mm×297mm）和 A4（297mm×210mm）等。

选择"格式>图形界限"命令，或在命令提示窗口中输入"limits"，调用设置图形界限的命令，操作步骤如下。

```
命令: limits                                    //输入图形界限命令
重新设置模型空间界限:
指定左下角点或 [开(ON)/关(OFF)] <0.0000,0.0000>:    //按 Enter 键
指定右上角点<420.0000,297.0000>: 10000,8000        //输入设置数值
```

2.3 设置工具栏

工具栏提供访问 AutoCAD 命令的快捷方式，利用工具栏中的工具可以完成大部分绘图工作。

2.3.1 打开常用工具栏

在绘制图形的过程中可以打开一些常用的工具栏，如"标注"、"对象捕捉"等。

在任意一个工具栏上单击鼠标右键，会弹出如图 2-5 所示的快捷菜单。有"√"标记的命令表示其工具栏已打开。选择菜单中的命令，如"对象捕捉"和"标注"等，打开工具栏。

将绘图过程中常用的工具栏（如"对象捕捉"、"标注"等）打开，合理地使用工具栏，可以提高工作效率。

2.3.2　自定义工具栏

"自定义用户界面"对话框用来自定义工作空间、工具栏、菜单、快捷菜单和其他用户界面元素。在"自定义用户界面"对话框中，可以创建新的工具栏。例如，可以将绘图过程中常用的命令按钮放置于同一工具栏中，以满足自己的绘图需要，提高绘图效率。

启用命令方法如下。

⊙ 菜单命令："视图>工具栏"或"工具>自定义>界面"。

⊙ 命令行：toolbar 或 cui。

在绘制图形的过程中，可以自定义工具栏，操作步骤如下。

（1）选择"工具 > 自定义 > 界面"命令，弹出"自定义用户界面"对话框，如图 2-6 所示。

（2）在"自定义用户界面"对话框的"所有文件中的自定义设置"窗口中，选择"ACAD>工具栏"命令。单击鼠标右键，在弹出的快捷菜单中选择"新建工具栏"命令，如图 2-7 所示。输入新建的工具栏的名称"建筑"，如图 2-8 所示。

图 2-5

图 2-6

（3）在"命令列表"窗口中，单击"仅所有命令"选项右侧的 按钮，弹出下拉列表，选择"修改"选项，命令列表框会列出相应的命令，如图 2-9 所示。

（4）在"命令列表"窗口中选择需要添加的命令，并按住鼠标左键不放，将其拖放到"建筑"工具栏下，如图 2-10 所示。

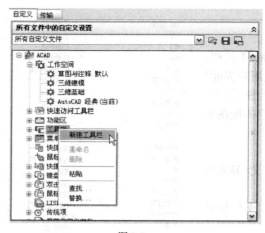

图 2-7

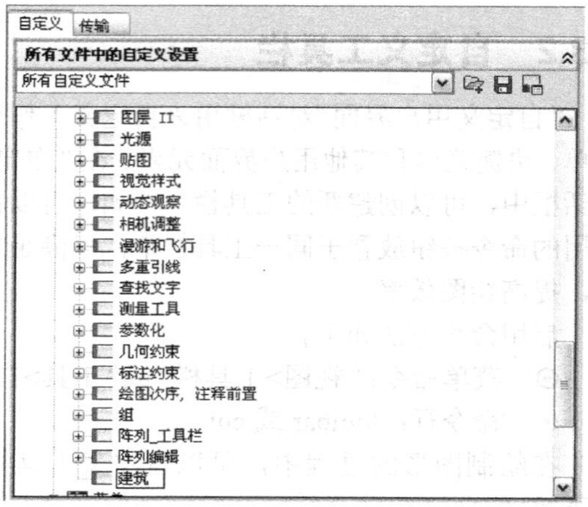

图 2-8

图 2-9

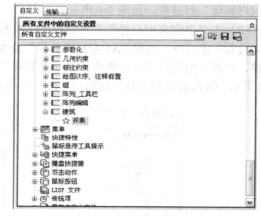

图 2-10

（5）按照自己的绘图习惯将常用的命令拖放到"建筑"工具栏下，创建自定义的工具栏。

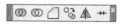

图 2-11

（6）单击 确定(0) 按钮，返回绘图窗口，自定义的"建筑"工具栏如图2-11 所示。

2.3.3　布置工具栏

根据工具栏的显示方式，AutoCAD 2012 的工具栏可分为 3 种，分别为弹出式工具栏、固定式工具栏以及浮动式工具栏，如图 2-12 所示。

1．弹出式工具栏

有些图标按钮的右下角处有一个三角按钮，如 图标按钮所示。单击三角按钮并按住鼠标左键不放时，系统将显示弹出式工具栏。

2．固定式工具栏

固定式工具栏显示于绘图窗口的四周，其上部或左部有两条突起的线条。

3．浮动式工具栏

浮动式工具栏显示于绘图窗口之内。浮动式工具栏显示其标题名称，图 2-12 所示为"标注"工具栏。可以将浮动式工具栏拖放至新位置、调整其大小或将其固定。

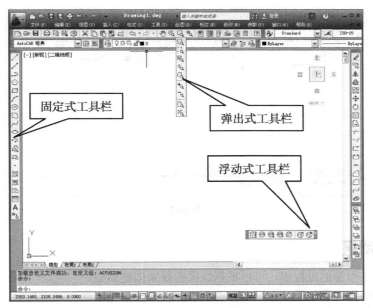

固定式工具栏

弹出式工具栏

浮动式工具栏

图 2-12

将浮动式工具栏拖放到固定式工具栏的区域，可将其设置为固定式工具栏；反之，将固定式工具栏拖放到浮动式工具栏的区域，可将其设置为浮动式工具栏。

调整好工具栏位置后，可将工具栏锁定。选择"窗口>锁定位置>浮动工具栏"命令，可以锁定浮动式工具栏。选择"窗口>锁定位置>固定的工具栏"命令，可以锁定固定式工具栏。

按住 Ctrl 键，单击鼠标并拖动工具栏，可以将工具栏临时解锁并移动到需要的位置。

2.4 图层管理

绘制建筑工程图时，为了方便管理和修改图形，需要将特性相似的对象绘制在同一图层上。例如，将建筑工程图中的墙体线绘制在"墙体"图层，将所有的尺寸标注绘制在"尺寸标注"图层。

"图层特性管理器"对话框可以对图层进行设置和管理，如图 2-13 所示。在"图层特性管理器"对话框中，可以显示图层的列表及其特性设置，也可以添加、删除和重命名图层，修改图层特性或添加说明。图层过滤器用于控制在列表中显示哪些图层，并可同时对多个图层进行修改。

启用命令方法如下。

⊙ 工具栏："图层"工具栏中的"图层特性管理器"按钮􀀀。
⊙ 菜单命令：格式 > 图层。
⊙ 命令行：layer。

图 2-13

2.4.1　创建图层

在绘制建筑工程图的过程中，可以根据绘图需要来创建图层。

创建图层的操作步骤如下。

（1）选择"格式>图层"命令，或单击"图层"工具栏中的"图层特性管理器"按钮，弹出"图层特性管理器"对话框。

（2）在"图层特性管理器"对话框中，单击"新建图层"按钮。

（3）系统将在图层列表中添加新图层，其默认名称为"图层 1"，并且高亮显示，如图 2-14所示。在名称栏中输入图层的名称，按 Enter 键，确定新图层的名称。

图 2-14

图层的名称最多可有 255 个字符，可以是数字、汉字、字母等。有些符号是不能使用的，例如"，"、">"和"<"等。为了区别不同的图层，应该为每个图层设定不同的图层名称。在许多建筑工程图中，图层的名称不使用汉字，而是采用一些阿拉伯数字或英文缩写形式表示。用户还可以用不同的颜色表示不同的元素，如表 2-2 所示。

表 2-2

图层名称	颜色	内容
2	黄	建筑结构线
3	绿	虚心、较为密集的线

续表

图层名称	颜色	内容
4	湖蓝	轮廓线
7	白	其余各种线
DIM	绿	尺寸标注
BH	绿	填充
TEXT	绿	文字、材料标注线

2.4.2 删除图层

在绘制图形的过程中，为了减少图形所占文件空间，可以删除不使用的图层。

删除图层的操作步骤如下。

（1）单击"图层"工具栏中的"图层特性管理器"按钮，弹出"图层特性管理器"对话框。

（2）在"图层特性管理器"对话框的图层列表中选择要删除的图层，单击"删除图层"按钮。

系统默认的"0"图层、包含图形对象的层、当前图层以及使用外部参照的图层是不能被删除的，如图 2-15 所示。

在"图层特性管理器"对话框的图层列表中，图层名称前的状态图标的含义是："（蓝色）"表示图层中包含图形对象；"（灰色）"表示图层中不包含图形对象。

图 2-15

2.4.3 设置图层的名称

在 AutoCAD 中，图层名称默认为"图层 1"、"图层 2"和"图层 3"等，在绘制图形的过程中，可以对图层进行重新命名。

设置图层名称的操作步骤如下。

（1）单击"图层"工具栏中的"图层特性管理器"按钮，弹出"图层特性管理器"对话框。

（2）在"图层特性管理器"对话框的列表中，选择需要重新命名的图层。

（3）单击该图层的名称或按 F2 键，使之变为文本编辑状态，输入新的名称，如图 2-16 所示，按 Enter 键，确认新设置的图层名称。

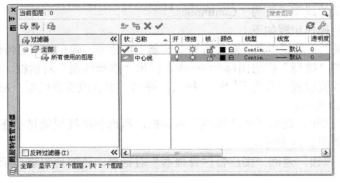

图 2-16

2.4.4　设置图层的颜色、线型和线宽

1．设置图层颜色

图层的默认颜色为"白色"。为了区别每个图层，应该为每个图层设置不同的颜色。在绘制图形时，可以通过设置图层的颜色来区分不同种类的图形对象。在打印图形时，针对某种颜色指定一种线宽，则此颜色所有的图形对象都会以同一线宽进行打印。用颜色代表线宽可以减少存储量，提高显示效率。

AutoCAD 2012 系统中提供 256 种颜色，通常在设置图层的颜色时，都会采用 7 种标准颜色：红色、黄色、绿色、青色、蓝色、紫色以及白色。这 7 种颜色区别较大又带有名称，所以便于识别和调用。

设置图层颜色的操作步骤如下。

（1）单击"图层"工具栏中的"图层特性管理器"按钮，弹出"图层特性管理器"对话框，单击列表中需要改变颜色的图层的"颜色"栏图标■白，弹出"选择颜色"对话框，如图 2-17 所示。

（2）从颜色列表中选择适合的颜色，此时"颜色"选项的文本框将显示颜色的名称，如图 2-17 所示。

（3）单击确定按钮，返回"图层特性管理器"对话框，图层列表中会显示新设置的颜色，如图 2-18 所示。

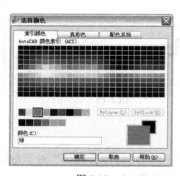

图 2-17

图 2-18

2．设置图层线型

图层的线型用来表示图层中图形线条的特性，通过设置图层的线型可以区分不同对象所代表的含义和作用，默认的线型设置为"Continuous"。

设置图层线型的操作步骤如下。

（1）单击"图层"工具栏中的"图层特性管理器"按钮，弹出"图层特性管理器"对话框，在列表中单击图层的"线型"栏的图标 Continuous，弹出"选择线型"对话框，如图 2-19 所示。线型列表显示默认的线型设置，单击加载(L)...按钮，弹出"加载或重载线型"对话框，选择适合的线型样式，如图 2-20 所示。

（2）单击确定按钮，返回"选择线型"对话框，所选择的线型就显示在线型的列表中，单击所加载的线型，如图 2-21 所示。

（3）单击确定按钮，返回"图层特性管理器"对话框。图层列表将显示新设置的线型，如图 2-22 所示。

图 2-19

图 2-20

图 2-21

图 2-22

3．设置图层线宽

图层的线宽设置会应用到此图层的所有图形对象，用户可以在绘图窗口中选择显示或不显示线宽。

在工程图中，粗实线一般为 0.3～0.6mm，细实线一般为 0.13～0.25mm，具体情况可以根据图纸的大小来确定。通常在 A4 纸中，粗实线可以设置为 0.3mm，细实线可以设置为 0.13mm；在 A0 纸中，粗实线可以设置为 0.6mm，细实线可以设置为 0.25mm。

设置图层线宽的操作步骤如下。

（1）单击"图层"工具栏中的"图层特性管理器"按钮，弹出"图层特性管理器"对话框。在列表中单击图层"线宽"栏的图标 ──默认，弹出"线宽"对话框，在线宽列表中选择需要的线宽，如图 2-23 所示。

（2）单击 确定 按钮，返回"图层特性管理器"对话框，图层列表将显示新设置的线宽，如图 2-24 所示。

图 2-23

图 2-24

显示图形的线宽，有以下两种方法。

⊙　利用"状态栏"中的 ⊞ 按钮。

单击"状态栏"中的 ⊞ 按钮，可以切换屏幕中线宽的显示。当按钮处于高亮显示状态时，不显示线宽；当按钮处于凹下状态时，显示线宽。

⊙　利用菜单命令。

选择"格式>线宽"命令，弹出"线宽设置"对话框，如图 2-25 所示。用户可设置系统默认的线宽和单位。选择"显示线宽"复选框，单击 按钮，在绘图窗口显示线宽设置；若取消选择"显示线宽"复选框，则不显示线宽设置。

图 2-25

2.4.5　控制图层显示状态

如果建筑工程图中包含大量信息，并且有多个图层，那么可通过控制图层状态，使编辑、绘制、观察等工作变得更方便。图层状态主要包括打开与关闭、冻结与解冻、锁定与解锁、打印与不打印等，AutoCAD 采用不同形式的图标来表示这些状态。

1. 打开/关闭图层

打开状态的图层是可见的，关闭状态的图层是不可见的，且不能被编辑和打印。当图形重新生成时，被关闭的图层将一起被生成。

打开/关闭图层，有以下两种方法。

⊙　利用"图层特性管理器"对话框。

单击"图层"工具栏中的"图层特性管理器"按钮 ，弹出"图层特性管理器"对话框，在对话框中的"图层"列表中，单击图层的图标 ♀ 或 ♀，切换图层的打开/关闭状态。当图标为 ♀（黄色）时，表示图层被打开；当图标为 ♀（蓝色）时，表示图层被关闭。

如果关闭的图层是当前图层，系统将弹出 AutoCAD 提示框，如图 2-26 所示。

⊙　利用"图层"工具栏。

单击"图层"工具栏中的图层列表，弹出图层信息下拉列表，单击图标 ♀ 或 ♀，如图 2-27 所示，切换图层的打开/关闭状态。

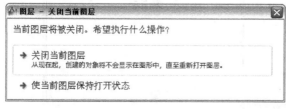

图 2-26　　　　　　　　　　　　　　　　　　　　图 2-27

2. 冻结/解冻图层

冻结图层可以减少复杂图形重新生成时的显示时间，并且可以加快绘图、缩放、编辑等命令的执行速度。处于冻结状态的图层上的图形对象将不能被显示、打印或重生成。解冻图层将重新生成并显示该图层上的图形对象。

冻结/解冻图层，有以下两种方法。

⊙ 利用"图层特性管理器"对话框。

单击"图层"工具栏中的"图层特性管理器"按钮，弹出"图层特性管理器"对话框，在对话框中的"图层"列表中，单击图层的图标❀或☼，切换图层的冻结/解冻状态。当图标为☼时，表示图层处于解冻状态；当图标为❀时，表示图层处于冻结状态。

当前图层是不能被冻结的。

⊙ 利用"图层"工具栏。

单击"图层"工具栏中的图层列表，弹出图层信息下拉列表，单击图标❀或☼，如图 2-28 所示，切换图层的冻结/解冻状态。

图 2-28

解冻一个图层将引起整个图形重新生成，而打开一个图层则只是重画这个图层上的对象，因此如果需要频繁地改变图层的可见性，应使用关闭而不应使用冻结。

3. 解锁/锁定图层

锁定图层中的对象不能被编辑和选择。解锁图层可以将图层恢复为可编辑和选择的状态。

图层的锁定/解锁，有以下两种方法。

⊙ 利用"图层特性管理器"对话框。

单击"图层"工具栏中的"图层特性管理器"按钮，弹出"图层特性管理器"对话框，在对话框中的"图层"列表中，单击图层的图标🔓或🔒，切换图层的解锁/锁定状态。图标为🔓时，表示图层处于解锁状态；图标为🔒时，表示图层处于锁定状态。

⊙ 利用"图层"工具栏。

单击"图层"工具栏中的图层列表，弹出图层信息下拉列表，单击图标🔓或🔒，如图 2-29 所示，切换图层的解锁/锁定状态。

图 2-29

提示

被锁定的图层是可见的，用户可以查看、捕捉锁定图层上的对象，还可在锁定图层上绘制新的图形对象。

4. 打印/不打印图层

当指定一个图层不打印后，该图层上的对象仍是可见的。

单击"图层"工具栏中的"图层特性管理器"按钮🖻，弹出"图层特性管理器"对话框，在对话框中的"图层"列表中，单击图层的图标🖨或🖨，切换图层的打印/不打印状态。图标为🖨时，表示图层处于打印状态；图标为🖨时，表示图层处于不打印状态。

提示

图层的不打印设置只对图形中可见的图层（即图层是打开的并且是解冻的）有效。若图层设为可打印但该层是冻结的或关闭的，此时 AutoCAD 将不打印该图层。

2.4.6　设置当前图层

当需要在一个图层上绘制图形时，必须先设置该图层成为当前图层。系统默认的当前图层为"0"图层。

1. 设置图层为当前图层

设置图层为当前图层，有以下两种方法。

⊙　利用"图层特性管理器"对话框。

单击"图层"工具栏中的"图层特性管理器"按钮🖻，弹出"图层特性管理器"对话框，在对话框中的"图层"列表中，单击选择要设置为当前图层的图层，然后双击状态栏中的图标，单击"置为当前"按钮✔，或按 Alt+C 组合键，使状态栏的图标变为当前图层图标✔，如图 2-30 所示。

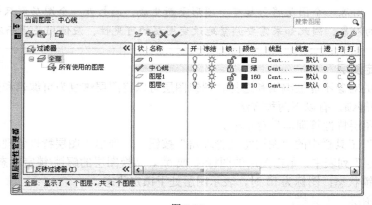

图 2-30

注意

在"图层特性管理器"对话框中，对当前图层的特性进行设置后，再建立新图层时，新图层的特性将复制当前选中图层的特性。

⊙　利用"图层"工具栏。

在绘图窗口中不选取任何对象的情况下，在"图层"工具栏的下拉列表中选择要设置为当前图层的图层，如图 2-31 所示。

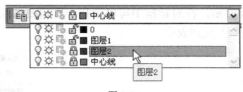

图2-31

2. 设置对象图层为当前图层

在绘图窗口中，选择已经设置图层的对象，然后在"图层"工具栏中单击"将对象的图层置为当前"按钮，使该对象所在图层成为当前图层。

先单击"图层"工具栏上的"将对象的图层置为当前"按钮，命令提示窗口中出现"选择将使其图层成为当前图层的对象:"，此时选择相应的图形对象，即可将该对象所在的图层设置为当前图层。

3. 返回上一个图层

在"图层"工具栏中单击"上一个图层"按钮，系统会按照设置的顺序，自动重置上一次设置为当前的图层。

设置图层对象属性

在绘图过程中，需要特意指定一个图形对象的颜色、线型及线宽时，则应单独设置该图形对象的颜色、线型及线宽。

通过系统提供的"特性"工具栏可以方便地设置对象的颜色、线型及线宽等特性。默认情况下，工具栏中的"颜色控制"、"线型控制"和"线宽控制"3个下拉列表中都显示"ByLayer"（即随层），如图2-32所示。"ByLayer"表示所绘制对象的颜色、线型和线宽等特性与当前图层所设定的特性完全相同。

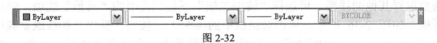

图2-32

在不需要特意指定某一图形对象的颜色、线型及线宽的情况下，不要随意设置对象的颜色、线型和线宽，否则不利于管理和修改图层。

2.5.1 设置对象颜色、线型和线宽

1. 设置图形对象颜色

设置图形对象颜色的操作步骤如下。

（1）在绘图窗口中选择需要改变颜色的一个或多个图形对象。

（2）单击"特性"工具栏的"颜色控制"列表框右侧的按钮，打开"颜色控制"下拉列表，如图2-33所示。从该列表中选择需要的颜色，图形对象的颜色被修改。按Esc键，取消图形对象的选择状态。

如果需要选择其他的颜色，可以选择"颜色控制"下拉列表中的"选择颜色"选项，弹出"选

择颜色"对话框，如图 2-34 所示。在对话框中可以选择一种需要的颜色，单击 [确定] 按钮，新选择的颜色出现在"颜色控制"下拉列表中。

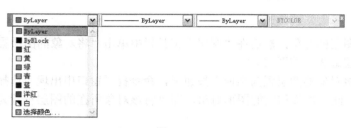

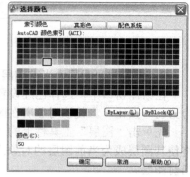

图 2-33　　　　　　　　　　　　　　　　　　　图 2-34

2. 设置图形对象线型

设置图形对象线型的操作步骤如下。

（1）在绘图窗口中选择需要改变线型的一个或多个图形对象。

（2）单击"特性"工具栏"线型控制"列表框右侧的 按钮，打开"线型控制"下拉列表，如图 2-35 所示。从该列表中选择需要的线型，图形对象的线型被修改。按 Esc 键，取消图形对象的选择状态。

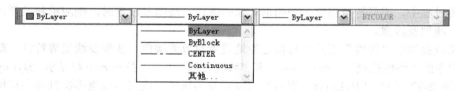

图 2-35

如果需要选择其他的线型，可选择"线型控制"下拉列表中的"其他"选项，弹出"线型管理器"对话框，如图 2-36 所示。单击对话框中的 [加载(L)...] 按钮，弹出"加载或重载线型"对话框，如图 2-37 所示。在"可用线型"下拉列表中可以选中一个或多个线型，如图 2-38 所示。单击 [确定] 按钮，返回"线型管理器"对话框，选中的线型会出现在"线型管理器"对话框的列表中。再次将其选中，如图 2-39 所示，单击 [确定] 按钮，新选择的线型会出现在"线型控制"下拉列表中。

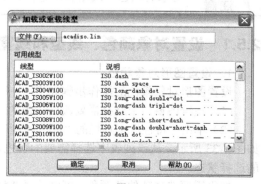

图 2-36　　　　　　　　　　　　　　　　　　　图 2-37

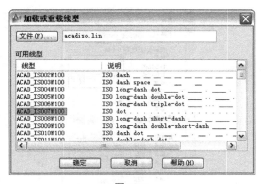

图 2-38   图 2-39

3．设置图形对象线宽

设置图形对象线宽的操作步骤如下。

（1）在绘图窗口中选择需要改变线宽的一个或多个图形对象。

（2）单击"特性"工具栏"线宽控制"列表框右侧的 按钮，打开"线宽控制"下拉列表，如图 2-40 所示。从该列表中选择需要的线宽，修改图形对象的线宽。按 Esc 键，取消图形对象的选择状态。

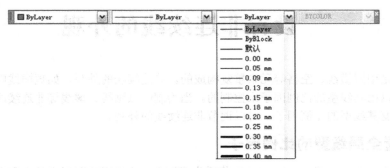

图 2-40

单击状态栏中的 按钮，使其处于高亮显示状态，打开线宽显示开关，显示出新设置的图形对象的线宽；再次单击 按钮，使其处于凸起状态，关闭线宽显示开关。

2.5.2 修改图形对象所在的图层

在 AutoCAD 中，可以修改图形对象所在的图层，修改方法有以下两种。

1．利用"图层"工具栏

（1）在绘图窗口中选择需要修改图层的图形对象。

（2）打开"图层"工具栏的下拉列表，从中选择新的图层。

（3）按 Esc 键完成操作，此时图形对象将放置到新的图层上。

2．利用"特性"对话框

（1）在绘图窗口中双击图形对象，打开"特性"对话框，如图 2-41 所示。

（2）选择"常规"选项组中的"图层"选项，打开"图层"下拉列表，如图 2-42 所示，从中选择新的图层。

| 图 2-41 | 图 2-42 |

（3）关闭"特性"对话框，此时图形对象将放置到新的图层上。

2.6 设置非连续线的外观

非连续线是由短横线、空格等元素重复构成的。非连续线的外观，如短横线的长短、空格的大小等，是可以由其线型的比例因子来控制的。当绘制的点画线、虚线等非连续线看上去与连续线一样时，改变其线型的比例因子，可以调节非连续线的外观。

2.6.1　设置全局线型的比例因子

改变全局线型的比例因子，AutoCAD 将重生成图形，这将影响图形文件中所有非连续线型的外观。

改变全局线型的比例因子，有以下 3 种方法。

1. 设置系统变量 LTSCALE

设置全局线型比例因子的命令为：lts（ltscale），当系统变量 LTSCALE 的值增加时，非连续线的短横线及空格加长；反之则缩短，如图 2-43 所示。

命令：lts	//输入全局线型比例因子命令
LTSCALE 输入新线型比例因子 <1.0000>: 2	//输入新的数值
正在重生成模型。	//系统重生成图形

————— — — — —————— LTSCALE=1

———————————— — —— ——— LTSCALE=2

图 2-43

2. 利用菜单命令

（1）选择"格式>线型"命令，弹出"线型管理器"对话框。

（2）在"线型管理器"对话框中，单击 显示细节(D) 按钮，如图 2-44 所示，在对话框的底部弹出"详细信息"选项组，同时按钮变为 隐藏细节(D) 。

图 2-44

（3）在"全局比例因子"选项的数值框中输入新的比例因子，单击 确定 按钮。

设置全局线型比例因子时，线型比例因子不能为 0。

3．利用"对象特性"工具栏

（1）在"对象特性"工具栏中，单击"线型控制"列表框右侧的 ✓ 按钮，并在其下拉列表中选择"其他"选项，如图 2-45 所示，弹出"线型管理器"对话框。

图 2-45

（2）在"线型管理器"对话框中的"全局比例因子"选项的数值框中输入新的比例因子，单击 确定(D) 按钮。

2.6.2 设置当前对象的线型比例因子

改变当前对象的线型比例因子，将改变当前选择的对象中所有非连续线型的外观。

改变当前对象的线型比例因子有以下两种方法。

1．利用"线型管理器"对话框

（1）选择"格式>线型"命令，弹出"线型管理器"对话框。

（2）在"线型管理器"对话框中，单击 显示细节(D) 按钮，在对话框的底部弹出"详细信息"选项组，在"当前对象缩放比例"选项的数值框中输入新的比例因子，单击 确定 按钮。

非连续线外观的显示比例＝当前对象线型比例因子×全局线型比例因子。例如，当前对象线型比例因子为 2，全局线型比例因子为 2，则最终显示线型时采用的比例因子为 4。

2. 利用"特性"对话框

（1）单击"特性"按钮，打开"特性"对话框，如图 2-46 所示。

（2）选择需要改变线型比例的对象，"特性"对话框将显示选中对象的特性设置，如图 2-47 所示。

图 2-46

图 2-47

（3）在"常规"选项组中单击"线型比例"选项，输入新的比例因子，按 Enter 键，改变其外观图形，此时其他非连续线型的外观不会改变，如图 2-48 所示。

如果同时选中不同线型比例设置的不连续线型，"线型比例"选项中将显示为"多种"，如图 2-49 所示。

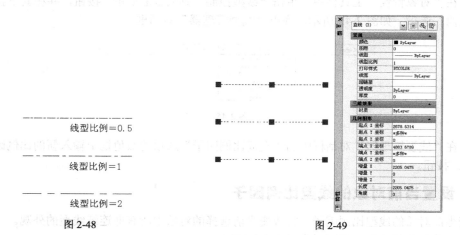

图 2-48

图 2-49

第3章　绘制基本建筑图形

本章主要介绍绘图辅助工具和基本建筑图形的绘制方法，如点、直线、圆、圆弧、矩形和正多边形等。本章介绍的知识可帮助用户学习如何绘制基本的建筑图形，为绘制复杂的建筑工程图打下良好的基础。

课堂学习目标

- 绘图辅助工具
- 利用坐标绘制直线
- 利用辅助工具绘制直线
- 绘制平行线
- 绘制垂线
- 绘制点
- 绘制圆、圆弧和圆环
- 绘制矩形和正多边形

3.1　绘图辅助工具

状态栏中集中了 AutoCAD 2012 的绘图辅助工具，包括"对象捕捉"、"栅格"、"正交"、"极轴"、"对象捕捉"、"对象追踪"等工具，如图 3-1 所示。

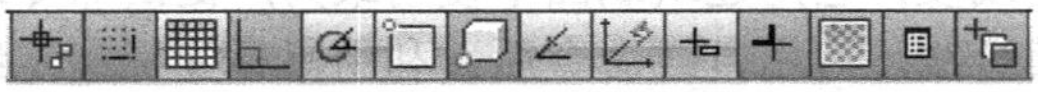

图 3-1

3.1.1　捕捉模式

捕捉模式命令用于限制十字形光标，使其按照定义的间距移动。捕捉命令可以在使用箭头或定点设备时，精确地定位点的位置。

切换命令方法："状态栏"中的"捕捉模式"按钮。

3.1.2　栅格显示

开启栅格显示命令后，在屏幕上显示的是点的矩阵，遍布图形界限的整个区域。利用栅格命令类似于在图形下放置一张坐标纸。栅格命令可以对齐对象并直观显示对象之间的距离，方便对图形的定位和测量。

切换命令方法："状态栏"中的"栅格显示"按钮。

3.1.3　正交模式

正交模式命令可以将光标限制在水平方向或垂直方向上移动，以便精确地绘制和编辑对象。

正交命令是用来绘制水平线和垂直线的一种辅助工具，它在绘制建筑图的过程中是最为常用的绘图辅助工具。

切换命令方法："状态栏"中的"正交模式"按钮██。

3.1.4　极轴追踪

利用极轴追踪命令，光标可以按指定角度移动。在极轴状态下，系统将沿极轴方向显示绘图的辅助线，也就是用户指定的极轴角度所定义的临时对齐路径。

切换命令方法："状态栏"中的"极轴追踪"按钮██。

3.1.5　对象捕捉

对象捕捉命令可以精确地指定对象的位置。AutoCAD 系统默认情况下，使用的是自动捕捉，当光标移到对象的对象捕捉位置时，将显示标记和工具栏提示。自动捕捉功能提供工具栏提示，指示哪些对象捕捉正在使用。

切换命令方法："状态栏"中的"对象捕捉"按钮██。

3.1.6　对象追踪

在利用对象追踪绘图时，必须打开对象捕捉开关。利用对象捕捉追踪，可以沿着基于对象捕捉点的对齐路径进行追踪。已捕捉的点将显示一个小加号"+"，捕捉点之后，在绘图路径上移动光标时，将显示相对于获取点的水平、垂直或极轴对齐路径。

切换命令方法："状态栏"中的"对象追踪"按钮██。

3.2　利用坐标绘制直线

直线命令可以用于创建线段，它是建筑制图中使用最为广泛的命令之一。直线命令可以绘制一条线段，也可以绘制连续折线。启用直线命令后，利用鼠标光标指定线段的端点或输入端点的坐标，AutoCAD 会自动将这些点连接成线段。

启用命令方法如下。

工具栏："绘图"工具栏中的"直线"按钮██。

菜单命令：绘图>直线。

选择"绘图>直线"命令，启用"直线"命令绘制图形时，先利用鼠标在绘图窗口中单击一点作为线段的起点，然后移动鼠标光标，在适当的位置上单击另一点作为线段的终点，即可绘制出一条线段，按 Enter 键结束绘制。也可以用此线段的终点作为起点，再指定另一个终点来绘制与之相连的另一条线段。

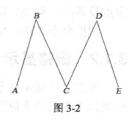

图 3-2

选择"绘图>直线"命令，启用"直线"命令，利用鼠标单击来绘制直线，如图 3-2 所示，操作步骤如下。

命令： _line 指定第一点：	//选择直线命令██，单击确定 A 点位置，如图 3-2 所示
指定下一点或 [放弃(U)]：	//再次单击确定 B 点位置
指定下一点或 [放弃(U)]：	//再次单击确定 C 点位置
指定下一点或 [闭合(C)/放弃(U)]：	//再次单击确定 D 点位置

指定下一点或 [闭合(C)/放弃(U)]:	//再次单击确定 E 点位置
指定下一点或 [闭合(C)/放弃(U)]:	//按 Enter 键

3.2.1　课堂案例——绘制窗户图形

【案例学习目标】学习使用坐标法绘制直线。

【案例知识要点】利用"直线"工具绘制窗户图形，图形效果如图 3-3 所示。

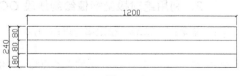

图 3-3

【效果所在位置】光盘/Ch03/DWG/窗户。

（1）创建图形文件。选择"文件 > 新建"命令，弹出"选择样板"对话框，单击 打开(O) 按钮，创建新的图形文件。

（2）绘制外轮廓线。选择"直线"命令，绘制窗户的外轮廓线，如图 3-4 所示。操作步骤如下。

命令: _line 指定第一点: 0,0	//选择直线命令，输入第一点的绝对直角坐标
指定下一点或 [放弃(U)]: 1200<0	//输入第二点的绝对极坐标
指定下一点或 [放弃(U)]: 1200,240	//输入第三点的绝对直角坐标
指定下一点或 [闭合(C)/放弃(U)]: @-1200,0	//输入第四点的相对直角坐标
指定下一点或 [闭合(C)/放弃(U)]: c	//选择"闭合"选项

（3）绘制内轮廓线。选择"直线"命令，绘制窗户的内轮廓线，完成后如图 3-5 所示。

图 3-4 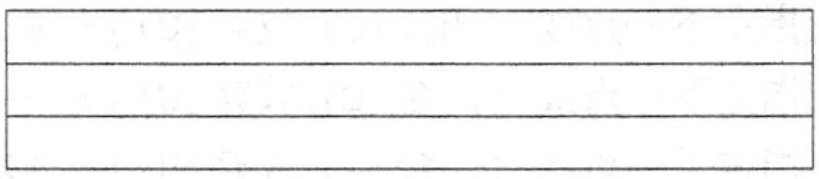　　　　　　　　　　　　　　　　　　图 3-5

操作步骤如下。

命令: _line 指定第一点: 0,80	//选择直线命令，输入第一点的绝对直角坐标
指定下一点或 [放弃(U)]: @1200<0	//输入第二点的相对极坐标
指定下一点或 [放弃(U)]:	//按 Enter 键
命令: _line 指定第一点: 160<90	//选择直线命令，输入第一点的绝对极坐标
指定下一点或 [放弃(U)]: 1200,160	//输入第二点的绝对直角坐标
指定下一点或 [放弃(U)]:	//按 Enter 键

3.2.2　利用绝对坐标绘制直线

在输入点的坐标值时，可以使用绝对值形式，其表示方式有两种：绝对直角坐标与绝对极坐标。其中，绝对坐标是相对于坐标系原点的坐标。在默认情况下，绘图窗口中的坐标系为世界坐标系（WCS）。

选择"绘图>直线"命令，启用"直线"命令，利用绝对坐标来绘制线段 AB、OC，如图 3-6 所示。操作步骤如下。

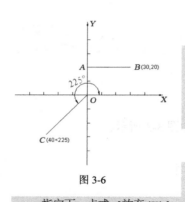

图 3-6

1．利用绝对直角坐标值绘制线段 AB

命令：_line 指定第一点：0,20	//选择直线命令∠，输入 A 点绝对直角坐标
指定下一点或 [放弃(U)]：30,20	//输入 B 点绝对直角坐标
指定下一点或 [放弃(U)]：	//按 Enter 键

2．利用绝对极坐标值绘制线段 OC

命令：_line 指定第一点：0,0	//选择直线命令∠，输入 O 点绝对直角坐标
指定下一点或 [放弃(U)]：40<225	//输入 C 点绝对极坐标
指定下一点或 [放弃(U)]：	//按 Enter 键

3.2.3　利用相对坐标绘制直线

用户在输入点的坐标值时，也可以使用相对值形式，其表示方式也有两种：相对直角坐标与相对极坐标。相对坐标是指相对于用户最后输入点的坐标。

选择"绘图>直线"命令，启用"直线"命令，利用相对坐标来绘制一个简单的图形，如图 3-7 所示。操作步骤如下。

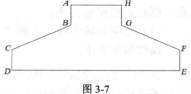

图 3-7

命令：_line 指定第一点：	//选择直线命令∠，单击确定 A 点位置
指定下一点或 [放弃(U)]：@0,-250	//输入 B 点相对直角坐标
指定下一点或 [放弃(U)]：@-700,-300	//输入 C 点相对直角坐标
指定下一点或 [闭合(C)/放弃(U)]：@250<-90	//输入 D 点相对极坐标
指定下一点或 [闭合(C)/放弃(U)]：@2000,0	//输入 E 点相对直角坐标
指定下一点或 [闭合(C)/放弃(U)]：@250<90	//输入 F 点相对极坐标
指定下一点或 [闭合(C)/放弃(U)]：@-700,300	//输入 G 点相对直角坐标
指定下一点或 [闭合(C)/放弃(U)]：@250<90	//输入 H 点相对极坐标
指定下一点或 [闭合(C)/放弃(U)]：C	//选择"闭合"选项

3.3　利用辅助工具绘制直线

AutoCAD 提供了许多绘图辅助工具，利用这些工具可以快速、精确地绘制图形对象。

3.3.1　课堂案例——绘制 4 人沙发图形

【案例学习目标】了解并熟练应用辅助工具绘制直线。

【案例知识要点】利用绘制直线的辅助工具来绘制 4 人沙发图形，效果如图 3-8 所示。

【效果所在位置】光盘/Ch03/DWG/4 人沙发。

（1）打开图形文件。选择"文件>打开"命令，打开光盘文件中的"ch03>素材>4 人沙发"文件，如图 3-9 所示。

（2）设置捕捉方式。打开"草图设置"对话框，在对话框中选择"对象捕捉"选项卡，选择"交点"和"垂足"复选框，启用"交点"和"垂足"捕捉方式，如图 3-10 所示。

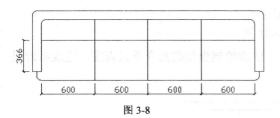

图 3-8

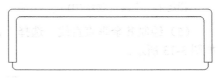

图 3-9

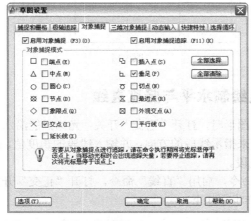

图 3-10

（3）绘制水平直线。选择"直线"命令 ✐，打开"对象捕捉"和"对象追踪"开关，绘制 4 人沙发坐垫水平直线，如图 3-11 所示。

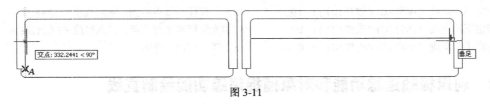

图 3-11

操作步骤如下。

命令：_line 指定第一点：366	//选择直线命令 ✐，捕捉追踪参考点 A 点，输入偏移值
指定下一点或 [放弃(U)]：	//捕捉垂足点
指定下一点或 [放弃(U)]：	//按 Enter 键

（4）绘制垂直直线。选择"直线"命令 ✐，绘制坐垫的垂直直线，如图 3-12 所示。

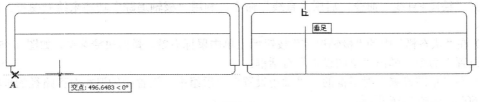

图 3-12

操作步骤如下。

| 命令：_line 指定第一点：600 | //选择直线命令 ✐，捕捉追踪参考点 A 点，输入偏移值 |

指定下一点或 [放弃(U)]:	//捕捉垂足点
指定下一点或 [放弃(U)]:	//按 Enter 键

（5）绘制其余垂直直线。选择"直线"命令 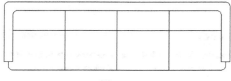，依次绘制坐垫的其余垂直直线，完成后效果如图 3-13 所示。

图 3-13

3.3.2　利用正交功能绘制水平与竖直直线

利用"直线"命令绘制图形时，打开"正交"开关，光标只能沿水平或者竖直方向移动。只需移动光标来指示线段的方向，并输入线段的长度值，就可以绘制出水平或者竖直方向的线段。

选择"绘图 > 直线"命令，启用"直线"命令，打开"正交"开关，绘制图形，如图 3-14 所示，操作步骤如下。

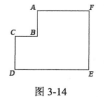

图 3-14

命令:_line 指定第一点:<正交 开>	//选择直线命令 ，单击确定 A 点位置，打开正交开关
指定下一点或 [放弃(U)]: 35	//将光标移到 A 点下侧，输入线段 AB 的长度
指定下一点或 [放弃(U)]: 30	//将光标移到 B 点左侧，输入线段 BC 的长度
指定下一点或 [闭合(C)/放弃(U)]: 55	//将光标移到 C 点下侧，输入线段 CD 的长度
指定下一点或 [闭合(C)/放弃(U)]: 100	//将光标移到 D 点右侧，输入线段 DE 的长度
指定下一点或 [闭合(C)/放弃(U)]: 90	//将光标移到 E 点上侧，输入线段 EF 的长度
指定下一点或 [闭合(C)/放弃(U)]: C	//选择"闭合"选项

3.3.3　利用极轴追踪功能和对象捕捉追踪功能绘制直线

1．利用极轴追踪功能绘制直线

在极轴追踪模式下，系统将沿极轴方向显示绘图的辅助线，此时输入线段的长度便可绘制出沿此方向的线段。极轴方向是由极轴角确定的，AutoCAD 将根据用户设定的极轴角增量值自动计算极轴角的大小。

如设定的极轴角增量角为 60°，当光标移动到接近 60°、120°、180°等方向时，AutoCAD 显示这些方向的绘制辅助线，以表示当前绘图线的方向。

选择"绘图>直线"命令，启用"直线"命令，利用"极轴追踪"功能来绘制图形。操作步骤如下。

（1）在"状态栏"中的"极轴追踪"按钮 上单击鼠标右键，弹出快捷菜单，如图 3-15 所示，选择"设置"命令，弹出"草图设置"对话框。

（2）在"草图设置"对话框的"极轴角设置"选项组中，设置极轴追踪对齐路径的极轴增量角为 60°，如图 3-16 所示。

对话框选项解释。

⊙　"启用极轴追踪"复选框：用于开启极轴捕捉命令；取消"启用极轴追踪"复选框，则取消极轴捕捉命令。

图 3-15

图 3-16

"极轴角设置"选项组用于设置极轴追踪的对齐角度。

⊙ "增量角"下拉列表：用来显示极轴追踪对齐路径的极轴角增量。可以输入任何角度，也可以从列表中选择 90°、45°、30°、22.5°、18°、15°、10° 或 5° 这些常用角度。

⊙ "附加角"复选框：对极轴追踪使用列表中的任何一种附加角度。选择"附加角"复选框，在"角度"列表中将列出可用的附加角度。

注意　　附加角度是绝对的，而非增量的。

⊙ "新建"按钮：用于添加新的附加角度，最多可以添加 10 个附加极轴追踪对齐角度。

⊙ "删除"按钮：用于删除选定的附加角度。

"对象捕捉追踪设置"选项组用于设置对象捕捉追踪选项。

⊙ "仅正交追踪"单选项：当打开对象捕捉追踪时，仅显示已获得的对象捕捉点的正交对象捕捉追踪路径。

⊙ "用所有极轴角设置追踪"单选项：用于在追踪参考点处沿极轴角所设置的方向显示追踪路径。

"极轴角测量"选项组用于设置测量极轴追踪对齐角度的基准。

⊙ "绝对"单选项：用于设置以坐标系的 x 轴为计算极轴角的基准线。

⊙ "相对上一段"单选项：用于设置以最后创建的对象为基准线进行计算极轴的角度。

（3）单击 确定 按钮，完成极轴追踪的设置。

（4）单击状态栏中的"极轴追踪" 按钮，打开"极轴追踪"开关，此时光标将自动沿 0°、60°、120°、180°、240°、300° 等方向进行追踪。

（5）选择"绘图>直线"命令，启用"直线"命令，绘制如图 3-17 所示的图形。

图 3-17

操作步骤如下。

命令: _line 指定第一点:	//选择直线命令，单击确定 A 点位置
指定下一点或 [放弃(U)]: 50	//沿 240° 方向追踪，输入线段 AB 的长度
指定下一点或 [放弃(U)]: 50	//沿 300° 方向追踪，输入线段 BC 的长度
指定下一点或 [闭合(C)/放弃(U)]: 50	//沿 0° 方向追踪，输入线段 CD 的长度
指定下一点或 [闭合(C)/放弃(U)]: 50	//沿 60° 方向追踪，输入线段 DE 的长度

| 指定下一点或 [闭合(C)/放弃(U)]：50 | //沿120°方向追踪，输入线段 *EF* 的长度 |
| 指定下一点或 [闭合(C)/放弃(U)]：c | //选择"闭合"选项 |

2．利用对象捕捉追踪功能绘制直线

在使用对象捕捉追踪绘图时，必须打开对象捕捉开关。

启用"直线"命令，利用"对象捕捉追踪"功能来绘制图形，操作步骤如下。

（1）在状态栏中的"对象捕捉追踪" ∠ 按钮上单击鼠标右键，弹出快捷菜单，选择"设置"命令，打开"草图设置"对话框。

（2）在"草图设置"对话框的"对象捕捉"选项卡下，选择"启用对象捕捉"和"启用对象捕捉追踪"复选框，在"对象捕捉模式"选项组中选择"端点"、"中点"和"交点"复选框，如图 3-18 所示。

（3）选择"极轴追踪"选项卡，在"对象捕捉追踪设置"选项组中选择追踪的方式。在"极轴角设置"选项组中设置极轴追踪对齐路径的极轴角增量角为 60°，如图 3-19 所示。单击 确定 按钮，完成对象追踪的设置。

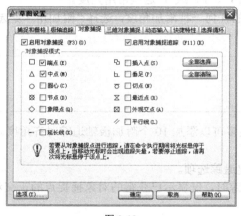
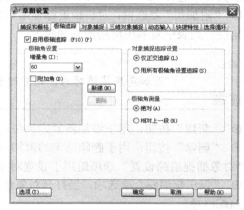

图 3-18　　　　　　　　　　　　　　　　　　图 3-19

（4）启用"直线"命令，单击确定正六边形 *AB* 边的中点，如图 3-20 所示。

（5）AutoCAD 会自动捕捉 *AB* 中点，此时 *AB* 中点处出现"△"图标，表示以 *AB* 中点为参照点。移动光标，将出现一条虚线对参照点进行追踪，如图 3-21 所示。将光标移至 *B* 点附近，捕捉 *B* 点为参照点进行追踪，然后捕捉两条追踪线的交点并单击，如图 3-22 所示。

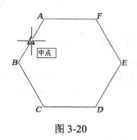
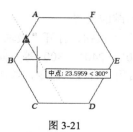
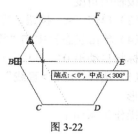

图 3-20　　　　　　　　　　图 3-21　　　　　　　　　　图 3-22

（6）捕捉线段 *BC* 的中点并单击，如图 3-23 所示。AutoCAD 会自动以 *BC* 中点为参照点。移动光标捕捉 *C* 点为参照点，再移动光标，在两条追踪线的交点处单击，如图 3-24 所示。重复使用上面的方法，就可以在正六边形内部绘制出一个六角星图形，如图 3-25 所示。

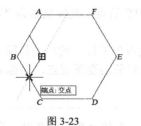

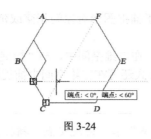

图 3-23　　　　　　　　　图 3-24　　　　　　　　　图 3-25

3.3.4　利用对象捕捉功能绘制直线

绘图过程中，可利用对象捕捉功能在一些特殊的几何点上画线，如端点、交点、中点等。利用对象捕捉功能，可将十字光标快速、准确地定位在特殊点或特定位置上，提高用户的绘图速度。

根据对象捕捉的使用方式，可以分为临时对象捕捉和自动对象捕捉两种。临时捕捉方式的设置，只能对当前进行的绘制步骤起作用；而自动捕捉方式在设置之后，将一直保持这种目标捕捉状态。

1. 利用临时对象捕捉方式绘制直线

在任意一个工具栏上单击鼠标右键，弹出快捷菜单，选择"对象捕捉"命令，弹出"对象捕捉"工具栏，如图 3-26 所示。

图 3-26

"对象捕捉"工具栏中各命令按钮的功能如下。

⊙ "临时追踪点"按钮 ⊷：用于设置临时追踪点（参照点），使系统按照正交或者极轴的方式进行追踪。

⊙ "捕捉自"按钮 ⌐：选择一点，以所选的点为基准点，再输入需要点对于此点的相对坐标值来确定另一点的捕捉方法。

⊙ "捕捉到端点"按钮 ⌯：用于捕捉线段、矩形、圆弧等线段图形对象的端点，光标显示为"□"形状。

绘制如图 3-27 所示的 A、B 点之间的线段，操作步骤如下。

命令： _line	//选择直线命令 ⌯
指定第一点：_endp 于	//单击捕捉到端点按钮 ⌯，在 A 点处单击
指定下一点或 [放弃(U)]：_endp 于	//单击捕捉到端点按钮 ⌯，在 B 点处单击
指定下一点或 [放弃(U)]：	//按 Enter 键

⊙ "捕捉到中点"按钮 ⌯：用于捕捉线段、弧线、矩形的边线等图形对象的线段中点，光标显示为"△"形状，如图 3-28 所示。

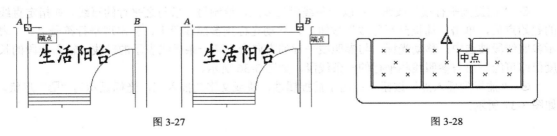

图 3-27　　　　　　　　　　　　　　　图 3-28

⊙ "捕捉到交点"按钮：用于捕捉图形对象间相交或延伸相交的点，光标显示为"╳"形状，如图 3-29 所示。

⊙ "捕捉到外观交点"按钮：在二维空间中，与"捕捉到交点"工具的功能相同，可以捕捉两个对象的视图交点。该捕捉方式还可在三维空间中捕捉两个对象的视图交点，光标显示为"⊠"形状，如图 3-30 所示。

注意 如果同时打开"交点"和"外观交点"捕捉方式，再执行对象捕捉时，得到的结果可能会不同。

⊙ "捕捉到延长线"按钮：使用光标从图形的端点处开始移动，沿图形一边以虚线来表示此边的延长线，光标旁会显示对于捕捉点的相对坐标值，光标显示为"▬.."形状，如图 3-31 所示。

图 3-29

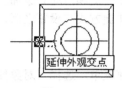

图 3-30

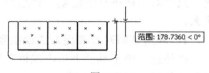

图 3-31

⊙ "捕捉到圆心"按钮：用于捕捉圆形、圆弧和椭圆形图形的圆心位置，光标显示为"○"形状，如图 3-32 所示。

⊙ "捕捉到象限点"按钮：用于捕捉圆形、椭圆形等图形上象限点的位置，光标显示为"◇"形状，如图 3-33 所示。

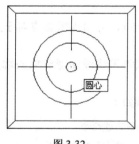

图 3-32

图 3-33

⊙ "捕捉到切点"按钮：用于捕捉圆形、圆弧、椭圆形图形与其他图形相切的切点位置，光标显示为"○"形状，如图 3-34 所示。

⊙ "捕捉到垂足"按钮：用于绘制垂线，即捕捉图形的垂足，光标显示为"┗"形状，如图 3-35 所示。

⊙ "捕捉到平行线"按钮：以一条线段为参照，绘制另一条与之平行的直线。在指定直线的起始点后，单击"捕捉到平行线"按钮，移动光标到参照线段上，会出现平行符号"∥"表示参照线段被选中；移动光标，与参照线平行的方向会出现一条虚线表示的轴线，输入线段的长度值即可绘制出与参照线相平行的一条线段，如图 3-36 所示。

⊙ "捕捉到插入点"按钮：用于捕捉属性、块或文字的插入点，光标显示为"￥"形状，如图 3-37 所示。

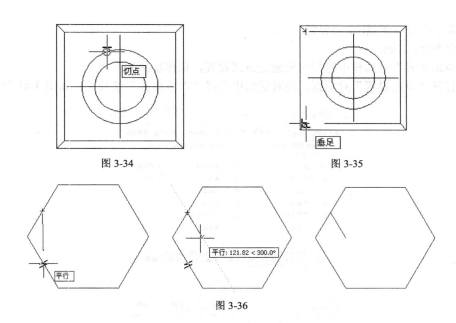

图 3-34　　　　　　　　　　　图 3-35

图 3-36

⊙ "捕捉到节点" 按钮 ：用于捕捉使用 "点" 命令创建的点对象，光标显示为 "⊠" 形状，如图 3-38 所示。

⊙ "捕捉到最近点" 按钮 ：用于捕捉离十字光标的中心最近的图形对象上的点，光标显示为 "⊠" 形状，如图 3-39 所示。

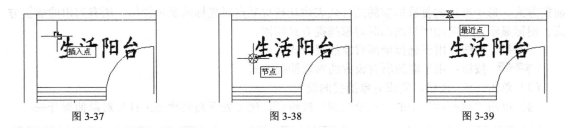

图 3-37　　　　　　　　　　　图 3-38　　　　　　　　　　　图 3-39

⊙ "无捕捉" 按钮 ：用于取消当前所选的临时捕捉方式。

⊙ "对象捕捉设置" 按钮 ：单击此按钮，弹出 "草图设置" 对话框，可以启用自动捕捉方式，并对捕捉的方式进行设置。

使用临时对象捕捉方式绘制直线还可以利用快捷菜单来完成。按住 Ctrl 键或者 Shift 键，在绘图窗口中单击鼠标右键，弹出快捷菜单，如图 3-40 所示。选择捕捉命令，即可完成相应的捕捉操作。

2．利用自动对象捕捉方式绘制直线

利用自动对象捕捉方式绘制直线时，可以保持捕捉设置，不需要每次绘制时重新调用捕捉方式进行设置，这样可以节省绘图时间。

AutoCAD 提供比较全面的自动对象捕捉方式。可以单独选择一种对象捕捉方式，也可以同时选择多种对象捕捉方式。

启用命令方法如下。

⊙ 状态栏：在 "状态栏" 中的 "对象捕捉" 按钮 上单击鼠标右键，弹出快捷菜单，选择 "设置" 命令。

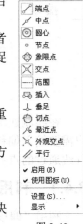

图 3-40

⊙　菜单命令：工具>草图设置。

⊙　命令行：dsettings。

在"草图设置"对话框中进行对象捕捉方式设置，操作步骤如下。

（1）打开"草图设置"对话框，在对话框中选择"对象捕捉"选项卡，如图 3-41 所示。

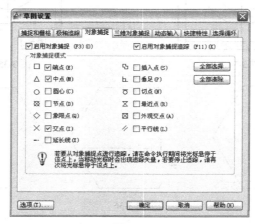

图 3-41

（2）在对话框中，选择"启用对象捕捉"复选框，开启对象捕捉命令；反之，则取消对象捕捉命令。

"对象捕捉模式"选项组中提供 13 种对象捕捉方式，可以通过选择复选框来选择需要启用的捕捉方式。每个选项的复选框前的图标代表成功捕捉某点时光标的显示图标。所有列出的捕捉方式、图标显示，与前面所讲的临时对象捕捉方式相同。

全部选择 按钮：用于选择全部对象捕捉方式。

全部清除 按钮：用于取消所有设置的对象捕捉方式。

（3）单击 确定 按钮，完成对象捕捉的设置。

（4）单击"状态栏"中的"对象捕捉"按钮 □，使之处于高亮状态，打开对象捕捉开关。

提示　　　在绘制图形时，光标自动捕捉对话框中选中的捕捉方式的目标点，是离十字光标中心最近的一点。

3.4　绘制平行线

在绘制建筑工程图时，平行线通常有两种绘制方法：一是利用"偏移"命令绘制平行线，用户需要输入偏移的距离并指定偏移的方向；二是利用对象捕捉功能绘制平行线，用户需要选择平行线通过的点并指定平行线的长度。

3.4.1　利用"偏移"命令绘制平行线

利用"偏移"命令可以绘制一个与已有直线、圆、圆弧、多段线、椭圆、构造线、样条曲线等对象相似的新图形对象。当图形中存在直线时，利用"偏移"命令，可快速绘制与其平行的线条。

启用命令方法如下。

⊙ 工具栏："修改"工具栏中的"偏移"按钮⊕。
⊙ 菜单命令：修改>偏移。
⊙ 命令行：offset。

选择"修改>偏移"命令，启用"偏移"命令，绘制线段 *DE*、线段 *FG*，如图 3-42 所示，操作步骤如下。

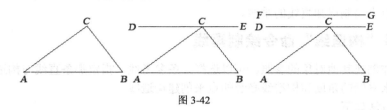

图 3-42

命令:_offset	//选择偏移命令⊕
当前设置：删除源=否　图层=当前　OFFSETGAPTYPE=0	
指定偏移距离或 [通过(T)/删除(E)/图层(L)] <通过>:	//按 Enter 键
选择要偏移的对象，或 [退出(E)/放弃(U)] <退出>:	//选择直线 *AB*
指定通过点或 [退出(E)/多个(M)/放弃(U)] <退出>: <对象捕捉 开>	//打开对象捕捉开关，捕捉 *C* 点
选择要偏移的对象，或 [退出(E)/放弃(U)] <退出>:	//按 Enter 键
命令:_offset	//选择偏移命令⊕
当前设置：删除源=否　图层=当前　OFFSETGAPTYPE=0	
指定偏移距离或[通过(T)/删除(E)/图层(L)] <通过> :300	//输入偏移距离
选择要偏移的对象，或 [退出(E)/放弃(U)] <退出>:	//选择直线 *AB*
指定点以确定偏移所在一侧，或 [退出(E)/多个(M)/放弃(U)] <退出>:	//在直线 *AB* 的上侧单击
选择要偏移的对象，或 [退出(E)/放弃(U)] <退出>:	//按 Enter 键

3.4.2 利用对象捕捉功能绘制平行线

利用对象捕捉功能中的平行捕捉模式也可快速绘制已有线段的平行线。

选择"绘图>直线"命令，启用"直线"命令，绘制线段 *AE* 的平行线 *GH*，如图 3-43 所示。操作步骤如下。

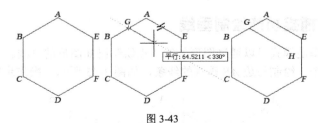

图 3-43

命令：_line 指定第一点：	//选择直线命令╱，在 *AB* 中点处单击确定 *G* 点位置
指定下一点或 [放弃(U)] : _par 到 80	//选择"对象捕捉"工具栏中的"捕捉到平行线"命令╱╱，移动光标到线段 *AE* 上，出现平行符号"╱╱"，接着移动光标，将出现一条与线段 *AE* 平行的参考线，此时输入数值
指定下一点或 [放弃(U)] :	//按 Enter 键

3.5　绘制垂线

在绘制建筑工程图时，垂线通常有两种绘制方法：一是利用"构造线"命令绘制垂线，用户可通过已知直线上的某点来绘制其垂线；二是利用对象捕捉功能的垂足模式绘制垂线，用户可通过直线外的某点来绘制已知直线的垂线。

3.5.1　利用"构造线"命令绘制垂线

构造线用作创建其他对象的参照。可以选择一条参考线，指定那条直线与构造线的角度，或者通过指定与水平轴的角度和构造线必经的点来创建构造线。

启用命令方法如下。

- ⊙　工具栏："绘图"工具栏中的"构造线"按钮 ⟋。
- ⊙　菜单命令：绘图>构造线。
- ⊙　命令行：xline。

选择"绘图>构造线"命令，启用"构造线"命令，绘制与线段 *AB* 的中点垂直的构造线，如图 3-44 所示。操作步骤如下。

命令：_xline 指定点或 [水平(H)/垂直(V)/角度(A)/二等分(B)/偏移(O)]：A	
	//选择构造线命令 ⟋，选择"角度"选项
输入构造线的角度 (0) 或 [参照(R)]：R	//选择"参照"选项
选择直线对象：	//选择线段 *AB*
输入构造线的角度 <0>：90	//输入角度值
指定通过点：<对象捕捉 开>	//打开对象捕捉开关，捕捉线段 *AB* 的中点
指定通过点：	//按 Enter 键

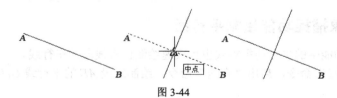

图 3-44

3.5.2　利用垂足捕捉功能绘制垂线

利用对象捕捉的垂足模式可以通过图形外的一点绘制已知图形的垂线。

启用"直线"命令，绘制与边 *AB* 垂直的线条，如图 3-45 所示。操作步骤如下。

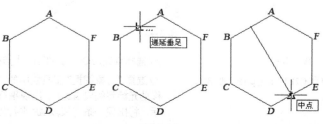

图 3-45

命令：_line 指定第一点：_per 到	//选择直线命令 ，单击"捕捉到垂足"命令 ，在边 AB 上捕捉垂足
指定下一点或 [放弃(U)]：<对象捕捉 开>	//打开"对象捕捉"开关，捕捉边 DE 的中点
指定下一点或 [放弃(U)]：	//按 Enter 键

3.6 绘制点

在 AutoCAD 中，可以创建单独的点作为绘图参考点。用户可以设置点的样式与大小。一般在创建点之前，为了便于观察，需要设置点的样式。

3.6.1 点的样式

在绘制点时，需要知道绘制什么样的点以及点的大小，因此需要设置点的样式。设置点样式的操作步骤如下。

（1）选择"格式>点样式"命令，弹出"点样式"对话框，如图 3-46 所示。

（2）"点样式"对话框中提供了多种点的样式，用户可以根据需要进行选择，即单击需要的点样式图标。此外，用户还可以通过在"点大小"数值框内输入数值，设置点的显示大小。

（3）单击 确定 按钮，点的样式设置完成。

图 3-46

3.6.2 绘制单点

利用单点命令可以方便地绘制一个点。

启用命令方法如下。

⊙ 菜单命令：绘图>点>单点。

⊙ 命令行：po（point）。

选择"绘图>点>单点"命令，启用"点"命令，绘制如图 3-47 所示的点图形。操作步骤如下。

图 3-47

命令：_point	//选择单点菜单命令
当前点模式：PDMODE=35 PDSIZE=0.0000	//显示当前点的样式
指定点：	//单击绘制点

3.6.3 绘制多点

当需要绘制多个点的时候，可以利用多点命令来绘制多点。

启用命令方法如下。

⊙ 工具栏："绘图"工具栏中的"点"按钮 。

⊙ 菜单命令：绘图 > 点 > 多点。

选择"绘图 > 点 > 多点"命令，启用"多点"命令，绘制如图 3-48 所示的点图形。操作步骤如下。

命令：_point	//选择多点命令
当前点模式：PDMODE=35 PDSIZE=0.0000	//显示当前点的样式

指定点：*取消*	//依次单击绘制点，按 Esc 键

修改点的样式，可以绘制其他形状的点。

在图 3-46 的"点样式"对话框中，若选中"相对于屏幕设置大小"选项，点的显示会随着视图的放大或缩小而发生变化，当再次绘制点时，会发生点图标的大小显示不同。选择"视图 > 重生成"命令，可调整点图标的显示，如图 3-49 所示。

图 3-48　　　　　　　　　　　　　　　　　　　图 3-49

3.6.4　绘制等分点

绘制等分点有两种方法：一是利用定距等分；二是利用定数等分。

1. 通过定距绘制等分点

AutoCAD 允许在一个图形对象上按指定的间距绘制多个点，利用定距绘制的等分点可以作为绘图的辅助点。

启用命令方法如下。

- ⊙　菜单命令：绘图 > 点 > 定距等分。
- ⊙　命令行：measure。

选择"绘图>点>定距等分"命令，启用"定距等分"命令，在直线上通过定距绘制等分点，如图 3-50 所示。操作步骤如下。

图 3-50

命令：_measure	//选择定距等分菜单命令
选择要定距等分的对象：	//选择欲进行等分的直线
指定线段长度或 [块(B)]：20	//输入指定的间距

提示选项解释如下。

⊙　块（B）：按照指定的长度，在选定的对象上插入图块。有关图块的问题，将在后续章节中进行详细的介绍。

定距绘制等分点的操作补充说明如下。

（1）欲进行等分的对象可以是直线、圆、多段线、样条曲线等图形对象，但不能是块、尺寸标注、文本及剖面线等图形对象。

（2）在绘制点时，距离选择对象点处较近的端点会作为起始位置。

（3）若对象总长不能被指定的间距整除，则最后一段小于指定的间距。

（4）利用"定距等分"命令每次只能在一个对象上绘制等分点。

2. 通过定数绘制等分点

AutoCAD 还允许在一个图形对象上按指定的数目绘制多个点，此时用户需要启用"定数等分"命令。

启用命令方法如下。

- ⊙　菜单命令：绘图 > 点 > 定数等分。
- ⊙　命令行：divide。

选择"绘图 > 点 > 定数等分"命令，启用"定数等分"命令，在圆上通过定

图 3-51

数绘制等分点，如图3-51所示。操作步骤如下。

命令： _divide	//选择定数等分菜单命令
选择要定数等分的对象：	//选择欲进行等分的圆
输入线段数目或 [块(B)]：5	//输入等分数目

定数绘制等分点的操作补充说明如下。

（1）欲进行等分的对象可以是直线、圆、多段线和样条曲线等，但不能是块、尺寸标注、文本、剖面线等对象。

（2）利用"定数等分"命令每次只能在一个对象上绘制等分点。

（3）等分的数目最大是32767。

3.7 绘制圆

圆在建筑图中随处可见，在AutoCAD中可以利用圆命令绘制它们。

3.7.1 课堂案例——绘制燃气灶图形

【案例学习目标】掌握并熟练应用圆工具。

【案例知识要点】用"圆"工具绘制燃气灶图形，效果如图3-52所示。

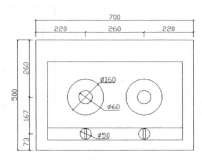

图 3-52

【效果所在位置】光盘/Ch03/DWG/燃气灶。

（1）打开图形文件。选择"文件>打开"命令，打开光盘文件中的"ch03>素材>燃气灶"文件，如图3-53所示。

（2）绘制圆图形。选择"圆"命令⊙，绘制燃气灶灶台圆图形，如图3-54所示。

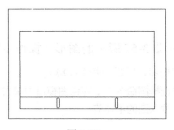

图 3-53

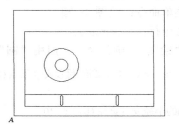

图 3-54

操作步骤如下。

```
命令：_circle                                      //选择圆命令⊙
指定圆的圆心或 [三点(3P)/两点(2P)/相切、相切、半径(T)]：_from 基点：<偏移>：@220,240
                                   //选择"对象捕捉"工具栏上的"捕捉自"命
                                   令⌐，捕捉 A 点作为参考点，输入相对坐标值
指定圆的半径或 [直径(D)]：30                         //输入半径值
命令：_circle                                      //选择圆命令⊙
指定圆的圆心或 [三点(3P)/两点(2P)/相切、相切、半径(T)]：   //捕捉圆心位置
指定圆的半径或 [直径(D)] <30.0000>：80               //输入半径值
```

（3）绘制圆图形。选择"圆"命令⊙，绘制燃气灶开关圆图形，如图 3-55 所示。

操作步骤如下。

```
命令：_circle                                      //选择圆命令⊙
指定圆的圆心或 [三点(3P)/两点(2P)/相切、相切、半径(T)]：_from 基点：<偏移>：@220,73
                                   //选择"对象捕捉"工具栏上的"捕捉自"命
                                   令⌐，捕捉 A 点作为基点，输入偏移相对坐标值
指定圆的半径或 [直径(D)]<80.0000>：25                //输入半径值
```

（4）绘制圆图形。选择"圆"命令⊙，根据步骤（2）和（3）绘制燃气灶其余圆图形，完成
后如图 3-56 所示。

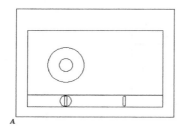

图 3-55

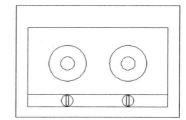

图 3-56

3.7.2 绘制圆

绘制圆的方法有 6 种，其中默认的方法是通过确定圆心和半径来绘制圆。根据图形的特点，
可采用不同的方法进行绘制。

启用命令方法如下。

⊙ 工具栏："绘图"工具栏中的"圆"按钮⊙。

⊙ 菜单命令：绘图 > 圆。

⊙ 命令行：c（circle）。

选择"绘图 > 圆"命令，启用"圆"命令，绘制如图 3-57 所示的图形。操作步骤如下。

```
命令：_circle 指定圆的圆心或 [三点(3P)/两点(2P)/相切、相切、半径(T)]：
                                   //选择圆命令⊙，在绘图窗口中单击确定圆心位置
指定圆的半径或 [直径(D)]：20          //输入圆的半径值
```

提示选项解释如下。

⊙ 三点（3P）：通过指定的三个点绘制圆形。

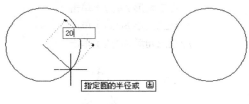

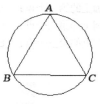

图 3-57   图 3-58

拾取三角形上三个顶点绘制一个圆形，如图 3-58 所示。

命令：_circle 指定圆的圆心或 [三点(3P)/两点(2P)/相切、相切、半径(T)]：3P
//选择圆命令 ⊙，选择"三点"选项
指定圆上的第一个点：   //捕捉顶点 A 点
指定圆上的第二个点：   //捕捉顶点 B 点
指定圆上的第三个点：   //捕捉顶点 C 点

⊙　两点（2P）：通过指定圆直径的两个端点来绘制圆。
在线段 AB 上绘制一个圆，如图 3-59 所示。

命令：_circle 指定圆的圆心或 [三点(3P)/两点(2P)/相切、相切、半径(T)]：2P
//选择圆命令 ⊙，选择"两点"选项
指定圆直径的第一个端点：<对象捕捉 开>   //捕捉线段 AB 的端点 A
指定圆直径的第二个端点：   //捕捉线段 AB 的端点 B

⊙　相切、相切、半径（T）：通过选择两个与圆相切的对象，并输入半径来绘制圆。
在三角形的边 AB 与 BC 之间绘制一个相切圆，如图 3-60 所示。操作步骤如下。

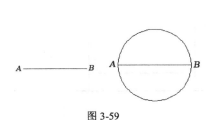

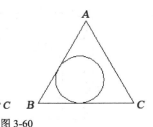

图 3-59   图 3-60

命令：_circle 指定圆的圆心或 [三点(3P)/两点(2P)/相切、相切、半径(T)]：T
//选择圆命令 ⊙，选择"相切、相切、半径"选项
指定对象与圆的第一个切点：   //在边 AB 上单击
指定对象与圆的第二个切点：   //在边 BC 上单击
指定圆的半径：1.0   //输入半径值

⊙　直径（D）：在确定圆心后，通过输入圆的直径长度来确定圆。
菜单栏的"绘图 > 圆"子菜单中提供了 6 种绘制圆的方法，如图 3-61 所示。除了上面介绍的 5 种可以直接在命令行中进行选择之外，"相切、相切、相切"命令只能从菜单栏的"绘图>圆"子菜单中调用。
绘制一个与正三边形图形对象都相切的圆，如图 3-62 所示。操作步骤如下。

命令：_circle 指定圆的圆心或 [三点(3P)/两点(2P)/相切、相切、半径(T)]：_3p
//选择相切、相切、相切命令

指定圆上的第一个点：_tan 到	//在三角形 AB 边上单击
指定圆上的第二个点：_tan 到	//在三角形 BC 边上单击
指定圆上的第三个点：_tan 到	//在三角形 AC 边上单击

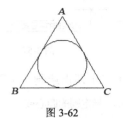

图 3-61　　　　　　　　　　　　　　　　　　图 3-62

3.8 绘制圆弧和圆环

3.8.1　课堂案例——绘制坐便器图形

【案例学习目标】熟悉并掌握"圆弧"工具 。

【案例知识要点】利用圆弧工具绘制坐便器图形，效果如图 3-63 所示。

【效果所在位置】光盘/Ch03/DWG/坐便器。

（1）打开图形文件。选择"文件 > 打开"命令，打开光盘文件中的"ch03 > 素材 > 坐便器"文件，如图 3-64 所示。

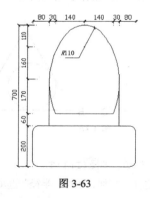

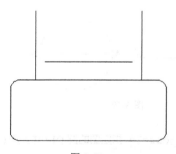

图 3-63　　　　　　　　　　　　　　　　　　图 3-64

（2）绘制圆弧图形。选择"圆弧"命令 ，绘制坐便器前侧圆弧图形，如图 3-65 所示。操作步骤如下。

命令：_arc 指定圆弧的起点或 [圆心(C)]：c	//选择圆弧命令
指定圆弧的圆心：330	//捕捉直线 CD 中点作为参考点，输入偏移值
指定圆弧的起点：@110<35	//输入圆弧的起点相对极坐标
指定圆弧的端点或 [角度(A)/弦长(L)]：a	//选择"角度"选项
指定包含角：110	//输入包含角度值

（3）绘制圆弧图形。选择"圆弧"命令 ，绘制坐便器两侧圆弧图形，完成后效果如图 3-66 所示。操作步骤如下。

命令: _arc 指定圆弧的起点或 [圆心(C)]:	//选择圆弧命令 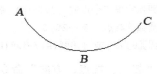，单击图 3-65 所示 A 点位置
指定圆弧的第二个点或 [圆心(C)/端点(E)]:	//单击确定 B 点位置
指定圆弧的端点:	//单击确定 C 点位置
命令:	//按 Enter 键
ARC 指定圆弧的起点或 [圆心(C)]:	//单击确定 D 点位置
指定圆弧的第二个点或 [圆心(C)/端点(E)]:	//单击确定 E 点位置
指定圆弧的端点:	//单击确定 F 点位置

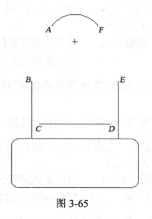

图 3-65

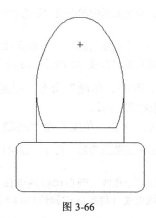

图 3-66

3.8.2 绘制圆弧

绘制圆弧的方法有 10 种，其中默认的方法是通过确定 3 点来绘制圆弧。圆弧可以通过设置起点、方向、中点、角度、终点、弦长等参数来进行绘制。在绘制过程中，用户可采用不同的方法。启用命令方法如下。

⊙ 工具栏："绘图"工具栏中的"圆弧"按钮。

⊙ 菜单命令：绘图 > 圆弧。

⊙ 命令行：a（arc）。

选择"绘图 > 圆弧"命令，弹出"圆弧"命令的下拉菜单，菜单中提供了 10 种绘制圆弧的方法，如图 3-67 所示。可以根据圆弧的特点，选择相应的命令来绘制圆弧。

"圆弧"命令的默认绘制方法为"三点"：起点、圆弧上一点、端点。

利用默认绘制方法绘制一条圆弧，如图 3-68 所示。操作步骤如下。

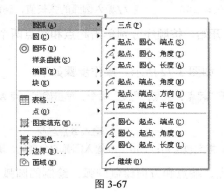

图 3-67

图 3-68

命令：_arc 指定圆弧的起点或 [圆心(C)]：	//选择圆弧命令 ⌒ ，单击确定圆弧起点 A 点位置
指定圆弧的第二个点或 [圆心(C)/端点(E)]：	//单击确定 B 点位置
指定圆弧的端点：	//单击确定圆弧终点 C 点位置，弧形绘制完成

"圆弧"子菜单下提供的其他绘制命令的使用方法如下。

⊙ "起点、圆心、端点"命令：以逆时针方向开始，按顺序分别单击起点、圆心和端点 3 个位置来绘制圆弧。

利用"起点、圆心、端点"命令绘制一条圆弧，如图 3-69 所示。操作步骤如下。

命令：_arc 指定圆弧的起点或 [圆心(C)]：	//选择"起点、圆心、端点"命令，单击确定起点 A 点位置
指定圆弧的第二个点或 [圆心(C)/端点(E)]：_c 指定圆弧的圆心：	//单击确定圆心 B 点位置
指定圆弧的端点或 [角度(A)/弦长(L)]：	//单击确定端点 C 点位置

⊙ "起点、圆心、角度"命令：以逆时针方向开始，按顺序分别单击起点和圆心两个位置，再输入角度值来绘制圆弧。

利用"起点、圆心、角度"命令绘制一条圆弧，如图 3-70 所示。操作步骤如下。

命令：_arc 指定圆弧的起点或 [圆心(C)]：	//选择"起点、圆心、角度"命令，单击确定起点 A 点位置
指定圆弧的第二个点或 [圆心(C)/端点(E)]：_c 指定圆弧的圆心：	//单击确定圆心 B 点位置
指定圆弧的端点或 [角度(A)/弦长(L)]：_a 指定包含角：90	//输入圆弧的角度值

⊙ "起点、圆心、长度"命令：以逆时针方向开始，按顺序分别单击起点和圆心两个位置，再输入圆弧的长度值来绘制圆弧。

利用"起点、圆心、长度"命令绘制一条圆弧，如图 3-71 所示。操作步骤如下。

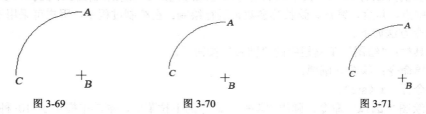

图 3-69　　　　　　　　　图 3-70　　　　　　　　　图 3-71

命令：_arc 指定圆弧的起点或 [圆心(C)]：	//选择"起点、圆心、长度"命令，单击确定起点 A 点位置
指定圆弧的第二个点或 [圆心(C)/端点(E)]：_c 指定圆弧的圆心：	//单击确定圆心 B 点位置
指定圆弧的端点或 [角度(A)/弦长(L)]：_l 指定弦长：100	//输入圆弧的弦长值，确定圆弧

⊙ "起点、端点、角度"命令：以逆时针方向开始，按顺序分别单击起点和端点两个位置，再输入圆弧的角度值来绘制圆弧。

利用"起点、端点、角度"命令绘制一条圆弧，如图 3-72 所示。操作步骤如下。

命令：_arc 指定圆弧的起点或 [圆心(C)]：	//选择"起点、端点、角度"命令，单击确定起点 A 点位置
指定圆弧的第二个点或 [圆心(C)/端点(E)]：_e	
指定圆弧的端点：@ -25,0	//输入 B 点坐标
指定圆弧的圆心或 [角度(A)/方向(D)/半径(R)]：_a 指定包含角：150	//输入圆弧的角度值，确定圆弧

⊙ "起点、端点、方向"命令：通过指定起点、端点和方向绘制圆弧。绘制的圆弧在起点处与指定方向相切。

利用"起点、端点、方向"命令绘制一条圆弧，如图 3-73 所示。操作步骤如下。

命令：_arc 指定圆弧的起点或 [圆心(C)]：　　　　//选择"起点、端点、方向"命令，单击确定起点 A 点位置
指定圆弧的第二个点或 [圆心(C)/端点(E)]：_e
指定圆弧的端点：　　　　　　　　　　　　　　//单击确定端点 B 点位置
指定圆弧的圆心或 [角度(A)/方向(D)/半径(R)]：_d 指定圆弧的起点切向：　//用光标确定圆弧的方向

⊙　"起点、端点、半径"命令：通过指定起点、端点和半径绘制圆弧。可以通过输入长度，或通过顺时针（或逆时针）移动鼠标单击确定一段距离来指定半径。

利用"起点、端点、半径"命令绘制一条圆弧，如图 3-74 所示。操作步骤如下。

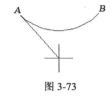

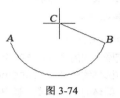

图 3-72　　　　　　　　　　　　　图 3-73　　　　　　　　　　　　　图 3-74

命令：_arc 指定圆弧的起点或 [圆心(C)]：　　　//选择"起点、端点、半径"命令，单击确定起点
　　　　　　　　　　　　　　　　　　　　　　　　　　A 点位置
指定圆弧的第二个点或 [圆心(C)/端点(E)]：_e
指定圆弧的端点：　　　　　　　　　　　　　　//单击确定端点 B 点位置
指定圆弧的圆心或 [角度(A)/方向(D)/半径(R)]：_r 指定圆弧的半径：
　　　　　　　　　　　　　　　　　　　　　　　　//单击点 C 确定圆弧半径的大小

⊙　"圆心、起点、端点"命令：以逆时针方向开始，按顺序分别单击圆心、起点和端点 3 个位置来绘制圆弧。

⊙　"圆心、起点、角度"命令：按顺序分别单击圆心、起点两个位置，再输入圆弧的角度值来绘制圆弧。

⊙　"圆心、起点、长度"命令：按顺序分别单击圆心、起点两个位置，再输入圆弧的长度值来绘制圆弧。

提示　　若输入的角度值为正值，则按逆时针方向绘制圆弧；若该值为负值，则按顺时针方向绘制圆弧。若输入的弦长值和半径值为正值，则绘制 180° 范围内的圆弧；若输入的弦长值和半径值为负值，则绘制大于 180° 的圆弧。

绘制完圆弧后，启用"直线"命令，在"指定第一点"提示下，按 Enter 键，可以绘制一条与圆弧相切的直线，如图 3-75 所示。

反之，完成直线绘制之后，启用"圆弧"命令，在"指定起点"提示下，按 Enter 键，可以绘制一段与直线相切的圆弧。

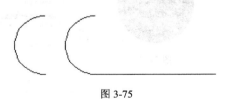

图 3-75

利用同样的方法可以连接后续绘制的圆弧。也可以利用菜单栏下的命令："绘图 > 圆弧 > 继续"命令连接后续绘制的圆弧。两种情况下，结果对象都与前一对象相切。

利用"绘图>圆弧>继续"命令绘制相切直线的操作步骤如下。

命令：_line 指定第一点：　　　//选择直线命令↙
直线长度：50　　　　　　　　　//输入直线的长度值

指定下一点或 [放弃(U)]:　　　//按 Enter 键

3.8.3　绘制圆环

在 AutoCAD 中，利用"圆环"命令可以绘制圆环图形，如图 3-76 所示。在绘制过程中，用户需要指定圆环的内径、外径以及中心点。

启用命令方法如下。

⊙　菜单命令：绘图 > 圆环。

⊙　命令行：donut。

选择"绘图 > 圆环"命令，启用"圆环"命令，绘制如图 3-76 所示的图形。

图 3-76

操作步骤如下。

命令: _donut	//选择圆环菜单命令
指定圆环的内径 <0.5000>: 1	//输入圆环的内径
指定圆环的外径 <1.0000>: 2	//输入圆环的外径
指定圆环的中心点或 <退出>:	//在绘图窗口中单击确定圆环的中心
指定圆环的中心点或 <退出>:	//按 Enter 键

用户在指定圆环的中心点时，可以指定多个不同的中心点，从而一次创建多个具有相同直径的圆环对象，直到按 Enter 键结束操作。

若用户输入圆环的内径为 0 时，AutoCAD 将绘制一个实心圆，如图 3-77 所示。用户还可以设置圆环的填充模式，选择"工具 > 选项"命令，弹出"选项"对话框，单击该对话框中的"显示"选项卡，取消"应用实体填充"复选框的选择状态，如图 3-78 所示，然后单击 确定 按钮，关闭"选项"对话框。此后再利用"圆环"命令绘制圆环时，其形状如图 3-79 所示。

图 3-77

图 3-78

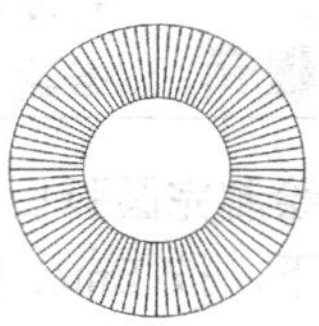

图 3-79

3.9　绘制矩形和正多边形

建筑工程设计图中大量地用到了矩形和正多边形，在 AutoCAD 中可以利用矩形和正多边形命令进行绘制。

3.9.1 课堂案例——绘制双人床图形

【**案例学习目标**】掌握并熟练应用"矩形"工具。

【**案例知识要点**】利用"矩形"工具、"圆弧"工具和"直线"工具绘制双人床图形，效果如图 3-80 所示。

【**效果所在位置**】光盘/Ch03/DWG/双人床。

（1）创建图形文件。选择"文件 > 新建"命令，弹出"选择样板"对话框，单击 打开(0) 按钮，创建新的图形文件。

（2）设置图形单位与界限。设置图形单位的精度为"0.0"；设置图形界限为 2970mm×4200mm。

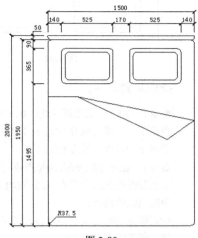

图 3-80

（3）调整绘图窗口显示范围。选择"视图 > 缩放 > 范围"命令，使图形能够完全显示。

（4）绘制床体图形。选择"矩形"命令 □，绘制双人床床体图形，如图 3-81 所示。

操作步骤如下。

```
命令：_rectang                                              //选择矩形命令□
指定第一个角点或 [倒角(C)/标高(E)/圆角(F)/厚度(T)/宽度(W)]：f      //选择"圆角"选项
指定矩形的圆角半径 <0.0000>：37.5                              //输入圆角半径值
指定第一个角点或 [倒角(C)/标高(E)/圆角(F)/厚度(T)/宽度(W)]：0,0    //输入 A 点的绝对坐标
指定另一个角点或 [面积(A)/尺寸(D)/旋转(R)]：@1500,-1950          //输入 B 点的相对坐标
```

（5）绘制枕头图形。选择"矩形"命令 □，绘制枕头内外轮廓线图形，如图 3-82 所示。

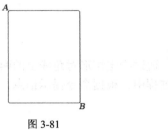

图 3-81

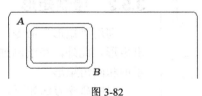

图 3-82

操作步骤如下。

```
命令：_rectang                                              //选择矩形命令□
当前矩形模式：圆角=37.5000
指定第一个角点或 [倒角(C)/标高(E)/圆角(F)/厚度(T)/宽度(W)]：140,-90   //输入 A 点的绝对坐标
指定另一个角点或 [面积(A)/尺寸(D)/旋转(R)]：@525,-365             //输入 B 点的相对坐标
命令：_rectang                                              //选择矩形命令□
当前矩形模式：圆角=37.5000
指定第一个角点或 [倒角(C)/标高(E)/圆角(F)/厚度(T)/宽度(W)]：        //捕捉 A 处圆心点
指定另一个角点或 [面积(A)/尺寸(D)/旋转(R)]：                      //捕捉 B 处圆心点
```

（6）绘制枕头图形。选择"矩形"命令 □，绘制另一个枕头图形，如图 3-83 所示。

（7）绘制床头板图形。依次选择"直线"命令 ⁄、"圆弧"命令 ⌒，绘制双人床的床头板图形，如图 3-84 所示。

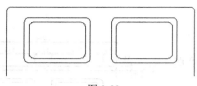

图 3-83

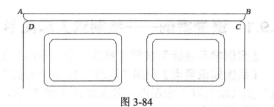

图 3-84

操作步骤如下。

命令：_line 指定第一点：0,50	//选择直线命令✐，输入直线端点 A 点绝对坐标
指定下一点或 [放弃(U)]：1500,50	//输入直线另一端点 B 点绝对坐标
指定下一点或 [放弃(U)]：	//按 Enter 键
命令：_arc 指定圆弧的起点或 [圆心(C)]：	//选择圆弧命令✐，单击直线的端点 A 点
指定圆弧的第二个点或 [圆心(C)/端点(E)]：e	//选择"端点"选项
指定圆弧的端点：	//单击矩形直线的端点 D 点
指定圆弧的圆心或 [角度(A)/方向(D)/半径(R)]：r	//选择"半径"选项
指定圆弧的半径：40	//输入圆弧半径值
命令：	//按 Enter 键
ARC 指定圆弧的起点或 [圆心(C)]：	//单击双人床圆弧端点 C 点
指定圆弧的第二个点或 [圆心(C)/端点(E)]：e	//选择"端点"选项
指定圆弧的端点：	//单击直线端点 B 点
指定圆弧的圆心或 [角度(A)/方向(D)/半径(R)]：r	//选择"半径"选项
指定圆弧的半径：40	//输入圆弧半径值

（8）绘制被子图形。选择"直线"命令✐，绘制双人床的被子图形，完成后效果如图 3-85 所示。

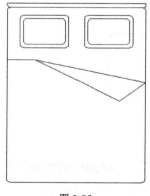

图 3-85

3.9.2　绘制矩形

利用"矩形"命令，通过指定矩形对角线上的两个端点即可绘制出矩形。此外，在绘制过程中，根据命令提示信息，还可绘制出倒角矩形和圆角矩形。

启用命令方法如下。

- ⊙　工具栏："绘图"工具栏中的"矩形"按钮▢。
- ⊙　菜单命令：绘图>矩形。
- ⊙　命令行：rec（rectang）。

选择"绘图>矩形"命令，启用"矩形"命令，绘制如图 3-86 所示的图形，操作步骤如下。

命令：_rectang	//选择矩形命令▢
指定第一个角点或 [倒角(C)/标高(E)/圆角(F)/厚度(T)/宽度(W)]：	//单击确定 A 点位置
指定另一个角点或 [面积(A)/尺寸(D)/旋转(R)]：@150,-100	//输入 B 点的相对坐标

提示选项解释如下。

⊙　倒角（C）：用于绘制带有倒角的矩形。

绘制带有倒角的矩形，如图 3-87 所示，操作步骤如下。

命令：_rectang	//选择矩形命令▢

指定第一个角点或 [倒角(C)/标高(E)/圆角(F)/厚度(T)/宽度(W)]: C	//选择"倒角"选项
指定矩形的第一个倒角距离<0.0000>: 20	//输入第一个倒角的距离值
指定矩形的第二个倒角距离<20.0000>: 20	//输入第二个倒角的距离值
指定第一个角点或 [倒角(C)/标高(E)/圆角(F)/厚度(T)/宽度(W)]:	//单击确定A点位置
指定另一个角点或 [面积(A)/尺寸(D)/旋转(R)]:	//单击确定B点位置

设置矩形的倒角时，如将第一个倒角距离与第二个倒角距离设置为不同数值，将会沿同一方向进行倒角，如图3-88所示。

 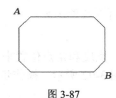 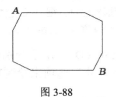

图3-86　　　　　　　　图3-87　　　　　　　　图3-88

⊙ 标高（E）：用于确定矩形所在的平面高度。默认情况下，其标高为0，即矩形位于 xy 平面内。

⊙ 圆角（F）：用于绘制带有圆角的矩形。

绘制带有圆角的矩形，如图3-89所示。操作步骤如下。

命令：_rectang	//选择矩形命令⌷
指定第一个角点或 [倒角(C)/标高(E)/圆角(F)/厚度(T)/宽度(W)]: F	//选择"圆角"选项
指定矩形的圆角半径 <0.0000>: 20	//输入圆角的半径值
指定第一个角点或 [倒角(C)/标高(E)/圆角(F)/厚度(T)/宽度(W)]:	//单击确定A点位置
指定另一个角点或 [面积(A)/尺寸(D)/旋转(R)]:	//单击确定B点位置

⊙ 厚度（T）：设置矩形的厚度，用于绘制三维图形。

⊙ 宽度（W）：用于设置矩形的边线宽度。

绘制有边线宽度的矩形，如图3-90所示。操作步骤如下。

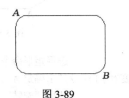 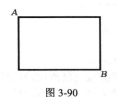

图3-89　　　　　　　　　　　图3-90

命令：_rectang	//选择矩形命令⌷
指定第一个角点或 [倒角(C)/标高(E)/圆角(F)/厚度(T)/宽度(W)]: W	//选择"宽度"选项
指定矩形的线宽 <0.0000>: 2	//输入矩形的线宽值
指定第一个角点或 [倒角(C)/标高(E)/圆角(F)/厚度(T)/宽度(W)]:	//单击确定A点位置
指定另一个角点或 [面积(A)/尺寸(D)/旋转(R)]:	//单击确定B点位置

⊙ 面积（A）：通过指定面积和长度（或宽度）来绘制矩形。

利用"面积"选项来绘制矩形，如图3-91所示。操作步骤如下。

命令：_rectang	//选择矩形命令⌷
指定第一个角点或 [倒角(C)/标高(E)/圆角(F)/厚度(T)/宽度(W)]:	//单击确定A点位置

指定另一个角点或 [面积(A)/尺寸(D)/旋转(R)]: A	//选择"面积"选项
输入以当前单位计算的矩形面积: 4000	//输入面积值
计算矩形标注时依据 [长度(L)/宽度(W)] <长度>: L	//选择"长度"选项
输入矩形长度: 80	//输入长度值
命令: _rectang	//选择矩形命令▢
指定第一个角点或 [倒角(C)/标高(E)/圆角(F)/厚度(T)/宽度(W)]:	//在绘图窗口中单击确定 C 点
指定另一个角点或 [面积(A)/尺寸(D)/旋转(R)]: A	//选择"面积"选项
输入以当前单位计算的矩形面积: 4000	//输入面积值
计算矩形标注时依据 [长度(L)/宽度(W)] <长度>: W	//选择"宽度"选项
输入矩形宽度 <50.0000>: 80	//输入宽度值

⊙　尺寸（D）：用于分别设置长度、宽度和角点位置来绘制矩形。

利用"尺寸"选项来绘制矩形，如图 3-92 所示。操作步骤如下。

命令: _rectang	//选择矩形命令▢
指定第一个角点或 [倒角(C)/标高(E)/圆角(F)/厚度(T)/宽度(W)]:	//单击确定 A 点位置
指定另一个角点或 [面积(A)/尺寸(D)/旋转(R)]: D	//选择"尺寸"选项
指定矩形的长度<10.0000>: 150	//输入长度值
指定矩形的宽度<10.0000>: 100	//输入宽度值
指定另一个角点或 [面积(A)/尺寸(D)/旋转(R)]:	//在 A 点右下侧单击,确定 B 点位置

⊙　旋转（R）：通过指定旋转角度来绘制矩形。

利用"旋转"选项来绘制矩形，如图 3-93 所示。操作步骤如下。

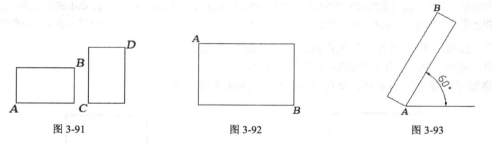

图 3-91	图 3-92	图 3-93

命令: _rectang	//选择矩形命令▢
指定第一个角点或 [倒角(C)/标高(E)/圆角(F)/厚度(T)/宽度(W)]:	//单击确定 A 点位置
指定另一个角点或 [面积(A)/尺寸(D)/旋转(R)]: R	//选择"旋转"选项
指定旋转角度或 [拾取点(P)] <0>: 60	//输入旋转角度值
指定另一个角点或 [面积(A)/尺寸(D)/旋转(R)]:	//单击确定 B 点位置

3.9.3　绘制正多边形

在 AutoCAD 2012 中，正多边形是具有等长边的封闭图形，其边数为 3～1024。可以通过与假想圆内接或外切的方法来绘制正多边形，也可以通过指定正多边形某边的端点来绘制。

启用命令方法如下。

⊙　工具栏："绘图"工具栏中的"正多边形"按钮⬡。

⊙　菜单命令：绘图>正多边形。

⊙　命令行：pol（polygon）。

选择"绘图>正多边形"命令，启用"正多边形"命令，绘制如图 3-94 所示的图形。操作步骤如下。

命令：_polygon 输入边的数目 <4>: 6	//选择正多边形命令⬠，输入边的数目值
指定正多边形的中心点或 [边(E)]:	//单击确定中心点 A 点位置
输入选项 [内接于圆(I)/外切于圆(C)] <I>:	//按 Enter 键
指定圆的半径：300	//输入圆的半径值

提示选项解释如下。

⊙ 边（E）：通过指定边长的方式来绘制正多边形。

输入正多边形的边数后，再指定某条边的两个端点即可绘制出正多边形，如图 3-95 所示。操作步骤如下。

命令：_polygon 输入边的数目 <4>:6	//选择正多边形命令⬠，输入边的数目值
指定正多边形的中心点或 [边(E)]: E	//选择"边"选项
指定边的第一个端点：	//单击确定 A 点位置
指定边的第二个端点:@300,0	//输入 B 点相对坐标值

⊙ 内接于圆（I）：根据内接于圆的方式生成正多边形，如图 3-96 所示。

⊙ 外切于圆（C）：根据外切于圆的方式生成正多边形，如图 3-97 所示。

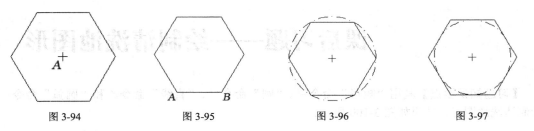

图 3-94 　　　　　　图 3-95 　　　　　　图 3-96 　　　　　　图 3-97

3.10 课堂练习——绘制床头柜图形

【练习知识要点】利用"矩形"命令▢、"直线"命令✎和"圆"命令⊙来绘制床头柜图形，效果如图 3-98 所示。

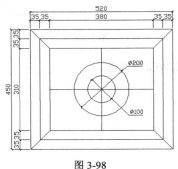

图 3-98

【效果所在位置】光盘/Ch03/DWG/床头柜。

3.11 课堂练习——绘制浴缸图形

【练习知识要点】 利用"矩形"命令 ⬚、"直线"命令 ╱、"圆弧"命令 ⌒ 和"圆"命令 ⊙ 来绘制浴缸图形，效果如图 3-99 所示。

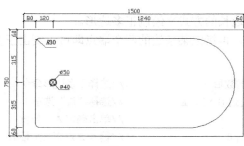

图 3-99

【效果所在位置】 光盘/Ch03/DWG/浴缸。

3.12 课后习题——绘制清洗池图形

【习题知识要点】 利用"矩形"命令 ⬚、"圆"命令 ⊙、"直线"命令 ╱ 和"圆弧"命令 ⌒ 来绘制清洗池图形，效果如图 3-100 所示。

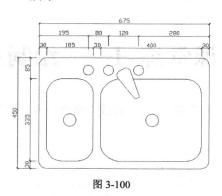

图 3-100

【效果所在位置】 光盘/Ch03/DWG/清洗池。

本章主要介绍复杂建筑图形的绘制方法，如椭圆、多线、多段线、样条曲线、剖面线、面域和边界等。本章介绍的知识可帮助用户学习如何绘制复杂的建筑图形，为绘制完整的建筑工程图做好充分的准备。

课堂学习目标

- 绘制椭圆和椭圆弧
- 绘制多线
- 绘制多段线
- 绘制样条曲线
- 创建二维填充
- 绘制剖面线
- 创建面域
- 创建边界

4.1 绘制椭圆和椭圆弧

在建筑工程设计图中，椭圆和椭圆弧也是比较常见的。在 AutoCAD 中，可以利用椭圆和椭圆弧命令来绘制椭圆和椭圆弧。

4.1.1 课堂案例——绘制洗脸池图形

【案例学习目标】掌握并熟练应用椭圆命令。

【案例知识要点】利用椭圆绘制洗脸池图形，效果如图 4-1 所示。

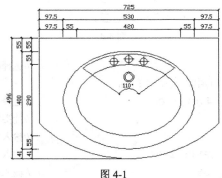

图 4-1

【效果所在位置】光盘/Ch04/DWG/洗脸池。

（1）打开图形文件。选择"文件>打开"命令，打开光盘文件中的"ch04>素材>洗脸池"文件，如图 4-2 所示。

（2）绘制椭圆图形。选择"椭圆"命令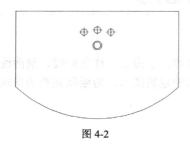，打开"正交"开关，绘制洗脸池内轮廓线图形，如图 4-3 所示。操作步骤如下。

图 4-2

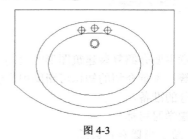

图 4-3

```
命令：_ellipse                                    //选择椭圆命令
指定椭圆的轴端点或 [圆弧(A)/中心点(C)]：C        //选择"中心点"选项
指定椭圆的中心点：255                             //捕捉水平直线中点作为追踪参考点，向下追踪，输入偏移值
指定轴的端点：210                                //输入水平长轴的距离值
指定另一条半轴长度或 [旋转(R)]：145              //输入垂直短轴的距离值
命令：                                           //按 Enter 键
ELLIPSE
指定椭圆的轴端点或 [圆弧(A)/中心点(C)]：C        //选择"中心点"选项
指定椭圆的中心点：                               //捕捉椭圆的中心点
指定轴的端点：265                                //输入水平长轴的距离值
指定另一条半轴长度或 [旋转(R)]：200              //输入垂直短轴的距离值
```

（3）绘制椭圆弧图形。选择"椭圆弧"命令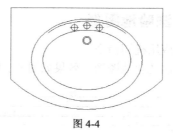，绘制洗脸池内轮廓线图形，完成后效果如图 4-4 所示。操作步骤如下。

图 4-4

```
命令：_ellipse                                           //选择椭圆弧命令
指定椭圆的轴端点或 [圆弧(A)/中心点(C)]：_a
指定椭圆弧的轴端点或 [中心点(C)]：C                     //选择"中心点"选项
指定椭圆弧的中心点：                                    //捕捉椭圆的中心点
指定轴的端点：255                                       //输入水平长轴的距离值
指定另一条半轴长度或 [旋转(R)]：190                     //输入垂直短轴的距离值
指定起始角度或 [参数(P)]：35                            //输入起始角度值
指定终止角度或 [参数(P)/包含角度(I)]：I                 //选择"包含角度"选项
指定弧的包含角度 <180>：110                             //输入椭圆弧的包含角度值
```

4.1.2 绘制椭圆

椭圆的大小由定义其长度和宽度的两条轴决定。其中较长的轴称为长轴，较短的轴称为短轴。在绘制椭圆时，长轴、短轴次序与定义轴线的次序无关。绘制椭圆的默认方法是通过指定椭圆第一根轴线的两个端点及另一半轴的长度。

启用命令方法如下。

⊙ 工具栏："绘图"工具栏中的"椭圆"按钮 ○。

⊙ 菜单命令：绘图>椭圆>轴、端点。

⊙ 命令行：el（ellipse）。

选择"绘图>椭圆>轴、端点"命令，启用"椭圆"命令，绘制如图4-5所示的图形。操作步骤如下。

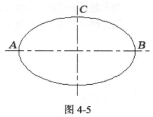

图 4-5

命令：_ellipse	//选择椭圆命令 ○
指定椭圆的轴端点或 [圆弧(A)/中心点(C)]：	//单击确定轴线端点 A
指定轴的另一个端点：	//单击确定轴线端点 B
指定另一条半轴长度或 [旋转(R)]：	//在 C 点处单击确定另一条半轴长度

4.1.3 绘制椭圆弧

椭圆弧的绘制方法与椭圆相似，首先要确定其长轴和短轴，然后确定椭圆弧的起始角和终止角。

启用命令方法如下。

⊙ 工具栏："绘图"工具栏中的"椭圆弧"按钮 ○。

⊙ 菜单命令：绘图 > 椭圆 > 圆弧。

选择"绘图 > 椭圆 > 圆弧"命令，启用"椭圆弧"命令，绘制如图4-6所示的图形。操作步骤如下。

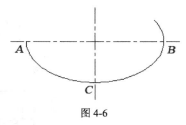

图 4-6

命令：_ellipse	//选择椭圆弧命令 ○
指定椭圆的轴端点或 [圆弧(A)/中心点(C)]：_a	
指定椭圆弧的轴端点或 [中心点(C)]：	//单击确定长轴的端点 A 点
指定轴的另一个端点：	//单击确定长轴的另一个端点 B 点
指定另一条半轴长度或 [旋转(R)]：	//单击确定短轴半轴端点 C 点
指定起始角度或 [参数(P)]： 0	//输入起始角度值
指定终止角度或 [参数(P)/包含角度(I)]： 200	//输入终止角度值

提示　椭圆的起始角与椭圆的长短轴定义顺序有关。当定义的第一条轴为长轴时，椭圆的起始角在第一个端点位置；当定义的第一条轴为短轴时，椭圆的起始角在第一个端点处逆时针旋转90°后的位置上。

利用"椭圆"命令来绘制一条椭圆弧，如图4-7所示。操作步骤如下。

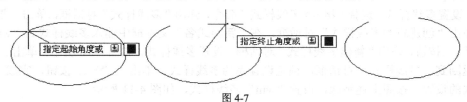

图 4-7

```
命令：_ellipse                                      //选择椭圆命令 ⬭
指定椭圆的轴端点或 [圆弧(A)/中心点(C)]：A           //选择"圆弧"选项
指定椭圆弧的轴端点或 [中心点(C)]：                  //单击确定椭圆的轴端点
指定轴的另一个端点：                               //单击确定椭圆的另一个轴端点
指定另一条半轴长度或 [旋转(R)]：                    //单击确定椭圆的另一条半轴端点
指定起始角度或[参数（P）]：                         //单击确定起始角度
指定终止角度或[参数（P）/包含角度（I）]：           //单击确定终止角度
```

4.2 绘制多线

在建筑工程设计图中，多线一般用来绘制墙体等具有多条相互平行直线的图形对象。

4.2.1　课堂案例——绘制墙体和窗体图形

【案例学习目标】掌握并能够熟练应用多线命令。

【案例知识要点】利用多线绘制墙体和窗体图形，效果如图4-8所示。

【效果所在位置】光盘/Ch04/DWG/墙体和窗体。

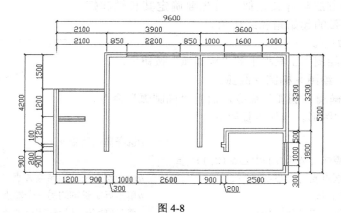

图 4-8

（1）创建图形文件。选择"文件 > 新建"命令，弹出"选择样板"对话框，单击 打开(①) 按钮，创建新的图形文件。

（2）设置图形单位与界限。设置图形单位的精度为"0.0"；设置图形界限为10000mm×7000mm。

（3）调整绘图窗口显示范围。选择"视图>缩放>范围"命令，使图形能够完全显示。

（4）选择"格式>图层"命令，弹出"图层特性管理器"对话框，在该对话框中依次创建"墙体"、"窗体"两个图层，并设置"墙体"的线宽为"0.3mm"，设置"窗体"的颜色为"绿色"，如图4-9所示。

（5）设置多线样式。选择"格式>多线样式"命令，弹出"多线样式"对话框，单击 新建(N)... 按钮，弹出"创建新的多线样式"对话框，在"新样式名"文本框中输入多线样式名"wall"，单击 继续 按钮，弹出"新建多线样式"对话框，设置多线样式，如图4-10所示。单击 确定 按钮，返回到"多线样式"对话框，预览设置完的多线样式，单击 确定 按钮，完成"wall"多线样式的设置。按照上述步骤，设置"win"多线样式，如图4-11所示。

图 4-9

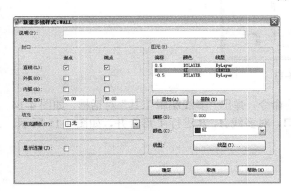

图 4-10

图 4-11

（6）绘制多线图形。将"墙体"图层设为当前图层，选择"绘图 > 多线"命令，打开"正交"开关，绘制墙体图形，如图 4-12 所示。操作步骤如下。

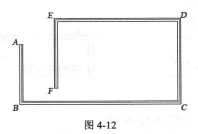

图 4-12

命令: _mline	//选择多线菜单命令
当前设置: 对正 = 上, 比例 = 20.00, 样式 = STANDARD	
	//显示当前多线设置
指定起点或 [对正(J)/比例(S)/样式(ST)]: J	//选择"对正"选项
输入对正类型 [上(T)/无(Z)/下(B)] <上>: Z	//选择"无"选项
当前设置: 对正 = 无, 比例 = 20.00, 样式 = STANDARD	
指定起点或 [对正(J)/比例(S)/样式(ST)]: S	//选择"比例"选项
输入多线比例 <20.00>: 1	//输入新的多线比例值
当前设置: 对正 = 无, 比例 = 1.00, 样式 = STANDARD	
指定起点或 [对正(J)/比例(S)/样式(ST)]: ST	//选择"样式"选项

输入多线样式名或 [?]:　wall	//输入新的多线样式名
当前设置: 对正 = 无, 比例 = 1.00, 样式 = WALL	
指定起点或 [对正(J)/比例(S)/样式(ST)]:	//单击确定多线起点 A 点
指定下一点: 3600	//输入 AB 距离值
指定下一点或 [放弃(U)]:9600	//输入 BC 距离值
指定下一点或 [闭合(C)/放弃(U)]:5100	//输入 CD 距离值
指定下一点或 [闭合(C)/放弃(U)]:　7500	//输入 DE 距离值
指定下一点或 [闭合(C)/放弃(U)]:　4200	//输入 EF 距离值
指定下一点或 [闭合(C)/放弃(U)]:	//按 Enter 键

（7）绘制多线图形。选择"绘图 > 多线"命令，绘制其余墙体图形，如图 4-13 所示。

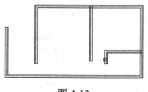

图 4-13

（8）编辑多线图形。选择"修改>对象>多线"命令，弹出"多线编辑工具"对话框，如图 4-14 所示。选择"T 形合并"命令，返回到绘图窗口，对多线 A、B 进行 T 形合并，如图 4-15 所示。

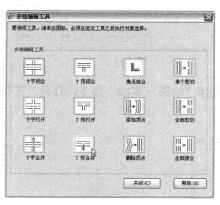

图 4-14

图 4-15

对其余多线进行 T 形合并，如图 4-16 所示。

（9）绘制辅助线图形。选择"直线"命令，绘制门和窗户的辅助线图形，如图 4-17 所示。

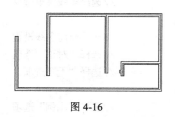

图 4-16

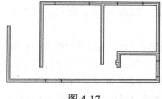

图 4-17

（10）后置辅助线图形。选择"工具 > 绘图顺序 > 后置"命令，选择所有的绘制辅助线，将其后置。

（11）编辑墙体图形。选择"修改>对象>多线"命令，弹出"多线编辑工具"对话框，如图4-18所示。选择"全部剪切"命令，返回到绘图窗口，在任意工具栏上单击鼠标右键，弹出快捷菜单，选择"对象捕捉"命令，弹出"对象捕捉"工具栏。单击"对象捕捉"工具栏上的"捕捉到交点"命令，先选择辅助直线和多线的交点 A 点处，再捕捉交点 B 点处，如图4-19所示。

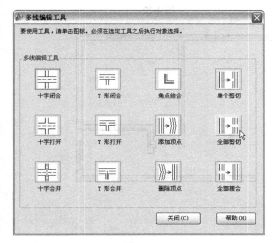

图 4-18

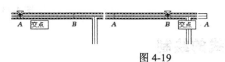

图 4-19

对其余多线进行全部修剪，如图 4-20 所示。

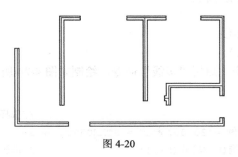

图 4-20

（12）绘制多线图形。将"窗体"图层设置为当前图层，选择"绘图 > 多线"命令，绘制窗体图形，如图 4-21 所示。操作步骤如下。

```
命令: _mline                                //选择多线菜单命令
当前设置: 对正 = 无, 比例 = 1.00, 样式 = WALL     //显示当前设置
指定起点或 [对正(J)/比例(S)/样式(ST)]: st      //选择"样式"选项
输入多线样式名或 [?]: win                    //输入新的多线样式名
当前设置: 对正 = 无, 比例 = 1.00, 样式 = WIN      //
指定起点或 [对正(J)/比例(S)/样式(ST)]:         //选择墙体厚度中点 A 点处
指定下一点:                                  //选择墙体厚度中点 B 点处
指定下一点或 [放弃(U)]:                       //按 Enter 键
```

绘制其余的窗体图形，如图 4-22 所示。

（13）绘制直线图形。选择"直线"命令，绘制阳台图形，完成后如图 4-23 所示。

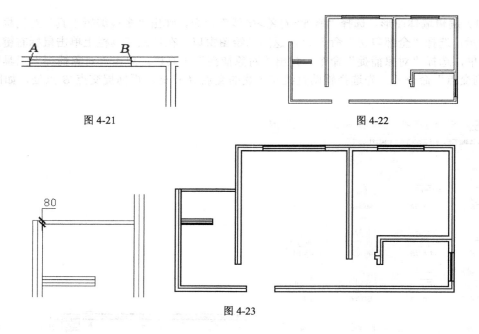

图 4-21　　　　　　　　　　　　　　图 4-22

图 4-23

4.2.2　多线的绘制

多线是指多条相互平行的直线。在绘制过程中，用户可以编辑和调整平行直线之间的距离、线的数量、线条的颜色和线型等属性。

启用命令方法如下。

⊙　菜单命令：绘图>多线。

⊙　命令行：ml（mline）。

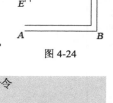

图 4-24

选择"绘图>多线"命令，启用"多线"命令，绘制如图 4-24 所示的图形。操作步骤如下。

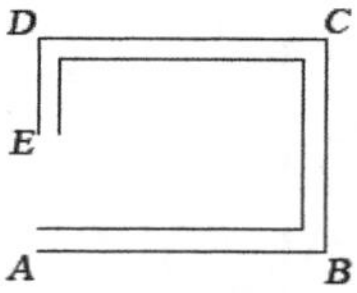

命令：_mline	//选择多线菜单命令
当前设置：对正 = 无，比例 = 20.00，样式 = STANDARD	
指定起点或 [对正(J)/比例(S)/样式(ST)]：	//单击确定 A 点位置
指定下一点：	//单击确定 B 点位置
指定下一点或 [放弃(U)]：	//单击确定 C 点位置
指定下一点或 [闭合(C)/放弃(U)]：	//单击确定 D 点位置
指定下一点或 [闭合(C)/放弃(U)]：	//单击确定 E 点位置
指定下一点或 [闭合(C)/放弃(U)]：	//按 Enter 键

4.2.3　设置多线样式

多线的样式决定多线中线条的数量、线条的颜色和线型以及直线间的距离等。用户还能指定多线封口的形式为弧形或直线形。根据需要可以设置多种不同的多线样式。

启用命令方法如下。

⊙　菜单命令：格式>多线样式。

⊙　命令行：mlstyle。

选择"格式>多线样式"命令，启用"多线样式"命令，弹出"多线样式"对话框，如图 4-25

所示，通过该对话框可设置多线的样式。

"多线样式"对话框部分选项解释如下。

⊙ "样式"列表框：显示所有已定义的多线样式。

⊙ "说明"文本框：显示对当前多线样式的说明。

⊙ 加载(L)... 按钮：用于加载已定义的多线样式。

⊙ 新建(N)... 按钮：用于新建多线样式。单击该按钮，会弹出"创建新的多线样式"对话框，如图4-26所示。输入新样式名，单击 继续 按钮，弹出"新建多线样式"对话框，如图4-27所示。

"新建多线样式"对话框的选项解释如下。

⊙ "说明"文本框：对所定义的多线样式进行说明，其文本不能超过256个字符。

图 4-25

⊙ "封口"选项组：该选项组中的"直线"、"外弧"、"内弧"和"角度"复选框分别用于将多线的封口设置为直线、外弧、内弧和角度形状，如图4-28所示。

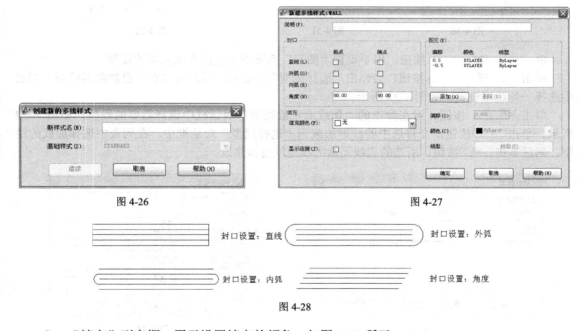

图 4-26　　　　　　　　　　　　　　　图 4-27

图 4-28

⊙ "填充"列表框：用于设置填充的颜色，如图4-29所示。

无填充颜色　　　　　　　　　有填充颜色

图 4-29

⊙ "显示连接"复选框：用于选择是否在多线的拐角处显示连接线。若选择该选项，则多线如图4-30所示；否则将不显示连接线，如图4-31所示。

- ⊙　"图元"列表：用于显示多线中线条的偏移量、颜色和线型。
- ⊙　![添加(A)]按钮：用于添加一条新线，其偏移量可在"偏移"数值框中输入。
- ⊙　![删除(D)]按钮：用于删除在"图元"列表中选定的直线元素。
- ⊙　"偏移"数值框：为多线样式中的每个元素指定偏移值。
- ⊙　"颜色"列表框：用于设置"图元"列表中选定的直线元素的颜色。单击"颜色"列表框右侧的三角按钮☑，可在列表中选定直线的颜色。如果选择"选择颜色"选项，将弹出"选择颜色"对话框，如图 4-32 所示。通过"选择颜色"对话框，用户可以选择更多的颜色。

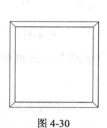

图 4-30　　　　　　　图 4-31　　　　　　　　　图 4-32

- ⊙　![线型(Y)...]按钮：用于设置"图元"列表中选定的直线元素的线型。

单击![线型(Y)...]按钮，会弹出"选择线型"对话框，用户可以在"已加载的线型"列表中选择一种线型设置，如图 4-33 所示。

单击![加载(L)...]按钮，可在弹出的"加载或重载线型"对话框中选择需要的线型，如图 4-34 所示。单击![确定]按钮，会将选中的线型加载到"选择线型"对话框中。在列表中选择加载的线型，然后单击![确定]按钮，所选的直线元素的线型就会被修改。

图 4-33　　　　　　　　　　　　　　　　图 4-34

4.2.4　编辑多线

绘制完成的多线一般需要经过编辑，才能符合绘图需要。用户可以对已经绘制的多线进行编辑，修改其形状。

启用命令方法如下。

- ⊙　菜单命令：修改 > 对象 > 多线。
- ⊙　命令行：mledit。

选择"修改 > 对象 > 多线"命令，启用"编辑多线"命令，弹出"多线编辑工具"对话框，从中可以选择相应的命令按钮来编辑多线，如图 4-35 所示。

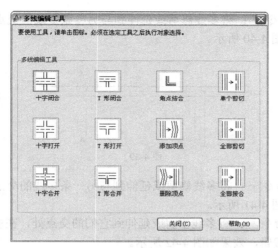

图 4-35

直接双击多线图形也可弹出"多线编辑工具"对话框。

"多线编辑工具"对话框以四列显示样例图像：第 1 列控制十字交叉的多线，第 2 列控制 T 形相交的多线，第 3 列控制角点结合和顶点，第 4 列控制多线中的打断和结合。

对话框选项解释如下。

⊙ "十字闭合"命令：用于在两条多线之间创建闭合的十字交点，如图 4-36 所示。

操作步骤如下。

```
命令：_mledit//选择"修改 > 对象 > 多线"命令，弹出"多线编辑工具"对话框，选择"十字闭合"
       命令
选择第一条多线：              //在左图的 A 点处单击多线
选择第二条多线：              //在左图的 B 点处单击多线
选择第一条多线或 [放弃(U)]：  //按 Enter 键
```

⊙ "十字打开"命令：用于打断第 1 条多线的所有元素，打断第 2 条多线的外部元素，并在两条多线之间创建打开的十字交点，如图 4-37 所示。

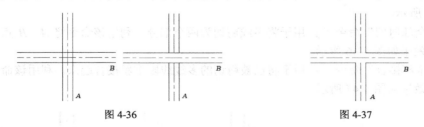

图 4-36   图 4-37

⊙ "十字合并"命令：用于在两条多线之间创建合并的十字交点。其中，多线的选择次序并不重要，如图 4-38 所示。

⊙ "T 形闭合"命令：将第 1 条多线修剪或延伸到与第 2 条多线的交点处，在两条多线之间创建闭合的 T 形交点。利用该命令对多线进行编辑，效果如图 4-39 所示。

⊙ "T 形打开"命令 ⊤̄：将多线修剪或延伸到与另一条多线的交点处，在两条多线之间创建打开的 T 形交点，如图 4-40 所示。

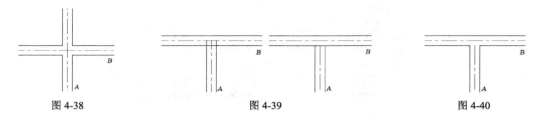

图 4-38　　　　　　　　　　图 4-39　　　　　　　　　　图 4-40

⊙ "T 形合并"命令 ⊤̄：将多线修剪或延伸到与另一条多线的交点处，在两条多线之间创建合并的 T 形交点，如图 4-41 所示。

⊙ "角点结合"命令 ⌐：将多线修剪或延伸到它们的交点处，在多线之间创建角点结合。利用该命令对多线进行编辑，效果如图 4-42 所示。

图 4-41　　　　　　　　　　　　　　图 4-42

⊙ "添加顶点"命令 ‖›：用于向多线上添加一个顶点。利用该命令在 A 点处添加顶点，效果如图 4-43 所示。

⊙ "删除顶点"命令 ›‖：用于从多线上删除一个顶点。利用该命令将 A 点处的顶点删除，效果如图 4-44 所示。

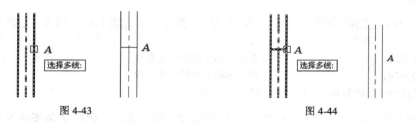

图 4-43　　　　　　　　　　　　　图 4-44

⊙ "单个剪切"命令 ‖·‖：用于剪切多线上选定的元素。利用该命令将 AB 段线条删除，效果如图 4-45 所示。

⊙ "全部剪切"命令 ‖·‖：用于将多线剪切为两个部分。利用该命令将 A、B 点之间的所有多线删除，效果如图 4-46 所示。

⊙ "全部接合"命令 ‖‖‖：用于将已被剪切的多线线段重新接合起来。利用该命令可将多线连接起来，效果如图 4-47 所示。

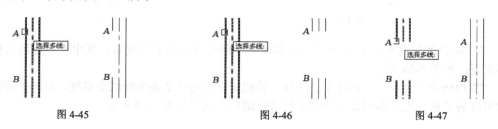

图 4-45　　　　　　　　　　图 4-46　　　　　　　　　　图 4-47

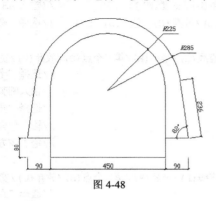

图 4-48

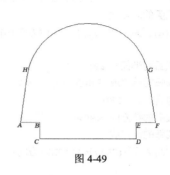

图 4-49

4.3 绘制多段线

4.3.1 课堂案例——绘制会议室用椅图形

【案例学习目标】掌握并熟练运用多段线命令。

【案例知识要点】利用多段线命令绘制会议室用椅图形，效果如图 4-48 所示。

【效果所在位置】光盘/Ch03/DWG/会议室用椅。

（1）创建图形文件。选择"文件>新建"命令，弹出"选择样板"对话框，单击 打开(O) 按钮，创建新的图形文件。

（2）绘制外轮廓线。选择"多段线"命令 ⊂，绘制会议室用椅的外轮廓线，如图 4-49 所示。

操作步骤如下。

```
命令：_pline                        //选择多段线命令 ⊂
指定起点：                                    //单击确定 A 点
当前线宽为 0.0000
指定下一个点或 [圆弧(A)/半宽(H)/长度(L)/放弃(U)/宽度(W)]：<正交 开> 90
                                      //打开"正交"开关，输入 AB 距离值
指定下一点或 [圆弧(A)/闭合(C)/半宽(H)/长度(L)/放弃(U)/宽度(W)]：80   //输入 BC 距离值
指定下一点或 [圆弧(A)/闭合(C)/半宽(H)/长度(L)/放弃(U)/宽度(W)]：450   //输入 CD 距离值
指定下一点或 [圆弧(A)/闭合(C)/半宽(H)/长度(L)/放弃(U)/宽度(W)]：80    //输入 DE 距离值
指定下一点或 [圆弧(A)/闭合(C)/半宽(H)/长度(L)/放弃(U)/宽度(W)]：90    //输入 EF 距离值
指定下一点或 [圆弧(A)/闭合(C)/半宽(H)/长度(L)/放弃(U)/宽度(W)]：<正交 关> @236<98
                                      //关闭"正交"开关，输入 G 点的相对极坐标
指定下一点或 [圆弧(A)/闭合(C)/半宽(H)/长度(L)/放弃(U)/宽度(W)]：a //选择"圆弧"选项
指定圆弧的端点或
[角度(A)/圆心(CE)/闭合(CL)/方向(D)/半宽(H)/直线(L)/半径(R)/第二个点(S)/放弃(U)/宽度(W)]：r
                                      //选择"半径"选项
指定圆弧的半径：285                            //输入半径值
指定圆弧的端点或 [角度(A)]：a                   //选择"角度"选项
指定包含角：164                               //输入包含角度值
指定圆弧的弦方向 <98>：180                     //输入圆弧弦方向的角度值
```

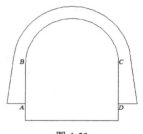

图 4-50

```
指定圆弧的端点或
[角度(A)/圆心(CE)/闭合(CL)/方向(D)/半宽(H)/直线(L)/半径(R)/第
二个点(S)/放弃(U)/宽度(W)]: l
                                              //选择"直线"选项
指定下一点或 [圆弧(A)/闭合(C)/半宽(H)/长度(L)/放弃(U)/宽度
(W)]:c                                        //选择"闭合"选项
```

（3）绘制内轮廓线。选择"多段线"命令 ↩，绘制会议室用椅的内轮廓线，完成后如图 4-50 所示。

操作步骤如下。

```
命令: _pline                                  //选择多段线命令 ↩
指定起点:                                      //捕捉 A 点位置
当前线宽为 0.0000
指定下一个点或 [圆弧(A)/半宽(H)/长度(L)/放弃(U)/宽度(W)]: 195   //输入 AB 距离值
指定下一点或 [圆弧(A)/闭合(C)/半宽(H)/长度(L)/放弃(U)/宽度(W)]: a  //选择"圆弧"选项
指定圆弧的端点或
[角度(A)/圆心(CE)/闭合(CL)/方向(D)/半宽(H)/直线(L)/半径(R)/第二个点(S)/放弃(U)/宽度(W)]: r
                                              //选择"半径"选项
指定圆弧的半径: 225                            //输入圆弧的半径值
指定圆弧的端点或 [角度(A)]: a                  //选择"角度"选项
指定包含角: -180                              //输入包含角度值
指定圆弧的弦方向 <90>: 0                       //输入弦方向角度值
指定圆弧的端点或
[角度(A)/圆心(CE)/闭合(CL)/方向(D)/半宽(H)/直线(L)/半径(R)/第二个点(S)/放弃(U)/宽度(W)]: l
                                              //选择"直线"选项
指定下一点或 [圆弧(A)/闭合(C)/半宽(H)/长度(L)/放弃(U)/宽度(W)]:   //捕捉 D 点位置
指定下一点或 [圆弧(A)/闭合(C)/半宽(H)/长度(L)/放弃(U)/宽度(W)]:   //按 Enter 键
```

4.3.2　绘制多段线

多段线是由线段和圆弧构成的连续线条，是一个单独的图形对象。在绘制过程中，用户可以设置不同的线宽，这样便可绘制锥形线。

启用命令方法如下。

⊙ 工具栏："绘图"工具栏中的"多段线"按钮 ↩。

⊙ 菜单命令：绘图>多段线。

⊙ 命令行：pl（pline）。

选择"绘图>多段线"命令，启用"多段线"命令，绘制如图 4-51 所示的图形。操作步骤如下。

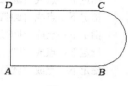

图 4-51

```
命令: _pline                                  //选择多段线命令 ↩
指定起点:                                      //单击确定 A 点位置
当前线宽为 0.0000
指定下一个点或 [圆弧(A)/半宽(H)/长度(L)/放弃(U)/宽度(W)]: @1000,0

                                              //输入 B 点的相对坐标
指定下一点或 [圆弧(A)/闭合(C)/半宽(H)/长度(L)/放弃(U)/宽度(W)]: a  //选择"圆弧"选项
指定圆弧的端点或
```

```
[角度(A)/圆心(CE)/闭合(CL)/方向(D)/半宽(H)/直线(L)/半径(R)/第二个点(S)/放弃(U)/宽度
(W)]: r                                        //选择"半径"选项

指定圆弧的半径: 320                             //输入半径值
指定圆弧的端点或 [角度(A)]: a                   //选择"角度"选项
指定包含角: 180                                 //输入包含角
指定圆弧的弦方向 <0>: 90                        //输入圆弧弦方向的角度值
指定圆弧的端点或

[角度(A)/圆心(CE)/闭合(CL)/方向(D)/半宽(H)/直线(L)/半径(R)/第二个点(S)/放弃(U)/宽度
(W)]: l                                        //选择"直线"选项

指定下一点或 [圆弧(A)/闭合(C)/半宽(H)/长度(L)/放弃(U)/宽度(W)]: @-1000,0
                                               //输入D点的相对坐标
指定下一点或 [圆弧(A)/闭合(C)/半宽(H)/长度(L)/放弃(U)/宽度(W)]:c //选择"闭合"选项
```

 **绘制样条曲线**

样条曲线是由多条线段光滑过渡组成的，其形状是由数据点、拟合点及控制点来控制的。其中，数据点是在绘制样条曲线时，由用户确定的；拟合点及控制点是由系统自动产生，用来编辑样条曲线的。下面对样条曲线的绘制和编辑方法进行详细的介绍。

启用命令方法如下。

⊙ 工具栏："绘图"工具栏中的"样条曲线"按钮～。

⊙ 菜单命令：绘图 > 样条曲线。

⊙ 命令行：spl（spline）。

选择"绘图>样条曲线"命令，启用"样条曲线"命令，绘制如图4-52所示的图形，操作步骤如下。

```
命令: _spline                                  //选择样条曲线命令～
指定第一个点或 [对象(O)]:                       //单击确定A点位置
指定下一点:                                     //单击确定B点位置
指定下一点或 [闭合(C)/拟合公差(F)] <起点切向>:   //单击确定C点位置
指定下一点或 [闭合(C)/拟合公差(F)] <起点切向>:   //单击确定D点位置
指定下一点或 [闭合(C)/拟合公差(F)] <起点切向>:   //单击确定E点位置
指定下一点或 [闭合(C)/拟合公差(F)] <起点切向>:   //按Enter键
指定起点切向:                                   //移动鼠标，单击确定起点方向
指定端点切向:                                   //移动鼠标，单击确定端点方向
```

提示选项解释如下。

⊙ 对象（O）：将二维或三维的二次或三次样条拟合多段线转换成等价的样条曲线，并删除多段线。

⊙ 闭合（C）：用于绘制封闭的样条曲线。

⊙ 拟合公差（F）：用于设置拟合公差。拟合公差是样条曲线与输入点之间所允许偏移的最大距离。当给定拟合公差时，绘制的样条

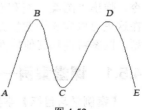

图4-52

曲线不是都通过输入点。如果公差设置为 0，样条曲线通过拟合点；如果公差设置大于 0，将使样条曲线在指定的公差范围内通过拟合点，如图 4-53 所示。

拟合公差=0　　　　　　　　　　　拟合公差=20

图 4-53

　　⊙　"起点切向"与"端点切向"：用于定义样条曲线的第一点和最后一点的切向，如图 4-54 所示。如果按 Enter 键，AutoCAD 将默认切向。

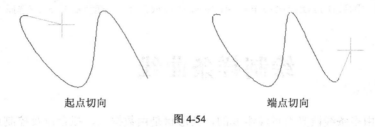

起点切向　　　　　　　　　　　端点切向

图 4-54

4.5　绘制剖面线

　　为了提高用户的绘图工作效率，AutoCAD 提供了图案填充功能来绘制剖面线。

　　图案填充是利用某种图案充满图形中的指定封闭区域。AutoCAD 提供多种标准的填充图案，另外用户还可根据需要自定义图案。在填充过程中，用户可以通过填充工具来控制图案的疏密、剖面线条及倾角角度。AutoCAD 提供了"图案填充"命令来创建图案填充，绘制剖面线。

　　启用命令方法如下。

　　⊙　工具栏："绘图"工具栏中的"图案填充"按钮圈。

　　⊙　菜单命令：绘图>图案填充。

　　⊙　命令行：bh（bhatch）。

　　选择"绘图>图案填充"命令，启用"图案填充"命令，弹出"图案填充和渐变色"对话框，如图 4-55 所示。在这里可以定义图案填充和渐变填充对象的边界、图案类型、图案特性和其他特性。

图 4-55

4.5.1　课堂案例——绘制方茶几大样图图形

　　【案例学习目标】掌握并熟练应用图案填充命令。

【案例知识要点】利用图案填充命令绘制方茶几大样图图形，效果如图 4-56 所示。

【效果所在位置】光盘/Ch04/DWG/方茶几大样图。

操作步骤如下。

（1）打开图形文件。选择"文件>打开"命令，打开光盘文件中的"ch04>素材>方茶几大样图"文件，如图 4-57 所示。

（2）将"BH"图层设置为当前图层。单击"图层"工具栏下拉列表右侧的 按钮，弹出下拉列表，从中选择"BH"选项。

（3）绘制方茶几的实木条图案填充。选择"图案填充"工具 ，弹出"图案填充和渐变色"对话框。

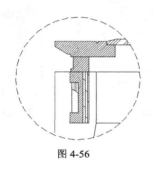

图 4-56

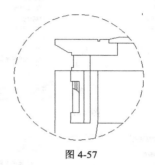

图 4-57

（4）设置剖面线的图案。在"图案填充和渐变色"对话框中，单击"图案"列表框右侧的 按钮，弹出下拉列表，如图 4-58 所示，从中选择"ANSI31"选项。

（5）设置剖面线的角度。单击"角度"列表框右侧的 按钮，弹出下拉列表，如图 4-59 所示，从中选择"0"选项。

图 4-58

图 4-59

（6）设置剖面线的比例。在"比例"列表框中输入剖面线的比例为"50"，如图 4-60 所示。

（7）选择剖面线的边界。单击"添加：拾取点"选项左侧的 按钮，如图 4-61 所示。在绘图窗口中图形内部的 A、B、C 三点处单击鼠标，如图 4-62 所示。完成后按 Enter 键。

（8）预览图形。单击"图案填充和渐变色"对话框中的 预览 按钮，预览图形，如图 4-63 所示，单击鼠标右键完成剖面线的绘制。

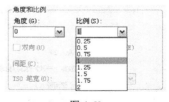

图 4-60

（9）绘制方茶几的清玻璃图案填充。选择"图案填充"工具 ，弹出"图案填充和渐变色"对话框。在"图案"列表中选择"ANSI34"选项，在"比例"列表中输入比例"60"，单击"添加：拾取点"选项左侧的 按钮，如图 4-64 所示。在绘图窗口中图形内部的 A 点处单击鼠标，如图 4-65 所示。单击鼠标右键，弹出快捷菜单，如图 4-66 所示。选择"预览"命令，预览填充效果，如图 4-67 所示。单击右键完成图案的填充。

图 4-61

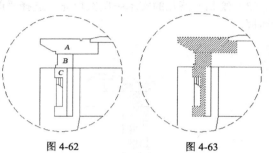

图 4-62   图 4-63

图 4-64

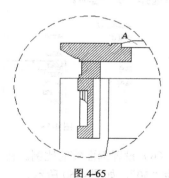

图 4-65

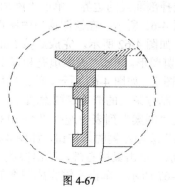

图 4-66   图 4-67

（10）绘制方茶几的 12mm 夹板的图案填充。选择"图案填充"工具，弹出"图案填充和渐变色"对话框。在"图案"列表中选择"DOLMIT"选项，在"角度"列表中选择"90"选项，在"比例"列表中输入比例"35"，然后单击"添加：拾取点"选项左侧的按钮，如图 4-68 所示。在绘图窗口中图形内部的 A 点处单击鼠标，如图 4-69 所示。单击鼠标右键，弹出快捷菜单，选择"预览"命令，预览填充效果，如图 4-70 所示。单击右键完成图案的填充，完成后效果如图 4-71 所示。

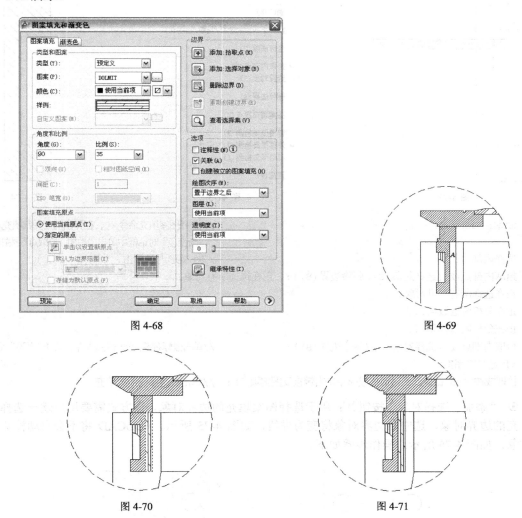

图 4-68

图 4-69

图 4-70

图 4-71

4.5.2 选择填充区域

在"图案填充和渐变色"对话框中，右侧排列的按钮和选项用于选择图案填充的区域。这些按钮与选项的位置是固定的，无论选择哪个选项卡都可发生作用。

1."边界"选项组

"边界"选项组中列出的是选择图案填充区域的方式。

⊙ "添加：拾取点"按钮：用于根据图中现有的对象自动确定填充区域的边界。该方式要求这些对象必须构成一个闭合区域。对话框将暂时关闭，系统会提示用户拾取一个点。

单击"添加：拾取点"按钮▦，关闭"图案填充和渐变色"对话框，在闭合区域内单击，会自动以虚线形式显示用户选中的边界，如图 4-72 所示。

在确定图案填充的边界后，用户可以在绘图区域内单击鼠标右键以显示快捷菜单，如图 4-73 所示。利用此快捷菜单可放弃最后一个或所有选中的边界，也可选择"预览"命令，预览图案填充的效果，如图 4-74 所示。操作步骤如下。

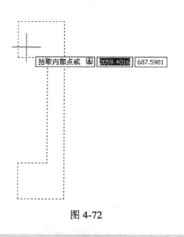

| 确认 (E) |
| 放弃上一次的选择/拾取/绘图 (U) |
| 全部清除 (C) |
| ✓ 拾取内部点 (P) |
| 选择对象 (S) |
| 删除边界 (R) |
| 图案填充原点 (H) ▶ |
| 普通孤岛检测 (N) |
| ✓ 外部孤岛检测 (O) |
| 忽略孤岛检测 (I) |
| 预览 (V) |

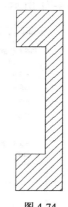

图 4-72　　　　　　　　　　　　图 4-73　　　　　　　　　　　图 4-74

命令：_bhatch	//选择图案填充命令▦，在弹出的"图案填充和渐变色"对话框中单击"添加：拾取点"按钮▦
选择内部点：	//在图形内部单击，如图 4-72 所示
拾取内部点或 [选择对象(S)/删除边界(B)]： 正在选择所有对象...	
正在选择所有可见对象...	
正在分析所选数据...	
正在分析内部孤岛...	
拾取内部点或 [选择对象(S)/删除边界(B)]：	//单击鼠标右键，弹出快捷菜单，选择"预览"命令
<预览填充图案>	
拾取或按 Esc 键返回到对话框或 <单击右键接受图案填充>：	//单击右键接受图案填充

⊙ "添加：选择对象"按钮▦：用于选择图案填充的边界对象，该方式需要用户逐一选择图案填充的边界对象，选中的边界对象将变为虚线，如图 4-75 所示。AutoCAD 将不会自动检测内部对象，如图 4-76 所示。操作步骤如下。

　　　　　　　　　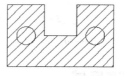

图 4-75　　　　　　　　　　　　　　图 4-76

命令：_bhatch	//选择图案填充命令▦，在弹出的"图案填充和渐变色"对话框中单击"添加：选择对象"按钮▦
选择对象或 [拾取内部点(K)/删除边界(B)]：找到 1 个	//依次选择图形边界线段
选择对象或 [拾取内部点(K)/删除边界(B)]：找到 1 个，总计 2 个	
选择对象或 [拾取内部点(K)/删除边界(B)]：找到 1 个，总计 3 个	

选择对象或 [拾取内部点(K)/删除边界(B)]: 找到 1 个, 总计 4 个
选择对象或 [拾取内部点(K)/删除边界(B)]: 找到 1 个, 总计 5 个
选择对象或 [拾取内部点(K)/删除边界(B)]: 找到 1 个, 总计 6 个
选择对象或 [拾取内部点(K)/删除边界(B)]: 找到 1 个, 总计 7 个
选择对象或 [拾取内部点(K)/删除边界(B)]: 找到 1 个, 总计 8 个
选择对象或 [拾取内部点(K)/删除边界(B)]:　　　//单击鼠标右键, 弹出快捷菜单,
　　　　　　　　　　　　　　　　　　　　　　　　选择"预览"命令

<预览填充图案>
拾取或按 Esc 键返回到对话框或 <单击右键接受图案填充>:　　//单击右键接受图案填充

⊙ "删除边界"按钮 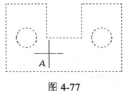: 用于从边界定义中删除以前添加的任何对象。删除边界的图案填充效果如图 4-77 所示。操作步骤如下。

图 4-77

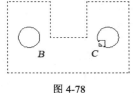

图 4-78

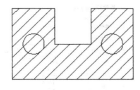

图 4-79

命令: _bhatch　　　//选择图案填充命令 , 在弹出的"图案填充和渐变色"对话框
　　　　　　　　　中单击"添加: 拾取点"按钮
拾取内部点或 [选择对象(S)/删除边界(B)]:　　　//单击 A 点附近位置, 如图 4-77 所示
正在选择所有对象...
正在选择所有可见对象...
正在分析所选数据...
正在分析内部孤岛...
拾取内部点或 [选择对象(S)/删除边界(B)]:　　　//按 Enter 键, 返回"图案填充和渐变色"对话框, 单
　　　　　　　　　　　　　　　　　　　　　　击"删除边界"按钮
选择对象或 [添加边界(A)]:　　　//单击选择圆 B, 如图 4-78 所示
选择对象或 [添加边界(A)/放弃(U)]:　　　//单击选择圆 C, 如图 4-78 所示
选择对象或 [添加边界(A)/放弃(U)]:　　　//按 Enter 键, 返回"图案填充和渐变色"对话框, 单
　　　　　　　　　　　　　　　　　　　　　　击 确定 按钮, 如图 4-79 所示

不删除边界的图案填充效果如图 4-80 所示。

⊙ "重新创建边界"按钮 : 围绕选定的图案填充或填充对象创建多段线或面域, 并使其与图案填充对象相关联(可选)。如果未定义图案填充, 则此选项不可用。

⊙ "查看选择集"按钮 : 单击"查看选择集"按钮 , AutoCAD将显示当前选择的填充边界。如果未定义边界, 则此选项不可用。

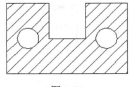

图 4-80

2. "选项"选项组

在"选项"选项组中, 可以控制几个常用的图案填充或填充选项。

⊙ "关联"复选框: 用于创建关联图案填充。关联图案填充是指图案与边界相链接, 当用户修改其边界时, 填充图案将自动更新。

⊙ "创建独立的图案填充"复选框: 用于控制当指定了几个独立的闭合边界时, 是创建单个图案填充对象, 还是创建多个图案填充对象。

⊙　"绘图次序"下拉列表框：用于指定图案填充的绘图顺序。图案填充可以放在所有其他对象之后、所有其他对象之前、图案填充边界之后或图案填充边界之前。

⊙　"继承特性"按钮 ：用指定图案的填充特性填充到指定的边界。单击"继承特性"按钮 ，并选择某个已绘制的图案，AutoCAD 可将该图案的特性填充到当前填充区域中。

4.5.3　设置图案样式

在"图案填充"选项卡中，"类型和图案"选项组可以用来选择图案填充的样式。"图案"下拉列表用于选择图案的样式，如图 4-81 所示。所选择的样式将在其下的"样例"显示框中显示出来。

单击"图案"下拉列表框右侧的 — 按钮或单击"样例"显示框，会弹出"填充图案选项板"对话框，如图 4-82 所示，其中列出了所有预定义图案的预览图像。

图 4-81

图 4-82

对话框选项解释如下。

⊙　"ANSI"选项卡：用于显示 AutoCAD 附带的所有 ANSI 标准图案。

⊙　"ISO"选项卡：用于显示 AutoCAD 附带的所有 ISO 标准图案，如图 4-83 所示。

⊙　"其他预定义"选项卡：用于显示所有其他样式的图案，如图 4-84 所示。

图 4-83

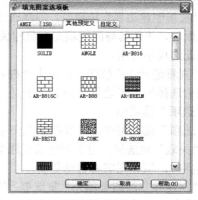

图 4-84

⊙ "自定义"选项卡：用于显示所有已添加的自定义图案。

4.5.4 设置图案的角度和比例

在"图案填充"选项卡中，"角度和比例"选项组可以用来定义图案填充的角度和比例。"角度"下拉列表框用于选择预定义填充图案的角度。用户也可在该列表框中输入其他角度值。设置角度的填充效果如图4-85所示。

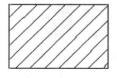 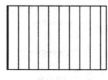 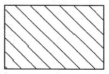

角度为0°   角度为45°   角度为90°

图4-85

"比例"下拉列表框用于指定放大或缩小预定义或自定义图案。用户也可在该列表框中输入其他缩放比例值。设置比例的填充效果如图4-86所示。

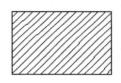 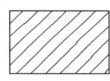 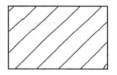

比例为0.5   比例为1   比例为1.5

图4-86

4.5.5 设置图案填充原点

在"图案填充"选项卡中，"图案填充原点"选项组用来控制填充图案生成的起始位置，如图4-87所示。某些图案填充（例如砖块图案）需要与图案填充边界上的一点对齐。默认情况下，所有图案填充原点都对应于当前的UCS原点。

⊙ "使用当前原点"单选框：使用存储在系统变量中的设置。默认情况下，原点设置为（0,0）。

⊙ "指定的原点"单选框：指定新的图案填充原点。

⊙ "单击以设置新原点"按钮 ：直接指定新的图案填充原点。

⊙ "默认为边界范围"复选框：基于图案填充的矩形范围计算出新原点。可以选择该范围的4个角点及其中心，如图4-88所示。

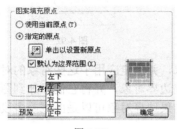

图4-87

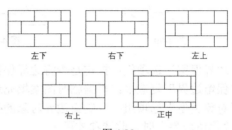

左下   右下   左上

右上   正中

图4-88

⊙ "存储为默认原点"复选框：将新图案填充原点的值存储在系统变量中。

4.5.6   控制孤岛

在"图案填充和渐变色"对话框中，单击"更多选项"按钮 ⊙，展开其他选项，可以控制孤岛的样式，此时对话框如图 4-89 所示。

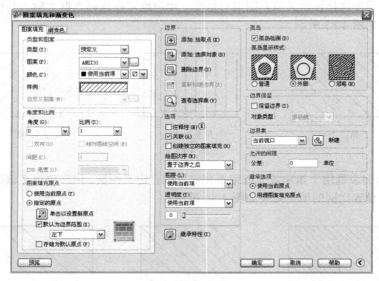

图 4-89

在"孤岛"选项组中，可以设置孤岛检测及显示样式。

⊙ "孤岛检测"复选框：控制是否检测内部闭合边界。

⊙ "普通"单选项 ◉：从外部边界向内填充。如果 AutoCAD 遇到一个内部孤岛，它将停止进行图案填充，直到遇到该孤岛内的另一个孤岛。其填充效果如图 4-90 所示。

⊙ "外部"单选项 ◉：从外部边界向内填充。如果 AutoCAD 遇到内部孤岛，它将停止进行图案填充。此选项只对结构的最外层进行图案填充，而结构内部保留空白。其填充效果如图 4-91 所示。

⊙ "忽略"单选项 ◼：忽略所有内部的对象，填充图案时将通过这些对象。其填充效果如图 4-92 所示。

图 4-90   图 4-91   图 4-92

⊙ "边界保留"选项组：指定是否将边界保留为对象，并确定应用于这些对象的对象类型。

⊙ "保留边界"复选框：根据临时图案填充边界创建边界对象，并将它们添加到图形中。

⊙ "对象类型"选项组：控制新边界对象的类型。结果边界对象可以是面域或多段线对象。仅当选中"保留边界"时，此选项才可用。

⊙ "边界集"选项组：定义当从指定点定义边界时要分析的对象集。当使用"选择对象"定义边界时，选定的边界集无效。

⊙ "新建"按钮 ：提示用户选择用来定义边界集的对象。

⊙ "允许的间隙"选项组：设置将对象用作图案填充边界时可以忽略的最大间隙。默认值为0，此值指定对象必须封闭区域而没有间隙。

⊙ "公差"文本框：按图形单位输入一个值（从 0～5000），以设置将对象用作图案填充边界时可以忽略的最大间隙。任何小于等于指定值的间隙都将被忽略，并将边界视为封闭。

⊙ "继承选项"选项组：使用"继承特性"创建图案填充时，这些设置将控制图案填充原点的位置。

⊙ "使用当前原点"单选项：使用当前的图案填充原点设置。

⊙ "用源图案填充原点"单选项：使用源图案填充的图案填充原点。

4.5.7 设置渐变色填充

在"图案填充和渐变色"对话框中，选择"渐变色"选项卡，可以将填充图案设置为渐变色，此时对话框如图 4-93 所示。

"颜色"选项组用于设置渐变色的颜色。

⊙ "单色"单选项：用于指定使用从较深着色到较浅色调平滑过渡的单色填充。单击 ⌷⌷⌷ 按钮，会弹出"选择颜色"对话框，从中可以选择系统提供的索引颜色、真彩色或配色系统颜色，如图 4-94 所示。

⊙ "渐深—渐浅"滑块：用于指定渐变色为选定颜色与白色的混合，或为选定颜色与黑色的混合，用于渐变填充。

图 4-93

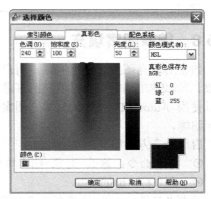

图 4-94

⊙ "双色"单选项：用于指定在两种颜色之间平滑过渡的双色渐变填充。AutoCAD 会分别为"颜色 1"和"颜色 2"显示带有浏览按钮的颜色样例，如图 4-95 所示。

"渐变图案区域"列出了 9 种固定的渐变图案的图标，单击图标即可选择线状、球状和抛物面状等图案填充方式。

"方向"选项组用于指定渐变色的角度以及其是否对称。

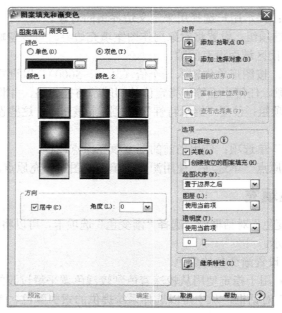

图 4-95

⊙　"居中"复选框：用于指定对称的渐变配置。如果没有选定此选项，渐变填充将朝左上方变化，创建光源在对象左边的图案。

⊙　"角度"选项：用于指定渐变填充的角度，这一角度是相对当前 UCS 的指定角度。此选项与指定给图案填充的角度互不影响。

　　在 AutoCAD 2012 中，可以选择"绘图>渐变色"命令或单击"绘图"工具栏中的"渐变色"按钮 ，启用"渐变色"命令。

4.5.8　编辑图案填充

　　如果对填充图案感到不满意，用户可随时进行修改。可以使用编辑工具对填充图案进行编辑，也可以使用 AutoCAD 提供的对填充图案修改的工具进行编辑。

　　启用命令方法如下。

⊙　菜单命令：修改>对象>图案填充。

⊙　命令行：hatchedit。

　　选择"修改>对象>图案填充"命令，启用"编辑图案填充"命令。选择需要编辑的图案填充对象，弹出"图案填充编辑"对话框，如图 4-96所示。有许多选项都以灰色显示，表示不可选择或不可编辑。修改完成后，单击 预览 按钮进行预览；单击 确定 按钮，确定图案填充的编辑。

图 4-96

 **创建面域**

面域是用闭合的形状或环创建的二维区域，该闭合的形状或环可以由多段线、直线、圆弧、圆、椭圆弧、椭圆或样条曲线等对象构成。面域的外观与平面图形外观相同，但面域是一个单独对象，具有面积、周长、形心等几何特征。面域之间可以进行并、差、交等布尔运算，因此常常采用面域来创建边界较为复杂的图形。

4.6.1 课堂案例——绘制地板拼花图案图形

【案例学习目标】熟悉并掌握面域。

【案例知识要点】利用面域命令绘制地板拼花图形，图形效果如图 4-97 所示。

【效果所在位置】光盘/Ch04/DWG/地板拼花。

（1）创建图形文件。选择"文件 > 新建"命令，弹出"选择样板"对话框，单击 打开(Q) 按钮，创建新的图形文件。

（2）绘制正多边形图形。选择"正多边形"命令 ⬠，绘制木地板的正八边形外轮廓线，如图 4-98 所示。操作步骤如下。

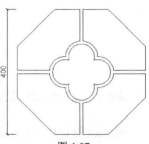

图 4-97

命令: _polygon 输入边的数目 <4>: 8	//选择多边形命令 ⬠，输入边的数目值
指定正多边形的中心点或 [边(E)]:	//单击确定多边形的中心点
输入选项 [内接于圆(I)/外切于圆(C)] <I>: c	//选择"外切于圆"选项
指定圆的半径: 200	//输入圆的半径值

（3）绘制矩形图形。选择"矩形"命令 ▭，绘制木地板矩形内轮廓线，如图 4-99 所示。操作步骤如下。

命令: _rectang	//选择矩形命令 ▭
指定第一个角点或 [倒角(C)/标高(E)/圆角(F)/厚度(T)/宽度(W)]: <对象捕捉 开> <对象捕捉追踪 开> 5	//捕捉图 4-98 所示中点 A 点作为追踪参考点，输入偏移值
指定另一个角点或 [面积(A)/尺寸(D)/旋转(R)]: @400,-10	//输入矩形另一角点相对坐标
命令: _rectang	//选择矩形命令 ▭
指定第一个角点或 [倒角(C)/标高(E)/圆角(F)/厚度(T)/宽度(W)]: 5	//捕捉图 4-98 所示中点 B 点作为追踪参考点，输入偏移值
指定另一个角点或 [面积(A)/尺寸(D)/旋转(R)]: @10,-400	//输入矩形另一角点相对坐标

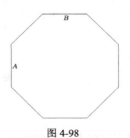

图 4-98

图 4-99

（4）绘制辅助圆图形。选择"圆"命令 ，绘制木地板的圆形内轮廓线的辅助圆，如图 4-100 所示。操作步骤如下。

命令：_circle 指定圆的圆心或 [三点(3P)/两点(2P)/相切、相切、半径(T)]：
//选择圆命令 ⊘，捕捉追踪正八边形图形的中点
指定圆的半径或 [直径(D)]：50　　　//输入圆的半径值

（5）绘制圆图形。选择"圆"命令 ⊘，绘制木地板的圆形内轮廓线，如图 4-101 所示。操作步骤如下。

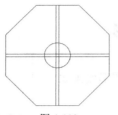

图 4-100

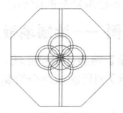

图 4-101

命令：_circle 指定圆的圆心或 [三点(3P)/两点(2P)/相切、相切、半径(T)]：
//选择圆命令 ⊘，捕捉辅助圆的象限点
指定圆的半径或 [直径(D)]：50　　　//输入圆的半径值
命令：_circle 指定圆的圆心或 [三点(3P)/两点(2P)/相切、相切、半径(T)]：
//选择圆命令 ⊘，捕捉辅助圆的象限点
指定圆的半径或 [直径(D)]<50.0000>：40　//输入圆的半径值

（6）创建面域。选择"面域"命令 ⊙，将绘制的图形创建成面域。操作步骤如下。

命令：_region	//选择面域命令 ⊙
选择对象：指定对角点：找到 12 个	//选择全部图形
选择对象：	//按 Enter 键
已提取 12 个环。	
已创建 12 个面域。	

（7）对面域进行并运算。选择"修改 > 实体编辑 > 并集"命令，将圆形内轮廓线的 4 个圆进行合并，如图 4-102 所示。对里面 5 个圆进行合并操作，如图 4-103 所示。

（8）对面域进行差运算。选择"修改 > 实体编辑 > 差集"命令，对木地板图形进行差运算，完成后效果如图 4-104 所示。

图 4-102

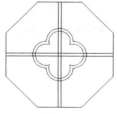

图 4-103

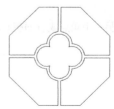

图 4-104

4.6.2　面域的创建

在 AutoCAD 中用户不能直接绘制面域，而是需要利用现有的封闭对象，或者由多个对象组成的封闭区域和系统提供的"面域"命令来创建面域。

启用命令方法如下。

- ⊙ 工具栏："绘图"工具栏中的"面域"按钮◙。
- ⊙ 菜单命令：绘图>面域。
- ⊙ 命令行：reg（region）。

选择"绘图>面域"命令，启用"面域"命令。选择一个或多个封闭对象，或者组成封闭区域的多个对象，然后按 Enter 键，即可创建面域，效果如图 4-105 所示。操作步骤如下。

命令：_region	//选择面域命令◙
选择对象：指定对角点：找到 4 个	//利用框选方式选择图形边界
选择对象：	//按 Enter 键
已提取 1 个环。	
已创建 1 个面域。	

在创建面域之前，单击弧形边，图形显示如图 4-106 所示。在创建面域之后，单击弧形边，则图形显示如图 4-107 所示。

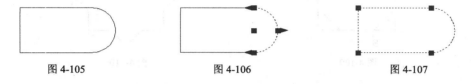

图 4-105　　　　　　图 4-106　　　　　　图 4-107

提示　　默认情况下，AutoCAD 在创建面域时将删除原对象，如果用户希望保留原对象，则需要将 DELOBJ 系统变量设置为 0。

4.6.3　编辑面域

通过编辑面域可创建边界较为复杂的图形。在 AutoCAD 中用户可对面域进行 3 种布尔操作，即并运算、差运算和交运算，其效果如图 4-108 所示。

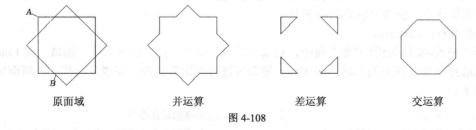

原面域　　　　　　并运算　　　　　　差运算　　　　　　交运算

图 4-108

1．并运算操作

并运算操作是将所有选中的面域合并为一个面域。利用"并集"命令即可进行并运算操作。启用命令方法如下。

- ⊙ 工具栏："实体编辑"工具栏中的"并集"按钮◙。
- ⊙ 菜单命令：修改>实体编辑>并集。
- ⊙ 命令行：union。

选择"修改>实体编辑>并集"命令，启用"并集"命令，然后选择相应的面域，按 Enter 键，会对所有选中的面域进行并运算操作，完成后创建一个新的面域。操作步骤如下。

命令：_region	//选择面域命令 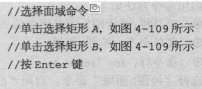
选择对象：找到 1 个	//单击选择矩形 A，如图 4-109 所示
选择对象：找到 1 个，总计 2 个	//单击选择矩形 B，如图 4-109 所示
选择对象：	//按 Enter 键
已提取 2 个环。	
已创建 2 个面域。	//创建了 2 个面域
命令：_union	//选择并集命令
选择对象：找到 1 个	//单击选择矩形 A，如图 4-109 所示
选择对象：找到 1 个，总计 2 个	//单击选择矩形 B，如图 4-109 所示
选择对象：	//按 Enter 键，结果如图 4-110 所示

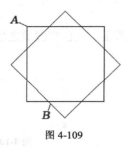

图 4-109

图 4-110

提示　　　　若用户选取的面域并未相交，AutoCAD 也可将其合并为一个新的面域。

2．差运算操作

差运算操作是从一个面域中减去一个或多个面域，来创建一个新的面域。利用"差集"命令即可进行差运算操作。

启用命令方法如下。

⊙　工具栏："实体编辑"工具栏中的"差集"按钮 ⓞ。

⊙　菜单命令：修改>实体编辑>差集。

⊙　命令行：subtract。

选择"修改>实体编辑>差集"命令，启用"差集"命令。首先选择第一个面域，按 Enter 键，接着依次选择其他要减去的面域，按 Enter 键即可进行差运算操作，完成后创建一个新面域。操作步骤如下。

命令：_region	//选择面域命令 ⓞ
选择对象：指定对角点：找到 2 个	//利用框选方式选择 2 个矩形，如图 4-111 所示
选择对象：	//按 Enter 键
已提取 2 个环。	
已创建 2 个面域。	//创建了 2 个面域
命令：_subtract 选择要从中减去的实体或面域...	//选择差集命令 ⓞ
选择对象：找到 1 个	//单击选择矩形 A，如图 4-111 所示
选择对象：	//按 Enter 键
选择要减去的实体或面域 ...	

选择对象: 找到 1 个	//单击选择矩形 B,如图 4-111 所示
选择对象:	//按 Enter 键,结果如图 4-112 所示

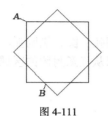

图 4-111

图 4-112

提示　若用户选取的面域并未相交,AutoCAD 将删除被减去的面域。

3. 交运算操作

交运算操作是在选中的面域中创建出相交的公共部分面域,利用"交集"命令即可进行交运算操作。

启用命令方法如下。

⊙ 工具栏:"实体编辑"工具栏中的"交集"按钮 ⑩。

⊙ 菜单命令:修改>实体编辑>交集。

⊙ 命令行:intersect。

选择"修改>实体编辑>交集"命令,启用"交集"命令,然后依次选择相应的面域,按 Enter 键可对所有选中的面域进行交运算操作,完成后得到公共部分的面域。操作步骤如下。

命令: _region	//选择面域命令 ⑩
选择对象: 指定对角点: 找到 2 个	//利用框选方式选择 2 个矩形,如图 4-113 所示
选择对象:	//按 Enter 键
已提取 2 个环。	
已创建 2 个面域。	//创建了 2 个面域
命令: _intersect	//选择交集命令 ⑩
选择对象: 指定对角点: 找到 2 个	//利用框选方式选择 2 个矩形,如图 4-113 所示
选择对象:	//按 Enter 键,结果如图 4-114 所示

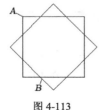

图 4-113

图 4-114

提示　若用户选取的面域并未相交,AutoCAD 将删除所有选中的面域。

 创建边界

边界是一条封闭的多段线，可以由多段线、直线、圆弧、圆、椭圆弧、椭圆或样条曲线等对象构成。利用 AutoCAD 提供的"边界"命令，用户可以从任意封闭的区域中创建一个边界。此外，还可以利用"边界"命令创建面域。

启用命令方法如下。

⊙　菜单命令：绘图>边界。

⊙　命令行：boundary。

选择"绘图>边界"命令，启用"边界"命令，弹出"边界创建"对话框，如图 4-115 所示。单击"拾取点"按钮 ，然后在绘图窗口中单击一点，系统会自动对该点所在区域进行分析，若该区域是封闭的，则自动根据该区域的边界线生成一个多段线作为边界。操作步骤如下。

图 4-115

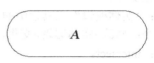

图 4-116

```
命令：_boundary          //选择边界菜单命令，弹出"边界创建"对话框，单击"拾取点"按钮
选择内部点：正在选择所有对象...          //单击选择图 4-116 所示 A 点位置
正在选择所有可见对象...
正在分析所选数据...
正在分析内部孤岛...
选择内部点：
BOUNDARY 已创建 1 个多段线          //创建了一个多段线作为边界
```

在创建边界之前，单击弧形边，图形显示如图 4-117 所示，可见图形中各线条是相互独立的；在创建边界之后，单击弧形边，图形显示如图 4-118 所示，可见其边界为一个多段线。

图 4-117

图 4-118

对话框选项解释如下。

⊙　"拾取点"按钮 ：用于根据围绕指定点构成封闭区域的现有对象来确定边界。

⊙　"孤岛检测"复选框：控制"边界创建"命令是否检测内部闭合边界，该边界称为孤岛。

在"边界保留"选项组中，"多段线"选项为默认值，用于创建一个多段线作为区域的边界。选择"面域"选项后，可以利用"边界"命令创建面域。

在"边界集"选项组中，单击"新建"按钮 ，可以选择新的边界集。

边界与面域的外观相同，但两者是有区别的。面域是一个二维区域，具有面积、周长、形心等几何特征；边界只是一个多段线。

4.8 课堂练习——绘制墙体图形

【练习知识要点】利用"多线"命令进行墙体图形的绘制，效果如图4-119所示。

【效果所在位置】光盘/Ch04/DWG/墙体。

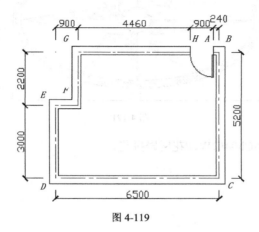

图4-119

4.9 课堂练习——绘制钢琴平面图形

【练习知识要点】利用"多段线"命令 绘制钢琴平面图形，效果如图4-120所示。

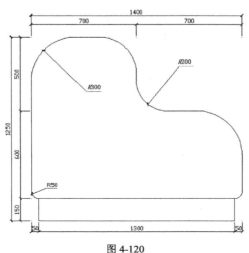

图4-120

【效果所在位置】光盘/Ch04/DWG/钢琴。

4.10 课后习题——绘制花岗岩拼花图形

【习题知识要点】利用"图案填充"工具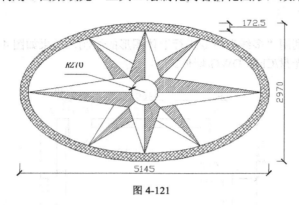绘制花岗岩拼花图形，效果如图 4-121 所示。

图 4-121

【效果所在位置】光盘/Ch04/DWG/花岗岩拼花。

第5章 编辑建筑图形

本章主要介绍如何对建筑图形进行选择和编辑，如复制图形对象、调整图形对象的位置、调整对象大小或形状、编辑对象操作和倒角操作等。本章介绍的知识可帮助用户学习如何在基本建筑图形上进行编辑，以获取所需的图形，从而能够快速完成一些复杂的建筑工程图的图形绘制。

课堂学习目标

- 选择图形对象
- 复制图形对象
- 调整图形对象的位置
- 调整对象大小或形状
- 编辑对象操作
- 倒角操作
- 利用夹点编辑图形对象
- 编辑图形对象属性

5.1 选择图形对象

AutoCAD 中有多种选择对象的方式，对于不同的图形、不同位置的对象可使用不同的选择方式。下面详细介绍几种选择图形对象的方法。

5.1.1 选择对象的方式

AutoCAD 提供了多种选择对象的方法，在通常情况下，可以通过鼠标逐个点选被编辑的对象，也可以利用矩形窗口、交叉矩形窗口选取对象，同时还可以利用多边形窗口、交叉多边形窗口和选择栏等方法选取对象。下面将分别进行介绍。

1. 选择单个对象

选择单个对象的方法叫做点选，又叫做单选。点选是最简单、最常用的选择对象的方法。

（1）利用光标直接选择。利用十字光标单击选择图形对象，被选中的对象以带有夹点的虚线显示，如图 5-1 所示。如果需要连续选择多个图形对象，可以继续单击需要选择的图形对象。

（2）利用拾取框选择。当启用某个工具命令，如选择"旋转"工具 ○，十字光标会变成一个小方框，这个小方框叫做拾取框。在命令行出现"选择对象："字样时，用拾取框单击所要选择的对象，被选中的对象会以虚线显示，如图 5-2 所示。如果需要连续选择多个图形元素，可以继续单击需要选择的图形对象。

2. 利用矩形窗口选择对象

在需要选择的多个图形对象的左上角或左下角单击，并向右下角或右上角方向移动鼠标，系统将显示一个背景为紫色的矩形框，当矩形框将需要选择的对象包围后，单击鼠标，包围在矩形窗口中的所有对象就会被选中，如图 5-3 所示，选中的对象以带有夹点的虚线显示。

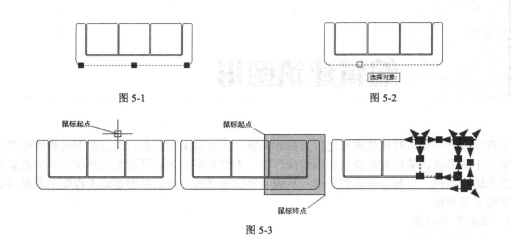

图 5-1　　　　　　　　　　　　　　　　图 5-2

图 5-3

3．利用交叉矩形窗口选择对象

在需要选择的对象右上角或右下角单击，并向左下角或左上角方向移动鼠标，系统将显示一个背景为绿色的矩形虚线框，当虚线框将需要选择的对象包围后，单击鼠标，虚线框包围和相交的所有对象均会被选中，如图 5-4 所示，被选中的对象以带有夹点的虚线显示。

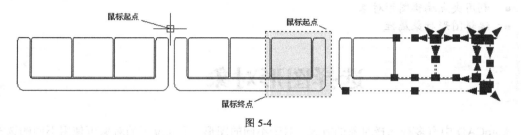

图 5-4

提示　　　利用矩形窗口选择对象时，与矩形框边线相交的对象不会被选中；而利用交叉矩形窗口选择对象时，与矩形虚线框边线相交的对象会被选中。

4．利用多边形窗口选择对象

当 AutoCAD 提示"选择对象："时，在命令提示窗口中输入"wp"，并按 Enter 键，用户可以通过绘制一个封闭的多边形来选择对象，凡是包围在多边形内的对象都将被选中。

下面通过选择"复制"命令 讲解这种方法。

```
命令：_copy                        //选择复制命令
选择对象：wp                       //输入字母"wp"，按 Enter 键
第一圈围点：                       //在 A 点处单击，如图 5-5 所示
指定直线的端点或 [放弃(U)]：        //在 B 点处单击
指定直线的端点或 [放弃(U)]：        //在 C 点处单击
指定直线的端点或 [放弃(U)]：        //在 D 点处单击
指定直线的端点或 [放弃(U)]：        //在 E 点处单击
指定直线的端点或 [放弃(U)]：        //将鼠标移至 F 点处单击，按 Enter 键
找到 1 个
选择对象：                         //按 Enter 键，结果如图 5-5 所示
```

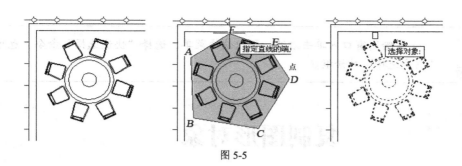

图 5-5

5．利用交叉多边形窗口选择对象

当 AutoCAD 提示"选择对象："时，在命令提示窗口中输入"cp"，并按 Enter 键，用户可以通过绘制一个封闭的多边形来选择对象，凡是包围在多边形内以及与多边形相交的对象都将被选中。

6．利用折线选择对象

当 AutoCAD 提示"选择对象："时，在命令提示窗口中输入"f"，并按 Enter 键，用户可以连续单击以绘制一条折线（折线以虚线显示），绘制完折线后按 Enter 键，此时所有与折线相交的图形对象都将被选中。

7．选择最后创建的对象

当 AutoCAD 提示"选择对象："时，在命令提示窗口中输入"l"，并按 Enter 键，用户可以选择最后建立的对象。

5.1.2 快速选择对象

利用快速选择功能，可以快速地将指定类型的对象或具有指定属性值的对象选中。

启用命令方法如下。

⊙ 菜单命令：工具>快速选择。

⊙ 命令行：qselect。

选择"工具>快速选择"命令，启用"快速选择"命令，弹出"快速选择"对话框，如图 5-6 所示。通过该对话框可以快速选择对象。

图 5-6

在绘图窗口内单击右键，弹出快捷菜单，选择"快速选择"命令，也可以启动
"快速选择"对话框。

5.2　复制图形对象

在建筑工程图中，存在着结构相同或相似的图形对象。在 AutoCAD 中，不需要对这些图形进行重复绘制，它提供了多种复制图形对象命令对这些图形对象进行编辑。

5.2.1　课堂案例——绘制局部会议室桌椅布置图形

【案例学习目标】掌握并熟练运用"复制"工具、"镜像"命令和"偏移"工具。

【案例知识要点】利用"复制"工具、"镜像"命令和"偏移"工具绘制局部会议室桌椅布置图形，效果如图 5-7 所示。

【效果所在位置】光盘/Ch05/DWG/局部会议室桌椅布置图。

（1）创建图形文件。选择"文件 > 新建"命令，弹出"选择样板"对话框，单击 打开(O) 按钮，创建新的图形文件。

（2）设置图形单位与界限。设置图形单位的精度为"0"；设置图形界限为 8410mm×5940mm。

（3）调整绘图窗口显示范围。选择"视图 > 缩放 > 范围"命令，使图形能够完全显示。

（4）绘制倒角矩形图形。选择"矩形"命令□，绘制桌子的外轮廓线，如图 5-8 所示。

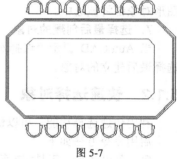

图 5-7

（5）偏移倒角矩形图形。选择"偏移"命令△，偏移桌子的轮廓线，如图 5-9 所示。操作步骤如下。

```
命令: _offset                                              //选择偏移命令△
当前设置: 删除源=否   图层=源  OFFSETGAPTYPE=0
指定偏移距离或 [通过(T)/删除(E)/图层(L)] <通过>: 50        //输入偏移距离值
选择要偏移的对象，或 [退出(E)/放弃(U)] <退出>:              //选择桌子的外轮廓线
指定要偏移的那一侧上的点，或 [退出(E)/多个(M)/放弃(U)] <退出>:  //在矩形内侧单击
选择要偏移的对象，或 [退出(E)/放弃(U)] <退出>:              //选择偏移后的带倒角矩形
指定要偏移的那一侧上的点，或 [退出(E)/多个(M)/放弃(U)] <退出>:  //在矩形内侧单击
选择要偏移的对象，或 [退出(E)/放弃(U)] <退出>:              //按 Enter 键
命令:
OFFSET                                                    //按 Enter 键
当前设置: 删除源=否   图层=源  OFFSETGAPTYPE=0
指定偏移距离或 [通过(T)/删除(E)/图层(L)] <50.0000>: 700    //输入偏移距离值
选择要偏移的对象，或 [退出(E)/放弃(U)] <退出>:              //选择偏移后的带倒角矩形
指定要偏移的那一侧上的点，或 [退出(E)/多个(M)/放弃(U)] <退出>:  //在矩形内侧单击
选择要偏移的对象，或 [退出(E)/放弃(U)] <退出>:              //按 Enter 键
```

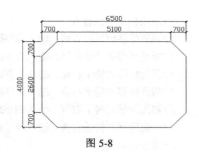

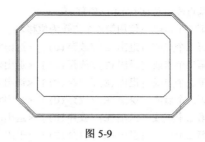

图 5-8　　　　　　　　　　　　　　　　　　　图 5-9

（6）打开图形文件。选择"文件>打开"命令，打开光盘文件中的"ch05>素材>会议室用椅"文件，如图 5-10 所示。

（7）复制图形对象。选择"编辑>带基点复制"命令，复制会议室用椅图形对象，以底边中点作为复制基点，如图 5-11 所示。

（8）粘贴会议室用椅图形。选择"窗口>Drawing1.dwg"命令，在新图形文件中，选择"编辑>粘贴"命令，将会议室用椅图形对象粘贴到新图形文件中，如图 5-12 所示。操作步骤如下。

```
命令：_pasteclip                          //选择粘贴菜单命令
指定插入点：_from 基点：<偏移>：@390,200 //单击"对象捕捉"工具栏上的"捕捉自"命令，
                                          单击 A 点作为追踪参考点，输入相对坐标值
```

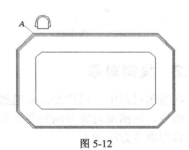

图 5-10　　　　　　　　　　图 5-11　　　　　　　　　　图 5-12

（9）镜像椅子图形。选择"镜像"命令，将椅子图形镜像到桌子的另一边，如图 5-13 所示。

（10）复制椅子图形。选择"复制"命令，打开"正交"开关，复制上侧水平线上的椅子图形，如图 5-14 所示。操作步骤如下。

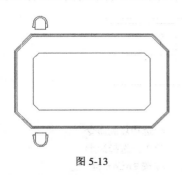

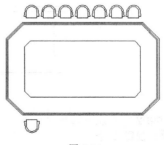

图 5-13　　　　　　　　　　　　　　　　　图 5-14

```
命令：_copy                        //选择复制命令
选择对象：指定对角点：找到 2 个     //矩形框选选择椅子图形
选择对象：                         //按 Enter 键
```

指定基点或 [位移(D)] <位移>:	//单击椅子上任意点
指定第二个点或 <使用第一个点作为位移>: 720	//将光标移到椅子右侧，输入偏移距离值
指定第二个点或 [退出(E)/放弃(U)] <退出>: 1440	//将光标移到椅子右侧，输入偏移距离值
指定第二个点或 [退出(E)/放弃(U)] <退出>: 2160	//将光标移到椅子右侧，输入偏移距离值
指定第二个点或 [退出(E)/放弃(U)] <退出>: 2880	//将光标移到椅子右侧，输入偏移距离值
指定第二个点或 [退出(E)/放弃(U)] <退出>: 3600	//将光标移到椅子右侧，输入偏移距离值
指定第二个点或 [退出(E)/放弃(U)] <退出>: 4320	//将光标移到椅子右侧，输入偏移距离值
指定第二个点或 [退出(E)/放弃(U)] <退出>:	//按 Enter 键

（11）阵列椅子图形。选择"矩形阵列"命令 ⊞，设置间距为 720，在弹出的菜单中选择"列"命令，如图 5-15 所示，设置列数为 7，效果如图 5-16 所示。

图 5-15

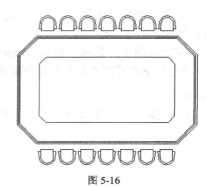

图 5-16

5.2.2　复制对象

在绘图过程中，用户经常会遇到重复绘制一个相同图形对象的情况，这时用户可以启用"复制"命令，将图形对象复制到图中相应的位置。

启用命令方法如下。

⊙ 工具栏："修改"工具栏中的"复制"按钮 ⊙.

⊙ 菜单命令：修改 > 复制。

⊙ 命令行：copy。

选择"修改>复制"命令，启用"复制"命令，绘制如图 5-17 所示的图形，操作步骤如下。

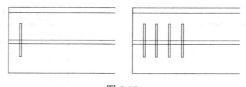

图 5-17

命令: _copy	//选择复制命令 ⊙
选择对象：找到 1 个	//单击选择矩形
选择对象：	//按 Enter 键
指定基点或 [位移(D)] <位移>:	
指定第二个点或 <使用第一个点作为位移>:	//单击捕捉矩形与直线的交点作为基点
	//单击确定图形复制的第二个点
指定第二个点或 [退出(E)/放弃(U)] <退出>:	//单击确定图形复制的第二个点

指定第二个点或 [退出(E)/放弃(U)] <退出>:	//单击确定图形复制的第二个点
指定第二个点或 [退出(E)/放弃(U)] <退出>:	//按 Enter 键

进行复制操作的时候，当提示指定第二点时，可以利用鼠标单击确定，也可以通过输入坐标来确定。

5.2.3 镜像对象

绘置图形的过程中经常会遇到绘制对称图形的情况，这时可以利用"镜像"命令来绘制图形。启用"镜像"命令时，可以任意定义两点作为对称轴线来镜像对象，同时也可以选择删除或保留原来的对象。

启用命令方法如下。

⊙ 工具栏："修改"工具栏中的"镜像"按钮 ⚠。

⊙ 菜单命令：修改>镜像。

⊙ 命令行：mi（mirror）。

选择"修改>镜像"命令，启用"镜像"命令，绘制如图 5-18 所示的图形，操作步骤如下。

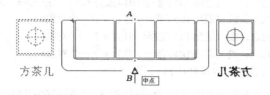

图 5-18

命令：_mirror	//选择镜像命令 ⚠
选择对象：指定对角点:找到 6 个	//选择方茶几图形对象
选择对象：	//按 Enter 键
指定镜像线的第一点：<对象捕捉 开>	//打开"对象捕捉"开关，捕捉沙发的中点 A 点
指定镜像线的第二点：	//捕捉沙发的中点 B 点
是否删除源对象? [是(Y)/否(N)] <N>:	//按 Enter 键

提示选项解释如下。

⊙ 是（Y）：在进行图形镜像时，删除原对象，如图 5-19 所示。

⊙ 否（N）：在进行图形镜像时，不删除原对象。

对文字进行镜像操作时，会出现前后颠倒的现象，如图 5-18 所示。如果不需要文字前后颠倒（图 5-20），用户需将系统变量 mirrtext 的值设置为"0"，操作步骤如下。

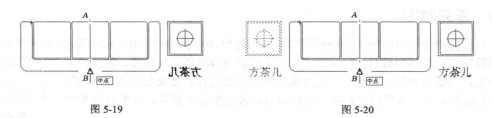

图 5-19   图 5-20

命令:mirrtext	//输入命令 "mirrtext"
输入 MIRRTEXT 的新值 <1>: 0	//输入新变量值

5.2.4　偏移对象

利用"偏移"命令可以绘制一个与原图形相似的新图形。在 AutoCAD 2012 中，可以进行偏移操作的对象有直线、圆弧、圆、二维多段线、椭圆、椭圆弧、构造线、射线和样条曲线等。

启用命令方法如下。

⊙　工具栏："修改"工具栏中的"偏移"按钮 。

⊙　菜单命令：修改>偏移。

⊙　命令行：o（offset）。

选择"修改>偏移"命令，启用"偏移"命令，绘制如图 5-21 所示的图形，操作步骤如下。

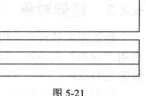

图 5-21

命令: _offset	//选择偏移命令
当前设置: 删除源=否　图层=源　OFFSETGAPTYPE=0	
指定偏移距离或 [通过(T)/删除(E)/图层(L)] <通过>: 80	//输入偏移距离值
选择要偏移的对象, 或 [退出(E)/放弃(U)] <退出>:	//单击选择图 5-21 所示上侧水平直线
指定要偏移的那一侧上的点, 或 [退出(E)/多个(M)/放弃(U)] <退出>: m	//选择"多个"选项
指定要偏移的那一侧上的点, 或 [退出(E)/放弃(U)] <下一个对象>:	//单击偏移对象下方
指定要偏移的那一侧上的点, 或 [退出(E)/放弃(U)] <下一个对象>:	//单击偏移对象下方
指定要偏移的那一侧上的点, 或 [退出(E)/放弃(U)] <下一个对象>:	//按 Enter 键
选择要偏移的对象, 或 [退出(E)/放弃(U)] <退出>:	//按 Enter 键

用户也可以通过点的方式来确定偏距，绘制如图 5-23 所示的图形，操作步骤如下。

图 5-22　　　　　　　　　　　　　　　图 5-23

命令: _offset	//选择偏移命令
当前设置: 删除源=否　图层=源　OFFSETGAPTYPE=0	
指定偏移距离或 [通过(T)/删除(E)/图层(L)] <通过>: t	//选择"通过"选项
选择要偏移的对象, 或 [退出(E)/放弃(U)] <退出>:	//单击选择图 5-22 所示上侧水平直线
指定通过点或 [退出(E)/多个(M)/放弃(U)] <退出>:	//单击捕捉 A 点
选择要偏移的对象, 或 [退出(E)/放弃(U)] <退出>:	//单击选择偏移后水平直线
指定通过点或 [退出(E)/多个(M)/放弃(U)] <退出>:	//单击捕捉 B 点
选择要偏移的对象, 或 [退出(E)/放弃(U)] <退出>:	//按 Enter 键

5.2.5　阵列对象

利用阵列命令可以绘制多个相同图形对象的阵列, 阵列工具栏如图 5-24 所示。对于矩形阵列, 用户需要指定行和列的数目、行或列之间的距离以及阵列的旋转角度，效果如图 5-25 所示；对于路径阵列，需要指定阵列曲线、复制对象的数目以及方向，效果如图 5-26 所示；对于环形阵列, 用户需要指定复制对象的数目以及对象是否旋转, 效果如图 5-27 所示。

图 5-24

启用命令方法如下。

- ⊙ 菜单命令：修改>阵列。
- ⊙ 命令行：ar（array）。

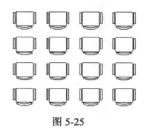
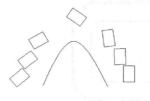
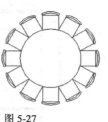

图 5-25　　　　　　　　　图 5-26　　　　　　　　图 5-27

5.3　调整图形对象的位置

在绘制建筑工程图的过程中，有时需要对所绘制的图形对象执行移动、旋转和对齐等操作。下面将分别介绍这些命令。

5.3.1　课堂案例——绘制完整的会议室桌椅布置图形

【案例学习目标】掌握并熟练应用调整对象的各种命令。

【案例知识要点】综合运用"复制"命令、"旋转"命令、"移动"命令、"镜像"命令绘制完整的会议室桌椅布置图形，效果如图 5-28 所示。

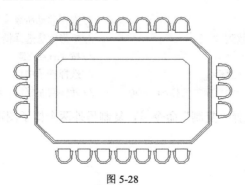

图 5-28

【效果所在位置】光盘/Ch05/DWG/完整的会议室桌椅布置图。

（1）打开图形文件。选择"文件>打开"命令，打开光盘文件中的"ch05>素材>会议室桌椅布置图"文件，如图 5-29 所示。

（2）复制椅子图形。选择"复制"命令，将一个水平椅子图形对象复制到桌子的垂直直线处，如图 5-30 所示。操作步骤如下。

命令：_copy	//选择复制命令
选择对象：指定对角点：找到 2 个	//矩形框选选择椅子图形
选择对象：	//按 Enter 键
指定基点或 [位移(D)] <位移>：	//选择椅子水平线中点

指定第二个点或 <使用第一个点作为位移>:	//选择桌子垂直线中点
指定第二个点或 [退出(E)/放弃(U)] <退出>: *取消*	//按 Esc 键

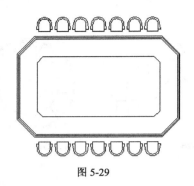
图 5-29

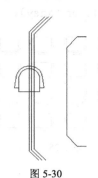
图 5-30

（3）旋转椅子图形。选择"旋转"命令 ⟳，将椅子图形旋转到如图 5-31 所示的位置。操作步骤如下。

命令：_rotate	//选择旋转命令 ⟳
UCS 当前的正角方向：ANGDIR=逆时针　ANGBASE=0	
选择对象：指定对角点：找到 2 个	//矩形框选选择椅子图形
选择对象：	//按 Enter 键
指定基点：	//单击椅子水平线上的中点，如图 5-31 所示
指定旋转角度，或 [复制(C)/参照(R)] <0>: 90	//输入旋转角度值

（4）移动椅子图形。选择"移动"命令 ✥，打开"正交"开关，将椅子图形移动到如图 5-32 所示的位置。操作步骤如下。

命令：_move	//选择移动命令 ✥
选择对象：指定对角点：找到 2 个	//矩形框选选择椅子图形
选择对象：	//按 Enter 键
指定基点或 [位移(D)] <位移>:	//选择椅子中点
指定第二个点或 <使用第一个点作为位移>: 200	//光标向左移动，输入偏移值

（5）复制左侧椅子。选择"复制"命令 ⟳，复制另外两个椅子图形，如图 5-33 所示。操作步骤如下。

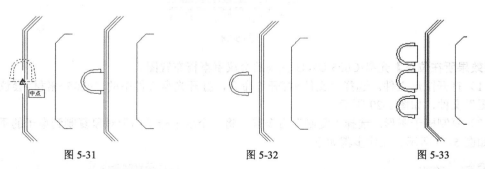

图 5-31　　　　　　　　　　图 5-32　　　　　　　　　　图 5-33

命令：_copy	//选择复制命令 ⟳
选择对象：指定对角点：找到 2 个	//矩形框选选择椅子图形
选择对象：	//按 Enter 键

指定基点或 [位移(D)] <位移>:	//单击椅子直线的中点
指定第二个点或 <使用第一个点作为位移>: 720	//光标向上移动，输入偏移值
指定第二个点或 [退出(E)/放弃(U)] <退出>: 720	//光标向下移动，输入偏移值
指定第二个点或 [退出(E)/放弃(U)] <退出>:	//按 Enter 键

（6）镜像右侧椅子。选择"镜像"命令 ⬥，镜像右侧部分的椅子图形，完成后效果如图 5-34 所示。

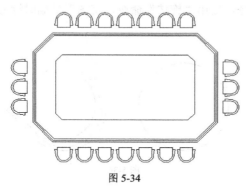

图 5-34

5.3.2 移动对象

利用"移动"命令可平移所选的图形对象，而不改变该图形对象的方向和大小。若想将图形对象精确地移动到指定位置，可以使用捕捉、坐标及对象捕捉等辅助功能。

启用命令方法如下。

- ⊙ 工具栏："修改"工具栏中的"移动"按钮 ✛。
- ⊙ 菜单命令：修改>移动。
- ⊙ 命令行：m（move）。

选择"修改>移动"命令，启用"移动"命令，将床头柜移动到墙角位置，如图 5-35 所示，操作步骤如下。

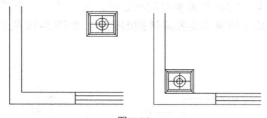

图 5-35

命令：_move	//选择移动命令 ✛
选择对象：找到 13 个	//矩形框选择床头柜
选择对象：	//按 Enter 键
指定基点或 [位移(D)] <位移>: <对象捕捉 开>	//打开对象捕捉开关，捕捉床头柜的左下角点
指定第二个点或 <使用第一个点作为位移>:	//捕捉墙角的交点

5.3.3 旋转对象

利用"旋转"命令可以将图形对象绕着某一基点旋转，从而改变图形对象的方向。用户可以通过指定基点，然后输入旋转角度来转动图形对象；也可以以某个方位作为参照，然后选择一个新对象或输入一个新角度值来指明要旋转到的位置。

启用命令方法如下。

- ⊙　工具栏："修改"工具栏中的"旋转"按钮 ○。
- ⊙　菜单命令：修改>旋转。
- ⊙　命令行：ro (rotate)。

选择"修改>旋转"命令，启用"旋转"命令，将图形沿顺时针方向旋转 45°，如图 5-36 所示，操作步骤如下。

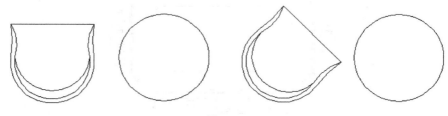

图 5-36

```
命令：_rotate                                          //选择旋转命令 ○
UCS 当前的正角方向：ANGDIR=逆时针  ANGBASE=0
选择对象：找到 1 个                                    //单击选择休闲椅
选择对象：                                            //按 Enter 键
指定基点：<对象捕捉 开> <对象捕捉追踪 开> //打开"对象捕捉"、"对象捕捉追踪"开关，捕捉休闲椅中点
指定旋转角度，或 [复制(C)/参照(R)] <0>：-45           //输入旋转角度值
```

提示选项解释如下。

- ⊙　指定旋转角度：指定旋转基点并且输入绝对旋转角度来旋转对象。输入的旋转角度为正，则选定对象沿逆时针方向旋转；反之，则沿选定对象顺时针方向旋转。
- ⊙　复制（C）：旋转并复制指定对象，如图 5-37 所示。
- ⊙　参照（R）：指定某个方向作为参照的起始角，然后选择一个新对象以指定原对象要旋转到的位置；也可以输入新角度值来确定要旋转到的位置，如图 5-38 所示，选择 A、B 两点作为参照旋转门图形。

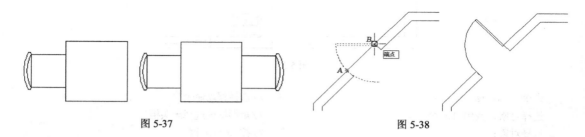

图 5-37　　　　　　　　　　　　　　　　　　图 5-38

5.3.4　对齐对象

利用"对齐"命令，可以将对象移动、旋转或按比例缩放，使之与指定的对象对齐。

启用命令方法如下。

- ⊙　菜单命令：修改>三维操作>对齐。

⊙　命令行：align。

选择"修改>三维操作>对齐"命令，启用"对齐"命令，将门与墙体图形对齐，如图 5-39 所示，操作步骤如下。

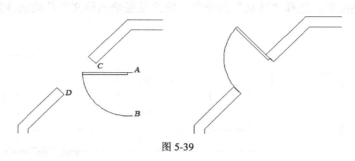

图 5-39

```
命令: _align                              //选择对齐菜单命令
选择对象: 找到 1 个                        //矩形框选择门图形
选择对象:                                 //按 Enter 键
指定第一个源点: <对象捕捉 开>             //捕捉第一个源点 A 点
指定第一个目标点:                         //捕捉第一个目标点 C 点
指定第二个源点:                           //捕捉第二个源点 B 点
指定第二个目标点:                         //捕捉第二个目标点 D 点
指定第三个源点或 <继续>:                  //按 Enter 键
是否基于对齐点缩放对象? [是(Y)/否(N)] <否>:  //按 Enter 键
```

 调整对象的大小或形状

AutoCAD 中提供了多种命令来调整图形对象的大小或形状。下面介绍调整图形对象大小或形状的方法。

5.4.1　课堂案例——绘制 3 人沙发图形

【案例学习目标】掌握并能够熟练应用调整图形对象的各种命令。

【案例知识要点】利用"拉伸"命令 、"移动"命令 、"复制"命令 综合绘制 3 人沙发图形，效果如图 5-40 所示。

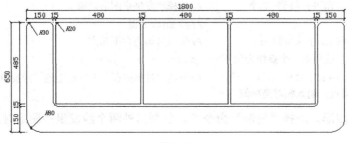

图 5-40

【效果所在位置】光盘/Ch05/DWG/3 人沙发。

（1）打开图形文件。选择"文件>打开"命令，打开光盘文件中的"ch05>素材>沙发"文件，如图 5-41 所示。

（2）移动坐垫图形。选择"移动"命令✥，将沙发坐垫图形文件移动到沙发靠背外侧，如图 5-42 所示。

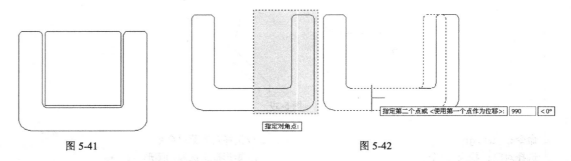

图 5-41　　　　　　　　　　　　　　　　　　　　　图 5-42

（3）拉伸沙发图形。选择"拉伸"命令，打开"正交"开关拉伸沙发靠背，如图 5-43 所示。操作步骤如下。

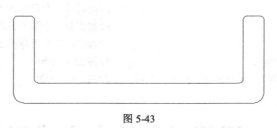

图 5-43

命令：_stretch	//选择拉伸命令
以交叉窗口或交叉多边形选择要拉伸的对象...	
选择对象：指定对角点：找到 9 个	//交叉框选择靠背，如图 5-42 所示
选择对象：	//按 Enter 键
指定基点或 [位移(D)] <位移>：	//单击沙发图形中一点
指定第二个点或 <使用第一个点作为位移>：990	//将光标向右移动，输入第一点距离值

（4）移动坐垫图形。选择"移动"命令✥，将沙发坐垫图形文件移回到原位置，效果如图 5-44 所示。操作步骤如下。

命令：_move	//选择移动命令✥
选择对象：指定对角点：找到 6 个	//选择沙发坐垫图形对象
选择对象：	//按 Enter 键
指定基点或 [位移(D)] <位移>：	//单击坐垫的左下角点
指定第二个点或 <使用第一个点作为位移>：_from	
基点：<偏移>：@-15,-15	//单击"对象捕捉"工具栏上的"捕捉自"按钮，选择圆弧
的圆心 A 点为追踪参考点，输入相对坐标值	

（5）复制坐垫图形。选择"复制"命令，复制另外两个沙发坐垫图形对象，完成后效果如图 5-45 所示。

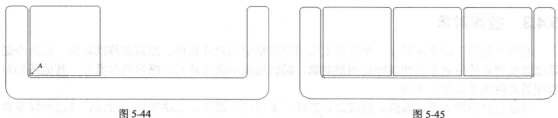

图 5-44   图 5-45

5.4.2 拉长对象

利用"拉长"命令，可以延伸或缩短非闭合直线、圆弧、非闭合多段线、椭圆弧和非闭合样条曲线等图形对象的长度，也可以改变圆弧的角度。

启用命令方法如下。

⊙ 菜单命令：修改>拉长。

⊙ 命令行：len（lengthen）。

选择"修改>拉长"命令，启用"拉长"命令，拉长线段 *AC*、*BD* 的长度，如图 5-46 所示，操作步骤如下。

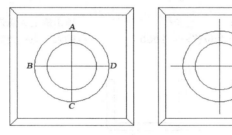

图 5-46

命令：_lengthen	//选择拉长菜单命令
选择对象或 [增量(DE)/百分数(P)/全部(T)/动态(DY)]:DE	//选择"增量"选项
输入长度增量或 [角度(A)] <0.0000>: 5	//输入长度增量值
选择要修改的对象或 [放弃(U)]:	//在 A 点附近单击线段 AC
选择要修改的对象或 [放弃(U)]:	//在 B 点附近单击线段 BD
选择要修改的对象或 [放弃(U)]:	//在 C 点附近单击线段 AC
选择要修改的对象或 [放弃(U)]:	//在 D 点附近单击线段 BD
选择要修改的对象或 [放弃(U)]:	//按 Enter 键

提示选项解释如下。

⊙ 对象：系统的默认项，用于查看所选对象的长度。

⊙ 增量（DE）：以指定的增量修改对象的长度，该增量是从距离选择点最近的端点处开始测量。此外，还可以修改圆弧的角度。若输入的增量为正值则增长对象；反之，输入负值则减短对象。

⊙ 百分数（P）：通过指定对象总长度的百分数改变对象长度。

⊙ 全部（T）：通过输入新的总长度来设置选定对象的长度；也可以按照指定的总角度设置选定圆弧的包含角。

⊙ 动态（DY）：通过动态拖动模式改变对象的长度。

5.4.3 拉伸对象

利用"拉伸"命令可以在一个方向上按用户所指定的尺寸拉伸、缩短和移动对象。该命令是通过改变端点的位置来拉伸或缩短图形对象，编辑过程中除被伸长、缩短的对象外，其他图形对象间的几何关系将保持不变。

可进行拉伸的对象有圆弧、椭圆弧、直线、多段线、线段、二维实体、射线、宽线和样条曲线等。

启用命令方法如下。

⊙ 工具栏："修改"工具栏中的"拉伸"按钮▣。

⊙ 菜单命令：修改>拉伸。

⊙ 命令行：s（stretch）。

选择"修改>拉伸"命令，启用"拉伸"命令，将沙发图形拉伸，如图 5-48 所示，操作步骤如下。

命令：_stretch	//选择拉伸菜单命令
以交叉窗口或交叉多边形选择要拉伸的对象...	
选择对象：指定对角点：找到 9 个	//交叉框选选择要拉伸的对象，如图 5-47 所示
选择对象：	
指定基点或 [位移(D)] <位移>：	//单击确定 A 点位置
指定第二个点或 <使用第一个点作为位移>： 1000	//输入 B 点距离值

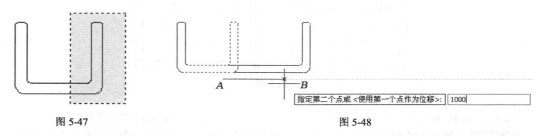

图 5-47   图 5-48

在选取图形对象时，若整个图形对象均在交叉矩形窗口内，则执行的结果是对齐移动；若图形对象一端在交叉矩形窗口内，另一端在外，则有以下拉伸规则。

直线、区域填充：窗口外端点不动，窗口内端点移动。

圆弧：窗口外端点不动，窗口内端点移动，并且在圆弧的改变过程中，圆弧的弦高保持不变，由此来调整圆心位置。

多段线：与直线或圆弧相似，但多段线的两端宽度、切线方向以及曲线拟合信息都不变。

圆、矩形、块、文本和属性定义：如果其定义点位于选取窗口内，对象移动；否则不移动。其中圆的定义点为圆心，块的定义点为插入点，文本的定义点为字符串的基线左端点。

5.4.4 缩放对象

"缩放"命令可以按照用户的需要将对象按指定的比例因子相对于基点放大或缩小，这是一个非常有用的命令，熟练使用该命令可以节省用户的绘图时间。

启用命令方法如下。

⊙ 工具栏："修改"工具栏中的"缩放"按钮▣。

⊙ 菜单命令：修改>缩放。

⊙　命令行：sc（scale）。

选择"修改>缩放"命令，启用"缩放"命令，将图形对象缩小，如图 5-49 所示，操作步骤如下。

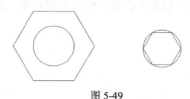

图 5-49

命令：_scale	//选择缩放命令
选择对象:找到 1 个	//单击选择正六边形
选择对象:	//按 Enter 键
指定基点: <对象捕捉 开>	//打开对象捕捉开关，捕捉圆心
指定比例因子或 [复制(C)/参照(R)] <1.0000>: 0.5	//输入缩放比例因子

当输入的比例因子大于 1 时，将放大图形对象；当比例因子小于 1 时，则缩小图形对象。其中，比例因子必须为大于 0 的数值。

提示选项解释如下。

⊙　指定比例因子：指定旋转基点并且输入比例因子来缩放对象。

⊙　复制（C）：复制并缩放指定对象，如图 5-50 所示。

⊙　参照（R）：以参照方式缩放图形。当用户输入参考长度和新长度，系统会把新长度和参考长度作为比例因子进行缩放，如图 5-51 所示，以 *AB* 边长作为参照，并输入新的长度值。

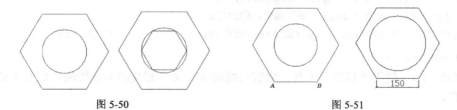

图 5-50　　　　　　　　　　　　　　　　　图 5-51

编辑对象操作

在 AutoCAD 中绘制复杂的工程图时，一般是先绘制出图形的基本形状，然后再使用编辑工具对图形对象进行编辑，如修剪、延伸、打断、分解以及删除一些线段等。

5.5.1　修剪对象

"修剪"命令是比较常用的编辑工具。在绘制图形对象时，一般是先粗略绘制一些图形对象，然后利用"修剪"命令将多余的线段修剪掉。

启用命令方法如下。

- ⊙　工具栏："修改"工具栏中的"修剪"按钮 ⊢ 。
- ⊙　菜单命令：修改>修剪。
- ⊙　命令行：tr（trim）。

选择"修改>修剪"命令，启用"修剪"命令，修剪图形对象，如图 5-52 所示，操作步骤如下。

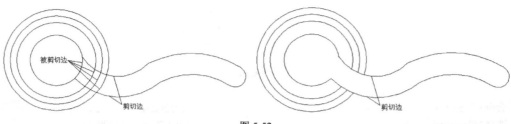

图 5-52

命令：_trim	//选择修剪命令 ⊢
当前设置:投影=UCS，边=延伸	
选择剪切边...	
选择对象或 <全部选择>：指定对角点：找到 2 个	//交叉框选选择圆弧作为剪切边
选择对象：	//按 Enter 键
选择要修剪的对象，或按住 Shift 键选择要延伸的对象，或	
[栏选(F)/窗交(C)/投影(P)/边(E)/删除(R)/放弃(U)]：	//依次选择要修剪的线条
选择要修剪的对象，或按住 Shift 键选择要延伸的对象，或	
[栏选(F)/窗交(C)/投影(P)/边(E)/删除(R)/放弃(U)]：	
选择要修剪的对象，或按住 Shift 键选择要延伸的对象，或	
[栏选(F)/窗交(C)/投影(P)/边(E)/删除(R)/放弃(U)]：	
选择要修剪的对象，或按住 Shift 键选择要延伸的对象，或	
[栏选(F)/窗交(C)/投影(P)/边(E)/删除(R)/放弃(U)]：	
选择要修剪的对象，或按住 Shift 键选择要延伸的对象，或	
[栏选(F)/窗交(C)/投影(P)/边(E)/删除(R)/放弃(U)]：	//按 Enter 键

提示选项解释如下。

⊙　栏选（F）：使用"修剪"工具 ⊢ 修剪与线段 AB、CD 相交的多条线段，如图 5-53 所示。操作步骤如下。

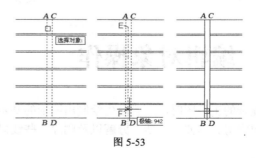

图 5-53

命令：_trim	//选择修剪命令 ⊢
当前设置:投影=UCS，边=无	
选择剪切边...	
选择对象或 <全部选择>：指定对角点：找到 2 个	//交叉框选选择线段 AB、CD 作为剪切边

```
选择对象:                                              //按 Enter 键
选择要修剪的对象，或按住 Shift 键选择要延伸的对象，或
[栏选(F)/窗交(C)/投影(P)/边(E)/删除(R)/放弃(U)]: F     //选择"栏选"选项
指定第一栏选点:                                        //在线段AB、CD中间多条线段的上端单击
指定下一个栏选点或 [放弃(U)]:                          //在下端单击，使栏选穿过需要修剪的线段
指定下一个栏选点或 [放弃(U)]:                          //按 Enter 键
选择要修剪的对象，或按住 Shift 键选择要延伸的对象，或
[栏选(F)/窗交(C)/投影(P)/边(E)/删除(R)/放弃(U)]:       //按 Enter 键
```

⊙　窗交（C）：使用"修剪"工具 ⊬ 修剪与圆相交的多条线段，如图 5-54 所示。操作步骤如下。

图 5-54

```
命令: _trim                                           //选择修剪命令 ⊬
当前设置:投影=UCS, 边=无
选择剪切边...
选择对象或 <全部选择>: 指定对角点: 找到 2 个          //交叉框选择两个圆弧作为剪切边
选择对象:                                              //按 Enter 键
选择要修剪的对象，或按住 Shift 键选择要延伸的对象，或
[栏选(F)/窗交(C)/投影(P)/边(E)/删除(R)/放弃(U)]: C     //选择"窗交"选项
指定第一个角点: 指定对角点:                            //单击确定窗交矩形的第一点和对角点
选择要修剪的对象，或按住 Shift 键选择要延伸的对象，或
[栏选(F)/窗交(C)/投影(P)/边(E)/删除(R)/放弃(U)]:       //按 Enter 键
```

注意　　某些要修剪的对象的交叉选择不确定。"修剪"命令将沿着矩形交叉窗口从第一个点以顺时针方向选择遇到的第一个对象。

⊙　投影（P）：指定修剪对象时 AutoCAD 使用的投影模式。输入字母"P"，按 Enter 键，AutoCAD 提示如下。

输入投影选项 [无(N)/UCS(U)/视图(V)] <UCS>:

⊙　无（N）：输入"N"，按 Enter 键，表示按三维方式修剪，该选项对只在空间相交的对象有效。

⊙　UCS（U）：输入"U"，按 Enter 键，表示在当前用户坐标系的 xy 平面上修剪，也可以在 xy 平面上按投影关系修剪在三维空间中没有相交的对象。

⊙　视图（V）：输入"V"，按 Enter 键，表示在当前视图平面上修剪。

⊙　边（E）：用来确定修剪方式。输入"E"，按 Enter 键，AutoCAD 提示如下。

输入隐含边延伸模式 [延伸(E)/不延伸(N)] <延伸>:

⊙　延伸（E）：输入"E"，按 Enter 键，则系统按照延伸方式修剪。如果剪切边界没有与被

剪切边相交，AutoCAD 会假设将剪切边界延长，然后再进行修剪。

　　◉　不延伸（N）：输入"N"，按 Enter 键，则系统按照剪切边界与剪切边的实际相交情况修剪。如果被剪边与剪切边没有相交，则不进行剪切。

　　◉　放弃（U）：输入"U"，按 Enter 键，放弃上一次的操作。

　　利用"修剪"工具 ⊢ 编辑图形对象时，按住 Shift 键进行选择，系统将执行"延伸"命令，将选择的对象延伸到剪切边界，如图 5-55 所示。

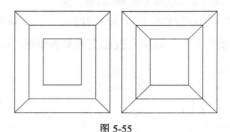

图 5-55

5.5.2　延伸对象

　　利用"延伸"命令可以将线段、曲线等对象延伸到一个边界对象，使其与边界对象相交。有时边界对象可能是隐含边界，这时对象延伸后并不与边界对象直接相交，而是与边界对象的隐含部分相交。

　　启用命令方法如下。

　　◉　工具栏："修改"工具栏中的"延伸"按钮 ⊣。

　　◉　菜单命令：修改>延伸。

　　◉　命令行：ex（extend）。

　　选择"修改>延伸"命令，启用"延伸"命令，将线段 A 延伸到线段 B，如图 5-56 所示，操作步骤如下。

命令: _extend	//选择延伸命令 ⊣
当前设置:投影=UCS，边=延伸	
选择边界的边...	
选择对象或 <全部选择>: 找到 1 个	//单击选择线段 B 作为延伸边
选择对象:	//按 Enter 键
选择要延伸的对象，或按住 Shift 键选择要修剪的对象，或	
[栏选(F)/窗交(C)/投影(P)/边(E)/放弃(U)]:	//在 A 点处单击线段 A
选择要延伸的对象，或按住 Shift 键选择要修剪的对象，或	
[栏选(F)/窗交(C)/投影(P)/边(E)/放弃(U)]:	//按 Enter 键

　　若线段 A 延伸后并不与线段 B 直接相交，而是与线段 B 的延长线相交，如图 5-57 所示，操作步骤如下。

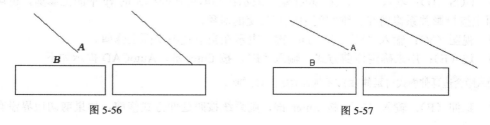

图 5-56　　　　　　　　　　　　　　　　　图 5-57

```
命令：_extend                                    //选择延伸命令
当前设置:投影=UCS,边=无
选择边界的边...
选择对象:找到 1 个                               //选择线段 B 作为延伸边
选择对象:                                        //按 Enter 键
选择要延伸的对象，或按住 Shift 键选择要修剪的对象，或
[栏选(F)/窗交(C)/投影(P)/边(E)/放弃(U)]:E        //选择"边"选项
输入隐含边延伸模式 [延伸(E)/不延伸(N)] <不延伸>:E  //选择"延伸"选项
选择要延伸的对象，或按住 Shift 键选择要修剪的对象，或
[栏选(F)/窗交(C)/投影(P)/边(E)/放弃(U)]:          //在 A 点处单击线段 A
选择要延伸的对象，或按住 Shift 键选择要修剪的对象，或
[栏选(F)/窗交(C)/投影(P)/边(E)/放弃(U)]:          //按 Enter 键
```

　　　　　　在使用"延伸"工具 编辑图形对象时，按住 Shift 键进行选择，系统将执行"修剪"命令，将选择的对象修剪掉。

5.5.3 打断对象

　　AutoCAD 提供了两种用于打断对象的命令："打断"命令和"打断于点"命令。可以进行打断操作的对象有直线、圆、圆弧、多段线、椭圆和样条曲线等。

　　1．"打断"命令

　　"打断"命令可将对象打断，并删除所选对象的一部分，从而将其分为两个部分。

　　启用命令方法如下。

⊙　工具栏："修改"工具栏中的"打断"按钮 。

⊙　菜单命令：修改>打断。

⊙　命令行：br（break）。

　　选择"修改>打断"命令，启用"打断"命令，将矩形上的直线打断，如图 5-58 所示，操作步骤如下。

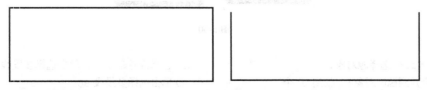

图 5-58

```
命令：_break 选择对象：               //选择打断命令 ，在矩形上单击选择端点位置
指定第二个打断点 或 [第一点(F)]：      //在另一个端点上单击
```

　　提示选项解释如下。

　　⊙　"指定第二个打断点"选项：在图形对象上选取第二点后，系统会将第一打断点与第二打断点间的部分删除。

　　⊙　"第一点（F）"选项：默认情况下，在对象选择时确定的点即为第一个打断点，若需要另外选择一点作为第一个打断点，则可以选择该选项，再单击确定第一打断点。

2．"打断于点"命令

"打断于点"命令用于打断所选的对象，使之成为两个对象，但不删除其中的部分。

单击"修改"工具栏中的"打断于点"按钮，启用"打断于点"命令，将多段线打断，如图 5-59 所示，操作步骤如下。

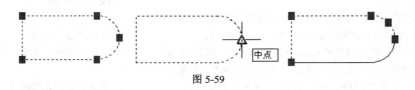

图 5-59

命令：_break 选择对象：	//选择打断于点命令，单击选择多段线
指定第二个打断点 或 [第一点(F)]：_f	
指定第一个打断点:<对象捕捉 开>	//在圆弧中点处单击确定打断点
指定第二个打断点：@	
命令：	//在多段线的上端单击，可发现多段线被分为两个部分

5.5.4　合并对象

利用"和并"命令可以将直线、多段线、圆弧、椭圆弧和样条曲线等独立的线段合并为一个对象。

启用命令方法如下。

⊙　工具栏："修改"工具栏中的"合并"按钮。

⊙　菜单命令：修改>合并。

⊙　命令行：j（join）。

选择"修改>合并"命令，启用"合并"命令，将多段线合并，如图 5-60 所示。操作步骤如下。

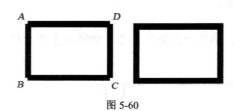

图 5-60

命令：_join 选择源对象：	//选择合并命令，单击选择多段线 *AB*
选择要合并到源的对象： 找到 1 个	//单击选择多段线 *BC*
选择要合并到源的对象： 找到 1 个，总计 2 个	//单击选择多段线 *CD*
选择要合并到源的对象： 找到 1 个，总计 3 个	//单击选择多段线 *AD*
选择要合并到源的对象：	//按 Enter 键
3 条线段已添加到多段线	

合并两条或多条圆弧或椭圆弧时，将从源对象开始按逆时针方向合并圆弧或椭圆弧。

5.5.5　分解对象

利用"分解"命令可以把复杂的图形对象或用户定义的块分解成简单的基本图形对象，以使编辑工具能够做进一步操作。

启用命令方法如下。

⊙　工具栏："修改"工具栏中的"分解"按钮圐。

⊙　菜单命令：修改>分解。

⊙　命令行：x（explode）。

选择"修改>分解"命令，启用"分解"命令，分解图形对象，其操作步骤如下。

命令：_explode	//选择分解命令圐
选择对象：	//单击选择正六边形
选择对象：	//按 Enter 键

正六边形在分解前是一个独立的图形对象；在分解后是由 6 条线段组成，如图 5-61 所示。

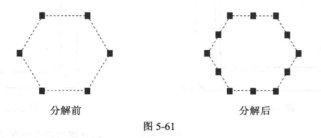

分解前　　　　　　　　　　　分解后

图 5-61

5.5.6　删除对象

利用"删除"命令，用户可以删除那些多余无用的图形对象。

启用命令方法如下。

⊙　工具栏："修改"工具栏中的"删除"按钮✐。

⊙　菜单命令：修改>删除。

⊙　命令行：erase。

选择"修改>删除"命令，启用"删除"命令，删除图形对象，操作步骤如下。

命令：_erase	//选择删除命令✐
选择对象：找到 1 个	//单击选择欲删除的图形对象
选择对象：	//按 Enter 键

用户也可以先选择欲删除的图形对象，然后按"删除"按钮✐或按 Delete 键。

5.6　倒角操作

倒角操作包括倒棱角和倒圆角。倒棱角是利用一条斜线连接两个对象；倒圆角是利用指定半径的圆弧光滑地连接两个对象。

5.6.1 课堂案例——绘制单人沙发图形

【案例学习目标】掌握并熟练运用圆角命令。

【案例知识要点】利用"多段线"命令、"矩形"命令、"圆角"命令绘制单人沙发图形,效果如图 5-62 所示。

【效果所在位置】光盘/Ch05/DWG/单人沙发。

(1)创建图形文件。选择"文件 > 新建"命令,弹出"选择样板"对话框,单击 打开(O) 按钮,创建新的图形文件。

(2)绘制多段线。选择"多段线"命令 ,打开"正交"开关,绘制沙发靠背图形,如图 5-63 所示。操作步骤如下。

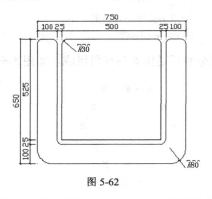

图 5-62

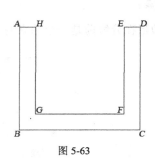

图 5-63

```
命令: _pline                                        //选择多段线命令
指定起点:                                           //单击确定 A 点
当前线宽为 0.0000
指定下一个点或 [圆弧(A)/半宽(H)/长度(L)/放弃(U)/宽度(W)]: 650
                                                    //将光标移到 A 点下侧,输入 AB 长度值
指定下一点或 [圆弧(A)/闭合(C)/半宽(H)/长度(L)/放弃(U)/宽度(W)]: 750
                                                    //将光标移到 B 点右侧,输入 BC 长度值
指定下一点或 [圆弧(A)/闭合(C)/半宽(H)/长度(L)/放弃(U)/宽度(W)]: 650
                                                    //将光标移到 C 点上侧,输入 CD 长度值
指定下一点或 [圆弧(A)/闭合(C)/半宽(H)/长度(L)/放弃(U)/宽度(W)]: 100
                                                    //将光标移到 D 点左侧,输入 DE 长度值
指定下一点或 [圆弧(A)/闭合(C)/半宽(H)/长度(L)/放弃(U)/宽度(W)]: 550
                                                    //将光标移到 E 点下侧,输入 EF 长度值
指定下一点或 [圆弧(A)/闭合(C)/半宽(H)/长度(L)/放弃(U)/宽度(W)]: 550
                                                    //将光标移到 F 点左侧,输入 FG 长度值
指定下一点或 [圆弧(A)/闭合(C)/半宽(H)/长度(L)/放弃(U)/宽度(W)]: 550
                                                    //将光标移到 G 点上侧,输入 GH 长度值
指定下一点或 [圆弧(A)/闭合(C)/半宽(H)/长度(L)/放弃(U)/宽度(W)]: C    //选择"闭合"选项
```

(3)绘制矩形。选择"矩形"命令 ,绘制沙发坐垫图形,如图 5-64 所示。操作步骤如下。

```
命令: _rectang                                      //选择矩形命令
指定第一个角点或 [倒角(C)/标高(E)/圆角(F)/厚度(T)/宽度(W)]: _from 基点: <偏移>: @25,25
                                                    //单击"对象捕捉"工具栏上的"捕
```

捉自"命令 🖰, 单击 A 点作为追
踪参考点, 输入偏移距离值

指定另一个角点或 [面积(A)/尺寸(D)/旋转（R）]: @500,525　　　//输入矩形另一角点的相对坐标

（4）绘制圆角。选择"圆角"命令🔲, 绘制沙发坐垫处圆角, 如图 5-66 所示。操作步骤如下。

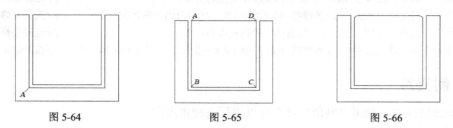

图 5-64　　　　　　　　　　图 5-65　　　　　　　　　　图 5-66

```
命令: _fillet                                             //选择圆角命令🔲
当前设置: 模式 = 修剪, 半径 = 0.0000
选择第一个对象或 [放弃(U)/多段线(P)/半径（R）/修剪(T)/多个(M)]: R    //选择"半径"选项
指定圆角半径 <0.0000>: 30                                  //输入半径值
选择第一个对象或 [放弃(U)/多段线(P)/半径（R）/修剪(T)/多个(M)]: M    //选择"多个"选项
选择第一个对象或 [放弃(U)/多段线(P)/半径（R）/修剪(T)/多个(M)]:      //选择图 5-65 所示直
                                                            线 AB
选择第二个对象, 或按住 Shift 键选择要应用角点的对象:           //选择直线 AD
选择第一个对象或 [放弃(U)/多段线(P)/半径（R）/修剪(T)/多个(M)]:      //选择直线 AD
选择第二个对象, 或按住 Shift 键选择要应用角点的对象:           //选择直线 CD
选择第一个对象或 [放弃(U)/多段线(P)/半径（R）/修剪(T)/多个(M)]:      //按 Enter 键
```

（5）绘制圆角。选择"圆角"命令🔲, 绘制沙发靠背处半径为 30 的圆角, 如图 5-67 所示。操作步骤如下。

```
命令: _fillet                                             //选择圆角命令🔲
当前设置: 模式 = 修剪, 半径 = 30.0000
选择第一个对象或 [放弃(U)/多段线(P)/半径（R）/修剪(T)/多个(M)]: p    //选择"多段线"选项
选择二维多段线:                                            //单击沙发靠背图形对象
8 条直线已被圆角                                           //显示圆角结果
```

（6）绘制圆角。选择"圆角"命令🔲, 绘制沙发靠背处半径为 80 的圆角, 完成后效果如图 5-68 所示。操作步骤如下。

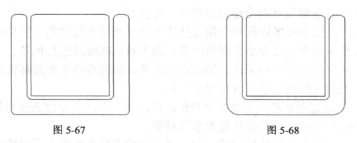

图 5-67　　　　　　　　　　图 5-68

```
命令: _fillet                                             //选择圆角命令🔲
当前设置: 模式 = 修剪, 半径 = 30.0000
```

```
选择第一个对象或 [放弃(U)/多段线(P)/半径（R）/修剪(T)/多个(M)]: R    //选择"半径"选项
指定圆角半径 <0.0000>: 80                                     //输入半径值
选择第一个对象或 [放弃(U)/多段线(P)/半径（R）/修剪(T)/多个(M)]: M    //选择"多个"选项
选择第一个对象或 [放弃(U)/多段线(P)/半径（R）/修剪(T)/多个(M)]:      //选择要修剪的直线
选择第二个对象，或按住 Shift 键选择要应用角点的对象:              //选择要修剪的直线
选择第一个对象或 [放弃(U)/多段线(P)/半径（R）/修剪(T)/多个(M)]:      //选择要修剪的直线
选择第二个对象，或按住 Shift 键选择要应用角点的对象:              //选择要修剪的直线
选择第一个对象或 [放弃(U)/多段线(P)/半径（R）/修剪(T)/多个(M)]:      //按 Enter 键
```

5.6.2　倒棱角

在 AutoCAD 中，利用"倒角"命令可以进行倒棱角操作。

启用命令方法如下。

⊙　工具栏："修改"工具栏中的"倒角"按钮 。

⊙　菜单命令：修改>倒角。

⊙　命令行：cha（chamfer）。

选择"修改>倒角"命令，启用"倒角"命令，然后在线段 *AB* 与线段 *AD* 之间绘制倒角，如图 5-69 所示，操作步骤如下。

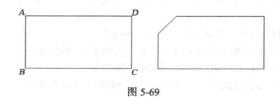

图 5-69

```
命令: _chamfer                           //选择倒角命令 
（"修剪"模式）当前倒角距离 1 = 0.0000，距离 2 = 0.0000
选择第一条直线或 [放弃(U)/多段线(P)/距离(D)/角度(A)/修剪(T)/方式(E)/多个(M)]: D
                                        //选择"距离"选项
指定第一个倒角距离 <0.0000>: 2            //输入第一条边的倒角距离值
指定第二个倒角距离 <2.0000>:              //按 Enter 键
选择第一条直线或 [放弃(U)/多段线(P)/距离(D)/角度(A)/修剪(T)/方式(E)/多个(M)]: //单击线段 AB
选择第二条直线，或按住 Shift 键选择要应用角点的直线:                    //单击线段 AD
```

提示选项解释如下。

⊙　放弃（U）：用于恢复在命令中执行的上一个操作。

⊙　多段线（P）：用于对多段线每个顶点处的相交直线段进行倒角，倒角将成为多段线中的新线段；如果多段线中包含的线段小于倒角距离，则不对这些线段进行倒角。

⊙　距离（D）：用于设置倒角至选定边端点的距离。如果将两个距离都设置为零，AutoCAD 将延伸或修剪相应的两条线段，使二者相交于一点。

⊙　角度（A）：通过设置第一条线的倒角距离以及第二条线的角度来进行倒角。

⊙　修剪（T）：用于控制倒角操作是否修剪对象。

⊙　方式（E）：用于控制倒角的方式，即选择通过设置倒角的两个距离或者通过设置一个距离和角度的方式来创建倒角。

⊙　多个（M）：用于为多个对象集进行倒角操作，此时 AutoCAD 将重复显示提示命令，可以按 Enter 键结束。

1．根据两个倒角距离绘制倒角

根据两个倒角距离可以绘制一个距离不等的倒角，如图 5-70 所示，操作步骤如下。

```
命令：_chamfer                                    //选择倒角命令⏎
（"修剪"模式）当前倒角距离 1 = 2.0000，距离 2 = 2.0000
选择第一条直线或 [放弃(U)/多段线(P)/距离(D)/角度(A)/修剪(T)/方式(E)/多个(M)]：D
                                                 //选择"距离"选项
指定第一个倒角距离 <0.0000>：2                     //输入第一条边的倒角距离值
指定第二个倒角距离 <2.0000>：4                     //输入第二条边的倒角距离值
选择第一条直线或 [放弃(U)/多段线(P)/距离(D)/角度(A)/修剪(T)/方式(E)/多个(M)]：
                                                 //单击选择左边垂直线段
选择第二条直线，或按住 Shift 键选择要应用角点的直线： //单击选择上边水平线段
```

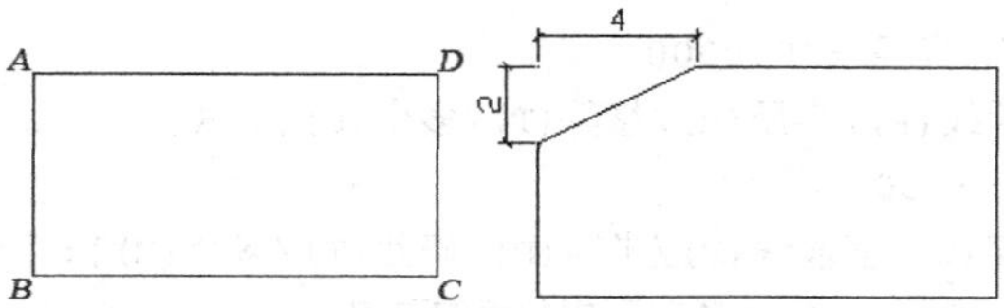

图 5-70

2．根据距离和角度绘制倒角

根据倒角的特点，有时需要通过设置第一条线的倒角距离以及第一条线的倒角角度来绘制倒角，如图 5-71 所示，其操作步骤如下。

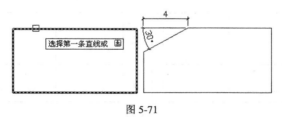

图 5-71

```
命令：_chamfer                                    //选择倒角命令⏎
（"修剪"模式）当前倒角距离 1 = 2.0000，距离 2 = 4.0000
选择第一条直线或 [多段线(P)/距离(D)/角度(A)/修剪(T)/方式(M)/多个(U)]：A
                                                 //选择"角度"选项
指定第一条直线的倒角长度 <0.0000>：4               //输入第一条线的倒角距离
指定第一条直线的倒角角度 <0>：30                   //输入倒角角度
选择第一条直线或 [放弃(U)/多段线(P)/距离(D)/角度(A)/修剪(T)/方式(E)/多个(M)]：
                                                 //单击选择上侧的水平线，如图 5-71 所示
选择第二条直线，或按住 Shift 键选择要应用角点的直线：//单击选择左侧与之相交的垂线
```

5.6.3　倒圆角

通过倒圆角可以方便、快速地在两个图形对象之间绘制光滑的过渡圆弧线。在 AutoCAD 中利用"圆角"命令即可进行倒圆角操作。

启用命令方法如下。

⊙　工具栏："修改"工具栏中的"圆角"按钮　。

⊙　菜单命令：修改>圆角。

⊙　命令行：f（fillet）。

选择"修改>圆角"命令，启用"圆角"命令，在线段 *AB* 与线段 *BC* 之间绘制圆角，如图 5-72 所示，操作步骤如下。

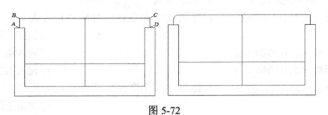

图 5-72

命令：_fillet	//选择圆角工具
当前设置：模式 = 修剪，半径 = 0.0000	
选择第一个对象或 [多段线(P)/半径(R)/修剪(T)/多个(U)]：R	//选择"半径"选项
指定圆角半径 <0.0000>：50	//输入圆角半径值
选择第一个对象或 [放弃(U)/多段线(P)/半径(R)/修剪(T)/多个(M)]：	//选择线段 *AB*
选择第二个对象，或按住 Shift 键选择要应用角点的对象：	//选择线段 *BC*

提示选项解释如下。

⊙　多段线（P）：用于在多段线的每个顶点处进行倒圆角。可以将整个多段线倒圆角，与倒角效果相同，如果多段线线段的距离小于圆角的距离，将不被倒圆角，效果如图 5-73 所示。操作步骤如下。

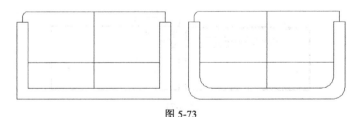

图 5-73

命令：_fillet	//选择圆角命令
当前设置：模式 = 修剪，半径 = 50.0000	
选择第一个对象或 [多段线(P)/半径(R)/修剪(T)/多个(U)]：R	//选择"半径"选项
指定圆角半径 <50.0000>：110	//输入圆角半径值
选择第一个对象或 [多段线(P)/半径(R)/修剪(T)/多个(U)]：P	//选择"多段线"选项
选择二维多段线：	//选择多段线
4 条直线已被圆角	
4 条 太短	//显示被圆角线段数量

⊙　半径（R）：用于设置圆角的半径。

提示　　按住 Shift 键并选择两条直线，可以快速创建零距离倒角或零半径圆角。

⊙　修剪（T）：用于控制倒圆角操作是否修剪对象。设置修剪对象时，圆角如图 5-74 中的 *A* 处所示；设置不修剪对象时，圆角如图 5-74 中的 *B* 处所示。操作步骤如下。

```
命令：_fillet                                                   //选择圆角命令⬚
当前设置：模式 = 修剪，半径 = 110.0000
选择第一个对象或 [放弃(U)/多段线(P)/半径(R)/修剪(T)/多个(M)]：R    //选择"半径"选项
指定圆角半径 <110.0000>：50                                      //输入半径值
选择第一个对象或 [放弃(U)/多段线(P)/半径(R)/修剪(T)/多个(M)]：T    //选择"修剪"选项
输入修剪模式选项 [修剪(T)/不修剪(N)] <修剪>：N                    //选择"不修剪"选项
选择第一个对象或 [放弃(U)/多段线(P)/半径(R)/修剪(T)/多个(M)]：     //单击上侧水平直线
选择第二个对象，或按住 Shift 键选择要应用角点的对象：             //单击与之相交的垂直直线
```

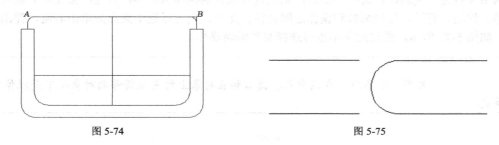

图 5-74　　　　　　　　　　　　　　　　　　　图 5-75

⊙　多个（M）：用于为多个对象集进行倒圆角操作，此时 AutoCAD 将重复显示提示命令，可以按 Enter 键结束。

用户还可以在两条平行线之间绘制倒圆角，如图 5-75 左图所示，选择圆角命令之后依次选择这两条平行线，效果如图 5-75 右图所示。对平行线倒圆角时，圆角的半径取决于平行线之间的距离，而与圆角所设置的半径无关。

5.7　利用夹点编辑图形对象

夹点是一些实心的小方框。使用定点设备指定对象时，对象关键点上将出现夹点。拖动这些夹点可以快速拉伸、移动、旋转、缩放或镜像对象。

5.7.1　利用夹点拉伸对象

利用夹点拉伸对象，与利用"拉伸"工具⬚拉伸对象的功能相似。在操作过程中，用户选中的夹点即为对象的拉伸点。

当选中的夹点是线条的端点时，用户将选中的夹点移动到新位置即可拉伸对象，如图 5-76 所示，操作步骤如下。

```
命令：                                        //单击选择直线 AB
命令：                                        //单击选择夹点 B
** 拉伸 **                                    //进入拉伸模式
指定拉伸点或 [基点(B)/复制(C)/放弃(U)/退出(X)]：  //将夹点 B 拉伸到直线 CD 的中点
```

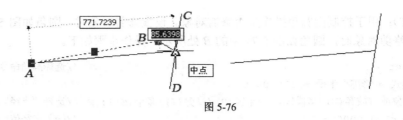

图 5-76

打开正交状态后就可以利用夹点拉伸方式很方便地改变水平或竖直线段的长度。

利用夹点进行编辑时，选中夹点后，系统直接默认的操作为拉伸，若连续按 Enter 键就可以在拉伸、移动、旋转、比例缩放和镜像之间切换。此外，也可以选中夹点后单击右键，弹出快捷菜单，如图 5-77 所示，通过此菜单也可选择某种编辑操作。

文字、块参照、直线中点、圆心和点对象上的夹点将移动对象而不是拉伸它。

图 5-77

5.7.2　利用夹点移动或复制对象

利用夹点移动、复制对象，与使用"移动"工具✛和"复制"工具📋移动、复制对象的功能相似。在操作过程中，用户选中的夹点即为对象的移动点，用户也可以指定其他点作为移动点。

利用夹点移动、复制对象，如图 5-78 所示，操作步骤如下。

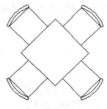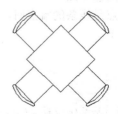

图 5-78

命令：指定对角点：	//矩形框选择桌椅图形
命令：	//单击选择任意夹点
** 拉伸 **	
指定拉伸点或 [基点(B)/复制(C)/放弃(U)/退出(X)]：_move	//单击右键，在弹出的快捷菜单中选择"移动"命令
** 移动 **	
指定移动点或 [基点(B)/复制(C)/放弃(U)/退出(X)]：C	//选择"复制"选项
** 移动（多重）**	
指定移动点或 [基点(B)/复制(C)/放弃(U)/退出(X)]：	//单击确定复制的位置
** 移动（多重）**	
指定移动点或 [基点(B)/复制(C)/放弃(U)/退出(X)]：X	//选择"退出"选项
命令：*取消*	//按Esc键

5.7.3 利用夹点旋转对象

利用夹点旋转对象，与利用"旋转"工具 ⟳ 旋转对象的功能相似。在操作过程中，用户选中的夹点即为对象的旋转中心，用户也可以指定其他点作为旋转中心。

利用夹点旋转对象，如图5-79所示，操作步骤如下。

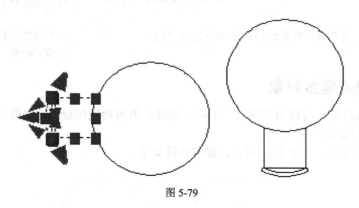

图 5-79

命令：指定对角点：	//交叉框选择椅子图形
命令：	//单击任意夹点
** 拉伸 **	
指定拉伸点或 [基点(B)/复制(C)/放弃(U)/退出(X)]：_rotate	//单击右键，弹出快捷菜单，选择"旋转"命令
** 旋转 **	
指定旋转角度或 [基点(B)/复制(C)/放弃(U)/参照(R)/退出(X)]：B	//选择"基点"选项
指定基点：	//捕捉桌子的圆心位置
** 旋转 **	
指定旋转角度或 [基点(B)/复制(C)/放弃(U)/参照(R)/退出(X)]：90	//输入选择角度
命令：*取消*	//按Esc键

5.7.4 利用夹点镜像对象

利用夹点镜像对象，与使用"镜像"工具 ⚏ 镜像对象的功能相似。在操作过程中，用户选中的夹点是镜像线的第一点，在选取第二点后，即可形成一条镜像线。

利用夹点镜像对象，如图 5-80 所示，操作步骤如下。

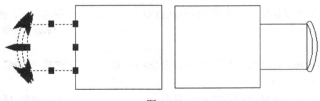

图 5-80

命令：指定对角点：	//交叉框选选择椅子图形
命令：	//单击任意夹点
** 拉伸 **	
指定拉伸点或 [基点(B)/复制(C)/放弃(U)/退出(X)]：_mirror	//单击右键，弹出快捷菜单，选择"镜像"命令
** 镜像 **	
指定第二点或 [基点(B)/复制(C)/放弃(U)/退出(X)]：B	//选择"基点"选项
指定基点：	//单击桌子上侧水平直线中点
** 镜像 **	
指定第二点或 [基点(B)/复制(C)/放弃(U)/退出(X)]：	//单击桌子下侧水平直线中点
命令：*取消*	//按 Esc 键

5.7.5　利用夹点缩放对象

利用夹点缩放对象，与使用"缩放"工具 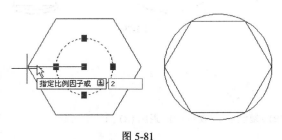 缩放对象的功能相似。在操作过程中，用户选中的夹点是缩放对象的基点。

利用夹点缩放对象，如图 5-81 所示，操作步骤如下。

图 5-81

命令：	//单击选择圆
命令：	//单击选择圆心处的夹点
** 拉伸 **	
指定拉伸点或 [基点(B)/复制(C)/放弃(U)/退出(X)]：_scale	//单击右键，弹出快捷菜单，选择"缩放"命令
** 比例缩放 **	
指定比例因子或 [基点(B)/复制(C)/放弃(U)/参照(R)/退出(X)]：2	//输入比例因子
命令：*取消*	//按 Esc 键

编辑图形对象属性

对象属性是指 AutoCAD 赋予图形对象的颜色、线型、图层、高度和文字样式等属性。例如，直线包含图层、线型和颜色等，而文本则具有图层、颜色、字体和字高等。编辑图形对象属性一般可利用"特性"命令，启用该命令后，会弹出"特性"对话框，通过此对话框可以编辑图形对象的各项属性。

编辑图形对象属性的另一种方法是利用"特性匹配"命令，该命令可以使被编辑对象的属性与指定对象的某些属性完全相同。

5.8.1 修改图形对象属性

"特性"对话框会列出选定对象或对象集的特性的当前设置。用户可以修改任何可以通过指定新值进行修改的特性。

启用命令方法如下。

- ⊙ 工具栏："标准"工具栏中的"特性"按钮 圖 。
- ⊙ 菜单命令："工具>特性"或"修改>特性"。
- ⊙ 命令行：properties。

下面通过简单的例子说明修改图形对象属性的操作过程。在该例子中需要将中心线的线型比例放大，如图 5-82 所示。

（1）选择要进行属性编辑的中心线。

（2）单击"标准"工具栏中的"特性"按钮 圖 ，弹出"特性"对话框，如图 5-83 所示。

图 5-82

图 5-83

根据所选对象不同，"特性"对话框中显示的属性项也不同，但有一些属性项目几乎是所有对象都拥有的，如颜色、图层和线型等。

当用户在绘图区选择单个对象时，"特性"对话框显示的是该对象的特性；若用户选择的是多个对象，"特性"对话框显示的是这些对象的共同属性。

（3）在绘图窗口中选择中心线，然后在"常规"选项组中，单击"线型比例"选项，接着在其右侧的数值框中设置该线型比例因子为"5"，并按 Enter 键，此时图形窗口中的中心线立即更新。

5.8.2　匹配图形对象属性

"特性匹配"命令是一个非常有用的编辑工具，利用此命令可将源对象的属性（如颜色、图层和线型等）传递给目标对象。

启用命令方法如下。

⊙　工具栏："标准"工具栏中的"特性匹配"按钮。

⊙　菜单命令：修改>特性匹配。

⊙　命令行：matchprop。

选择"修改>特性匹配"命令，启用"特性匹配"命令，编辑如图 5-84 所示的图形，操作步骤如下。

命令：'_matchprop	//选择特性匹配命令
选择源对象：	//选择中心线图形，如图 5-84 所示
当前活动设置：　颜色 图层 线型 线型比例 线宽 厚度 打印样式 文字 标注 填充图案	
多段线 视口 表格	
选择目标对象或 [设置(S)]：	//选择直线图形，如图 5-84 所示
选择目标对象或 [设置(S)]：	//按 Enter 键

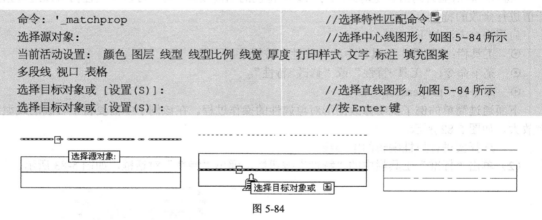

图 5-84

选择源对象后，光标将变成类似"刷子"的形状，此时可用此光标选取接受属性匹配的目标对象。

若用户仅想使目标对象的部分属性与源对象相同，可在命令提示行出现"选择目标对象或 [设置(S)]："时，输入字母"S"（即选择"设置"选项）。按 Enter 键，弹出"特性设置"对话框，如图 5-85 所示，用户从中设置相应的选项即可将其中的部分属性传递给目标对象。

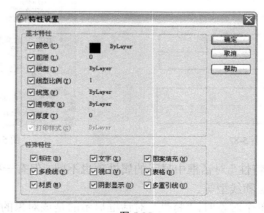

图 5-85

5.9　课堂练习——绘制衣柜图形

【练习知识要点】利用"矩形"工具▭、"矩形阵列"工具▦、"旋转"工具⟳完成衣柜图形的绘制，效果如图 5-86 所示。

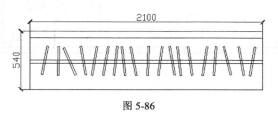

图 5-86

【效果所在位置】光盘/Ch05/DWG/衣柜。

5.10　课堂练习——绘制浴巾架图形

【练习知识要点】利用"直线"工具✎、"矩形"工具▭、"偏移"工具⬔、"圆角"工具◻完成浴巾架图形的绘制，效果如图 5-87 所示。

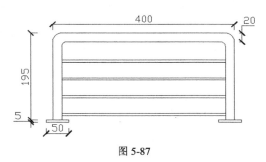

图 5-87

【效果所在位置】光盘/Ch05/DWG/浴巾架。

5.11　课后习题——住宅平面布置图

【习题知识要点】利用"移动"命令✛、"旋转"命令⟳、"镜像"命令⊿、"矩形"命令▭和"复制"命令⎘完成住宅楼平面布置图图形的绘制，效果如图 5-88 所示。

【效果所在位置】光盘/Ch05/DWG/住宅平面布置图。

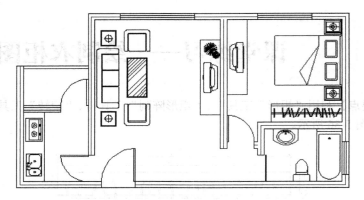

图 5-88

第6章 输入文字与应用表格

本章主要介绍文字和表格的使用方法及编辑技巧。本章介绍的知识可帮助用户学习如何在绘制好的图形上添加文字标注和文字说明，来表达一些图形所无法表达的信息。用户还可以在图框上建立标题栏、说明栏、会签栏等内容，这是完整的工程设计图纸必须有的内容。

课堂学习目标
- 创建文字样式
- 输入单行文字
- 输入多行文字
- 修改文字
- 创建表格
- 修改表格

6.1 文字样式

在图形中输入文字时，当前的文字样式会决定输入文字的字体、字号、角度、方向和其他文字特征。

6.1.1 文字概念

在学习文字的输入方法之前，首先需要掌握文字的一些基本概念。

1．文字的样式

文字样式是用来定义文字的各种参数的，如文字的字体、大小和倾斜角度等。AutoCAD图形中的所有文字都具有与之相关联的文字样式，默认情况下使用的文字样式是"Standard"，用户可以根据需要进行自定义。

2．文字的字体

文字的字体是指文字的不同书写格式。在建筑工程图中，汉字的字体通常采用仿宋体格式。

3．文字的高度

文字的高度即文字的大小，在工程图中通常采用 20、14、10、7、5、3.5 和 2.5 号这 7 种字体（字体的号数即字体的高度）。

4．文字的效果

在 AutoCAD 中用户可以控制文字的显示效果，如将文字上下颠倒、左右反向和垂直排列显示等。

5．文字的倾斜角度

一般情况下，工程图中的阿拉伯数字、罗马数字、拉丁字母和希腊字母常采用斜体字，即将字体倾斜一定的角度，通常是文字的字头向右倾斜，与水平线约成 75°。

6．文字的对齐方式

为了清晰、美观，文字要尽量对齐，AutoCAD 可以根据需要指定各种文字对齐方式来对齐输入的文字。

⊙ 文字的位置

在 AutoCAD 中，用户可以指定文字的位置，即文字在工程图中的书写位置。通常文字应该与所描述的图形对象平行，放置在其外部，并尽量不与图形的其他部分交叉，可用引线将文字引出。

6.1.2 创建文字样式

AutoCAD 图形中的所有文字都具有与之相关联的文字样式。默认情况下使用的文字样式为系统提供的"Standard"样式，根据绘图的要求可以修改或创建一种新的文字样式。

当在图形中输入文字时，AutoCAD 将使用当前的文字样式来设置文字的字体、高度、旋转角度和方向等。如果用户需要使用其他文字样式来创建文字，则需要将其设置为当前的文字样式。

AutoCAD 提供的"文字样式"命令可用来创建文字样式。启动"文字样式"命令后，系统将弹出"文字样式"对话框，从中可以创建或调用已有的文字样式。在创建新的文字样式时，可以根据需要来设置文字样式的名称、字体和效果等。

启用命令方法如下。

⊙ 工具栏："样式"工具栏中的"文字样式"按钮 。

⊙ 菜单命令：格式>文字样式。

⊙ 命令行：style。

选择"格式>文字样式"命令，启用"文字样式"命令，系统将弹出"文字样式"对话框，如图 6-1 所示。

单击 新建(N)... 按钮，弹出"新建文字样式"对话框，如图 6-2 所示。可以在"样式名"文本框中输入新样式的名称，最多可输入 255 个字符，包括字母、数字和特殊字符，例如美元符号"$"、下划线"_"和连字符"-"等。

图 6-1

图 6-2

单击 按钮，返回"文字样式"对话框，新样式的名称会出现在"样式"列表框中。此时可设置新样式的属性，如文字的字体、高度和效果等，完成后单击 应用(A) 按钮，可将其设置为当前文字样式。

1. 设置字体

在"字体"选项组中，用户可以设置字体的各种属性。勾选"使用大字体"复选框，对字体进行设置，如图 6-3 所示。

⊙ "字体"列表框：单击"SHX 字体"列表框右侧的 按钮，弹出下拉列表，如图 6-4 所示，从该下拉列表中可以选取合适的字体。

图 6-3   图 6-4

◎ "使用大字体"复选框：当用户在"字体名"下拉列表中选择"txt.shx"选项后，"使用大字体"复选框会被激活，处于可选状态。此时若选中"使用大字体"复选框，则"字体名"列表框会变为"SHX 字体"列表框，"字体样式"列表框将变为"大字体"列表框，这时可以选择大字体的样式。

在"大小"选项组中，用户可以设置字体的高度。

> 有时用户书写的中文汉字会显示为乱码或"？"符号，出现此现象的原因是用户选取的字体不恰当，该字体无法显示中文汉字，此时用户可在"字体名"下拉列表中选取合适的字体，如"仿宋_GB2312"，即可将其显示出来。

2．设置效果

"效果"选项组用于控制文字的效果。

◎ "颠倒"复选框：选择该复选框，可将文字上下颠倒显示，如图 6-5 所示。该选项仅作用于单行文字。

◎ "反向"复选框：选择该复选框，可将文字左右反向显示，如图 6-6 所示。该选项仅作用于单行文字。

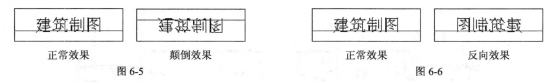

正常效果   颠倒效果   正常效果   反向效果
图 6-5   图 6-6

◎ "垂直"复选框：用于显示垂直方向的字符，如图 6-7 所示。"TrueType"字体和"符号"的垂直定位不可用，文字效果如图 6-8 所示。

图 6-7   图 6-8

⊙ "宽度因子"数值框：用于设置字符宽度。输入小于 1 的值将压缩文字；输入大于 1 的值则扩大文字，如图 6-9 所示。

宽度为 0.7 　　　　　　　　宽度为 1 　　　　　　　　宽度为 2

图 6-9

⊙ "倾斜角度"数值框：用于设置文字的倾斜角，可以输入一个 -85～85 之间的值，如图 6-10 所示。

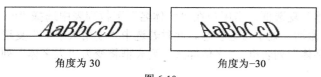

角度为 30 　　　　　　　　　角度为 -30

图 6-10

6.2　单行文字

单行文本是指 AutoCAD 将输入的每行文字作为一个对象来处理，其主要用于一些不需要多种字体的简短输入。

6.2.1　课堂案例——标注平面图中的房间名称和房间面积大小

【案例学习目标】掌握单行文字命令。

【案例知识要点】用"单行文字"命令标注房间名称和面积大小，效果如图 6-11 所示。

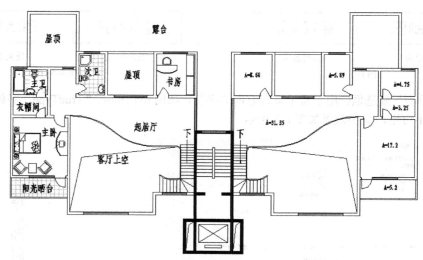

A型住宅二层平面图 1：150

图 6-11

【效果所在位置】光盘/Ch06/DWG/标注平面图中的房间名称和房间面积大小。

（1）打开图形文件。选择"文件>打开"命令，打开光盘文件中的"ch06>素材>住宅平面图"文件，如图 6-12 所示。

（2）设置文字样式。单击"样式"工具栏上"文字样式"命令右侧的 ☑ 按钮，弹出下拉列表，选择"仿宋 GB2312"选项。

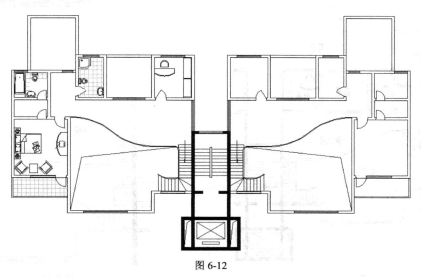

图 6-12

（3）输入单行文字。选择"绘图>文字>单行文字"命令，在平面图左侧的客厅中单击指定文字的插入点，输入文字"起居厅"，如图 6-13 所示。操作步骤如下。

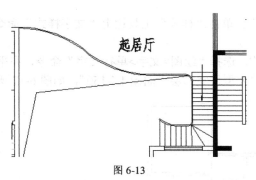

图 6-13

```
命令: _dtext                                          //选择单行文字菜单命令
当前文字样式: 仿宋 GB2312   当前文字高度: 2.5000        //显示当前文字样式
指定文字的起点或 [对正(J)/样式(S)]:                    //单击指定文字的插入点
指定高度 <2.5000>: 350                                //指定文字的新高度
指定文字的旋转角度 <0>:                                //按 Enter 键，输入文字，按
                                                       Ctrl+Enter 组合键退出
```

（4）输入其他房间的名称。根据步骤（3），利用单行文字功能，输入其他房间的名称，如图 6-14 所示。

（5）输入起居室面积。选择"绘图>文字>单行文字"命令，在平面图右侧的客厅中单击指定文字的插入点，输入文字"A=31.35"，如图 6-15 所示。操作步骤如下。

```
命令: _dtext                                          //选择单行文字菜单命令
当前文字样式: 仿宋GB2312  当前文字高度: 2.5000        //显示当前文字样式
指定文字的起点或 [对正(J)/样式(S)]:                    //单击指定文字的插入点
指定高度 <2.5000>: 250                                //指定文字的新高度
指定文字的旋转角度 <0>:                                //按 Enter 键, 输入文字, 按
                                                       Ctrl+Enter 组合键退出
```

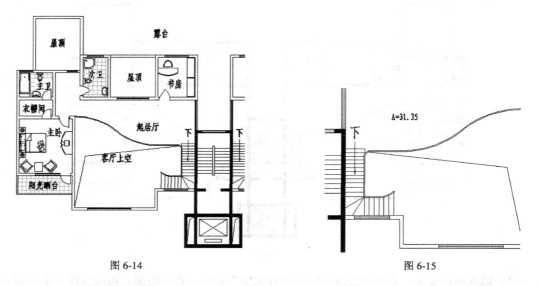

图 6-14　　　　　　　　　　　　　　　　　　图 6-15

　　（6）输入其他房间的面积。根据步骤（5），利用单行文字功能，输入其他房间的面积，如图 6-16 所示。

　　（7）设置新的文字样式。单击"样式"工具栏上"文字样式"命令右侧的 ▾ 按钮，弹出下拉列表，选择"黑体"。

　　（8）输入图形文件名称。选择"绘图>文字>单行文字"命令，在平面图形的中下方单击指定文字的插入点，输入文字"A 型住宅二层平面图 1：150"，如图 6-17 所示。操作步骤如下。

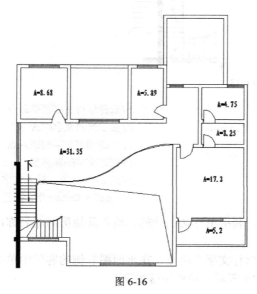

图 6-16

A型住宅二层平面图 1：150

图 6-17

命令：_dtext	//选择单行文字菜单命令
当前文字样式： 黑体 当前文字高度： 2.5000	//显示当前文字样式
指定文字的起点或 [对正(J)/样式(S)]:	//单击指定文字的插入点
指定高度 <2.5000>: 450	//指定文字的新高度
指定文字的旋转角度 <0>: //按 Enter 键，输入文字，按 Ctrl+Enter 组合键退出	
命令：_dtext	//选择单行文字菜单命令
当前文字样式： 黑体 当前文字高度： 2.5000	//显示当前文字样式
指定文字的起点或 [对正(J)/样式(S)]:	//单击指定文字的插入点
指定高度 <2.5000>: 350	//指定文字的新高度
指定文字的旋转角度 <0>:	//按 Enter 键，输入文字，按 Ctrl+Enter 组合键退出

（9）绘制图形名称的下直线。选择"直线"命令✍，在图形名称文字下绘制一条直线。选择"偏移"命令🗐，偏移出下一条直线，如图 6-18 所示。

A型住宅二层平面图 1：150

图 6-18

6.2.2 创建单行文字

利用"单行文字"命令可创建单行或多行文字，按 Enter 键可结束每行。每行文字都是独立的对象，可以重新定位、调整格式或进行其他修改。

启用命令方法如下。

◉ 菜单命令：绘图>文字>单行文字。

◉ 命令行：text 或 dtext。

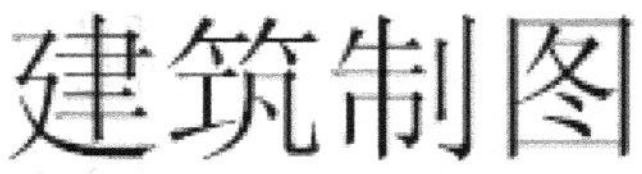

选择"绘图>文字>单行文字"命令，启用"单行文字"命令，

图 6-19

在绘图窗口中单击以确定文字的插入点，然后设置文字的高度和旋转角度，当插入点变成"▮"形式时，直接输入文字，如图 6-19 所示，操作步骤如下。

命令：_dtext	//选择单行文字菜单命令
当前文字样式： Standard 当前文字高度： 2.5000	
指定文字的起点或 [对正(J)/样式(S)]:	//单击确认文字的插入点
指定高度 <2.5000>:	//按 Enter 键
指定文字的旋转角度 <0>:	//按 Enter 键，输入文字，按 Ctrl+Enter 组合键退出

命令选项解释如下。

◉ 对正（J）：用于控制文字的对齐方式。在命令行中输入字母"J"，按 Enter 键，命令提示窗口会出现多种文字对齐方式，用户可以从中选取合适的一种。下一节将详细讲解文字的对齐方式。

◉ 样式（S）：用于控制文字的样式。在命令行中输入字母"S"，按 Enter 键，命令提示窗口会出现"输入样式名或 [?] <Standard>:"，此时可以输入所要使用的样式名称，或者输入符号"?"，列出所有文字样式及其参数。

> 在默认情况下，利用单行文字工具输入文字时使用的文字样式是"Standard"，字体是"txt.shx"。若需要其他字体，可先创建或选择适当的文字样式，再进行输入。

6.2.3　设置对齐方式

AutoCAD 为文字定义了 4 条定位线：顶线、中线、基线、底线，以便确定文字的对齐位置，如图 6-20 所示。

在创建单行文字的过程中，当命令行出现"指定文字的起点 [对正（J）/样式（S）]："时，若输入字母"J"（选择"对正"选项），按 Enter 键，则可指定文字的对齐方式，此时命令提示窗口出现如下信息。

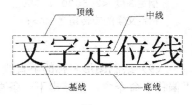

图 6-20

> "输入选项
> [对齐(A)/调整(F)/中心(C)/中间(M)/右(R)/左上(TL)/中上(TC)/右上(TR)/左中(ML)/正中(MC)/右中(MR)/左下(BL)/中下(BC)/右下(BR)]:"

命令选项解释如下。

⊙　对齐（A）：通过指定文字的起始点、结束点来设置文字的高度和方向，文字将均匀地排列于起始点与结束点之间，文字的高度将按比例自动调整，如图 6-21 所示。

⊙　调整（F）：需要指定文字的起始点、结束点和高度，文字将均匀地排列于起始点与结束点之间，而文字的高度保持不变，如图 6-22 所示。

图 6-21　　　　　　　　　　　　　　　　图 6-22

⊙　中心（C）：从基线的水平中心对齐文字，此基线是由用户给出的点指定的。

⊙　中间（M）：文字在基线的水平中点和指定高度的垂直中点上对齐，中间对齐的文字不保持在基线上。

⊙　右（R）：在由用户给出的点指定的基线上右对正文字。

⊙　左上（TL）：以指定为文字顶点的点上左对正文字。

以下各选项只适用于水平方向的文字。

⊙　中上（TC）：以指定为文字顶点的点居中对正文字。

⊙　右上（TR）：以指定为文字顶点的点右对正文字。

⊙　左中（ML）：以指定为文字中间点的点上靠左对正文字。

⊙　正中（MC）：在文字的中央水平和垂直居中对正文字。

⊙　右中（MR）：以指定为文字中间点的点右对正文字。

⊙ 左下（BL）：以指定为基线的点左对正文字。

⊙ 中下（BC）：以指定为基线的点居中对正文字。

⊙ 右下（BR）：以指定为基线的点靠右对正文字。

各基点的位置如图 6-23 所示。

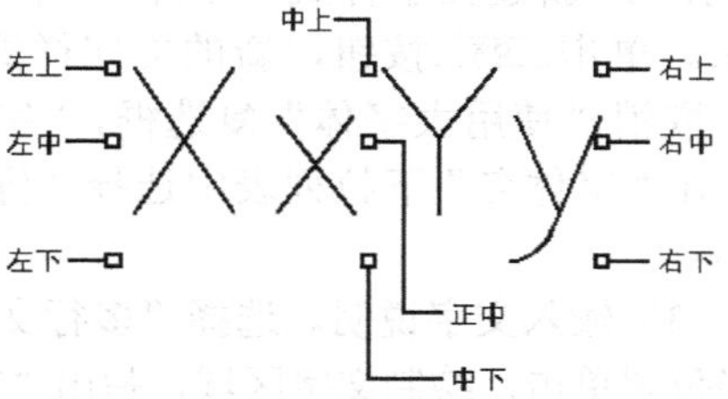

图 6-23

6.2.4 输入特殊字符

创建单行文字时，用户还可以在文字中输入特殊字符，例如直径符号ϕ、百分号%、正负公差符号±、文字的上划线、下划线等，但是这些特殊符号一般不能从键盘上直接输入，为此系统提供了专用的代码。代码是由“%%”与一个字符组成的，如%%C、%%D、%%P 等。表 6-1 是系统提供的特殊字符的代码。

表 6–1

代码	对应字符	输入效果
%%O	上划线	$\overline{\text{名称}}$
%%U	下划线	$\underline{\text{名称}}$
%%D	度数符号“°”	60°
%%P	公差符号“±”	±60
%%C	圆直径标注符号“Ø”	ϕ60
%%%	百分号“%”	60 %

6.3 多行文字

对带有内部格式的较长的文字，可以利用“多行文字”命令来输入。利用“多行文字”命令输入文本时，可以指定文字分布的宽度，也可以在多行文字中单独设置其中某个字符或某一部分文字的属性。

6.3.1 课堂案例——输入文字说明

【案例学习目标】掌握多行文字命令。

【案例知识要点】用“多行文字”工具输入文字说明，效果如图 6-24 所示。

【效果所在位置】光盘/Ch06/DWG/文字说明。

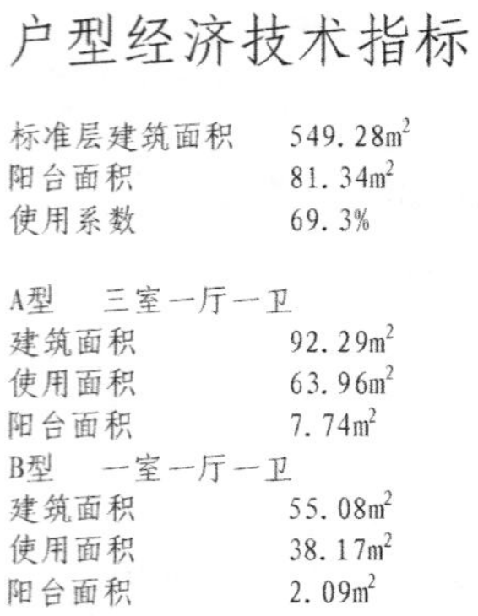

户型经济技术指标

标准层建筑面积　　549.28m²
阳台面积　　　　　81.34m²
使用系数　　　　　69.3%

A型　　三室一厅一卫
建筑面积　　　　　92.29m²
使用面积　　　　　63.96m²
阳台面积　　　　　7.74m²
B型　　一室一厅一卫
建筑面积　　　　　55.08m²
使用面积　　　　　38.17m²
阳台面积　　　　　2.09m²

图 6-24

（1）创建图形文件。选择"文件 > 新建"命令，弹出"选择样板"对话框，单击 打开(O) 按钮，创建新的图形文件。

（2）设置文字样式。选择"样式"工具栏上的"文字样式"命令 A，弹出"文字样式"对话框，如图 6-25 所示。单击 新建(N)... 按钮，弹出"新建文字样式"对话框，输入新的文字样式名，如图 6-26 所示。单击 确定 按钮，新的文字样式名会显示在"样式"列表框中。取消"使用大字体"复选框，"字体"选项组变成如图 6-27 所示。在"字体名"下拉列表中选择"仿宋 GB2312"选项，如图 6-28 所示。

（3）输入文字说明。选择"多行文字"命令 A，在绘图窗口中的适当位置单击，绘制文字区域，弹出"在位文字编辑器"，在"在位文字编辑器"的"文字输入"框中输入文字，如图 6-29 所示。

图 6-25

图 6-26

图 6-27

图 6-28

（4）输入数字和单位。将光标移动到"标准层建筑面积"后，按 Tab 键，空出一段距离，输入"549.28 m 2^"，选中"2^"，如图 6-30 所示。单击"文字格式"工具栏上的"堆叠"按钮 ，文字变成"549.28 m²"。根据上述步骤，依次输入其余数字和单位。完成后效果如图 6-31 所示。

（5）更改文字高度。在"文字输入"框中，选中文字"户型经济技术指标"，在"文字格式"工具栏的"文字高度"选项的文本框中输入新的高度值"4.5"，完成后效果如图 6-32 所示。单击工具栏上的 确定 按钮，完成文字的输入。

图 6-29

图 6-30

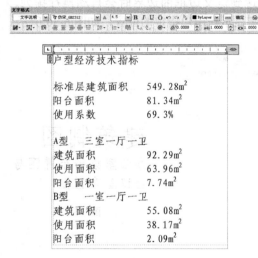

图 6-31

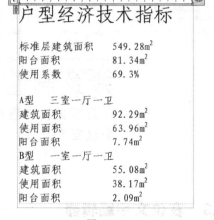

图 6-32

6.3.2 创建多行文字

用户可以在"在位文字编辑器"中或利用命令提示窗口上的提示创建一个或多个多行文字段落。

启用命令方法如下。

⊙ 工具栏:"绘图"工具栏中的"多行文字"按钮 A。

⊙ 菜单命令:绘图>文字>多行文字。

⊙ 命令行:mtext。

选择"绘图>文字>多行文字"命令,启用"多行文字"命令,光标变为"⊹abc"的形式。在绘图窗口中,单击指定一点并向右下方拖动鼠标绘制出一个矩形框,如图 6-33 所示。

图 6-33

绘图区内出现的矩形方框用于指定多行文字的输入位置与大小，其箭头指示文字书写的方向。

拖动鼠标到适当的位置后单击，弹出包括一个顶部带标尺的"文字输入"框和"文字格式"工具栏的"在位文字编辑器"，如图 6-34 所示。

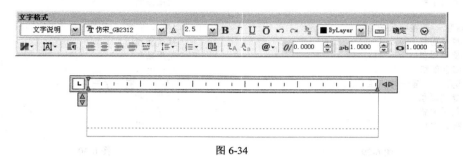

图 6-34

在"文字输入"框中输入需要的文字，当文字达到定义边框的边界时会自动换行排列，如图 6-35 所示。输入完毕后，单击 确定 按钮，此时文字显示在用户指定的位置，如图 6-36 所示。

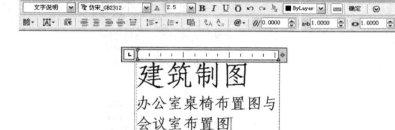

图 6-35

建筑制图
办公室桌椅布置图与
会议室布置图

图 6-36

6.3.3　在位文字编辑器

在位文字编辑器用于创建或修改多行文字对象，也可用于从其他文件输入或粘贴文字以创建多行文字。它包括了一个顶部带标尺的"文字输入"框和"文字格式"工具栏，如图 6-37 所示。当选定表格单元进行编辑时，在位文字编辑器还将显示列字母和行号。

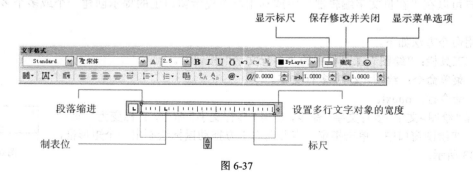

图 6-37

系统默认情况下，在位文字编辑器是透明的，因此用户在创建文字时可看到文字是否与其他对象重叠。

6.3.4 设置文字的字体与高度

"文字格式"工具栏控制多行文字对象的文字样式和选定文字的字符格式。

工具栏选项解释如下。

⊙ "样式"下拉列表框：单击"样式"下拉列表框右侧的▽按钮，弹出下拉列表，从中可以向多行文字对象应用文字样式。

⊙ "字体"下拉列表框：单击"字体"下拉列表框右侧的▽按钮，弹出下拉列表，从中可以为新输入的文字指定字体或改变选定文字的字体。

⊙ "注释性"按钮▲：打开或关闭当前多行文字对象的"注释性"。

⊙ "字体高度"下拉列表框：单击"字体高度"下拉列表框右侧的▽按钮，弹出下拉列表，从中可以按图形单位设置新文字的字符高度或修改选定文字的高度。

⊙ "粗体"按钮 B：若所选的字体支持粗体，则单击"粗体"按钮 B，可为新建文字或选定文字打开和关闭粗体格式。

⊙ "斜体"按钮 I：若所选的字体支持斜体，则单击"斜体"按钮 I，可为新建文字或选定文字打开和关闭斜体格式。

⊙ "下划线"按钮 U：单击"下划线"按钮 U，为新建文字或选定文字打开和关闭下画线。

⊙ "上划线"按钮 O：单击"上划线"按钮 O，为新建文字或选定文字打开和关闭上画线。

⊙ "放弃"按钮 ↺与"重做"按钮 ↻：用于在"在位文字编辑器"中放弃和重做操作，也可以按 Ctrl+Z 组合键与 Ctrl+Y 组合键来完成。

⊙ "堆叠"按钮 ⅛：用于创建堆叠文字，如尺寸公差。当选择的文字中包含堆叠字符，如插入符 （^）、正向斜杠 （/） 和磅符号 （#）时，单击该按钮，堆叠字符左侧的文字将堆叠在字符右侧的文字之上；再次单击该按钮可以取消堆叠。

⊙ "文字颜色"下拉列表框：用于为新输入的文字指定颜色或修改选定文字的颜色。

⊙ "标尺"按钮：用于在编辑器顶部显示或隐藏标尺。拖动标尺末尾的箭头可更改多行文字对象的宽度。

⊙ 确定 按钮：用于关闭编辑器并保存所做的任何修改。

在编辑器外部的图形中单击或按 Ctrl+Enter 组合键，也可关闭编辑器并保存所做的任何修改。要关闭"在位文字编辑器"而不保存修改，按 Esc 键。

⊙ "多行文字对正"按钮 Ⓐ：显示"多行文字对正"菜单，并且有9个对齐选项可用。

⊙ "段落"按钮 ▤：显示"段落"对话框，可以设置其中的各个参数。

"左对齐"按钮 ▤：用于设置文字边界左对齐。

⊙ "居中"按钮 ▤：用于设置文字边界居中对齐。

⊙ "右对齐"按钮 ▤：用于设置文字边界右对齐。

⊙ "对正"按钮 ▤：用于设置文字对齐。

⊙ "分布"按钮 ▦：用于设置文字沿文本框长度均匀分布。

⊙ "行距"按钮 ▤：弹出行距下拉菜单，显示建议的行距选项或"段落"对话框，用于设置文字行距。

⊙ "编号"按钮 ▤：弹出编号下拉菜单，用于使用编号创建列表。

要使用小写字母创建列表，可在编辑器上单击鼠标右键，弹出快捷菜单，选择"项目符号和列表 > 以字母标记 > 小写"命令。

⊙ "插入字段"按钮：单击"插入字段"按钮，会弹出"字段"对话框，如图 6-38 所示。从中可以选择要插入到文字中的字段。关闭该对话框后，字段的当前值将显示在文字中。

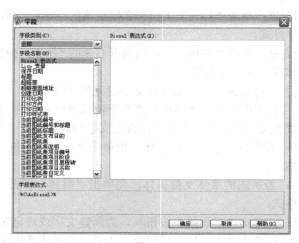

图 6-38

⊙ "全部大写"按钮：用于将选定文字更改为大写。

⊙ "小写"按钮：用于将选定文字更改为小写。

⊙ "符号"按钮：用于在光标位置插入符号或不间断空格。也可以手动插入符号。

⊙ "倾斜角度"列表框：用于确定文字是向右倾斜还是向左倾斜。 倾斜角度表示的是相对于 90°角方向的偏移角度。可输入一个–85～85 之间的数值使文字倾斜。倾斜角度值为正时文字向右倾斜；倾斜角度值为负时文字向左倾斜，如图 6-39 所示。

⊙ "追踪"列表框：用于增大或减小选定字符之间的空间。默认设置是常规间距"1.0"。设置大于 1.0 可增大字符间距；反之则减小间距，如图 6-40 所示。

AaBb	*AaBb*	AaBb	A a B b
倾斜角度值为-15	倾斜角度值为 15	追踪值为 1.0	追踪值为 2.0

图 6-39 　　　　　　　　　　　　　　　　　图 6-40

⊙ "宽度因子"列表框：用于扩展或收缩选定字符。默认的 1.0 设置代表此字体中字母的常规宽度。设置大于 1.0 可以增大该宽度；反之则减小该宽度，如图 6-41 所示。

AaBb	**AaBb**
宽度比例为 1.0	宽度比例为 2.0

图 6-41

⊙ "选项"按钮：用于显示选项下拉菜单，如图 6-42 所示。控制"文字格式"工具栏的显示并提供了其他编辑命令。

⊙ "输入文字"命令：单击"输入文字"命令，会弹出"选择文件"对话框。输入的文字会保留原始字符格式和样式特性，但用户可以在编辑器中编辑输入的文字并设置其格式。选择要输入的文本文件后，可以替换选定的文字或全部文字，或在文字边界内将插入的文字附加到选定的文字中。

图 6-42

6.3.5 输入特殊字符

利用"多行文字"命令可以输入相应的特殊字符。

在"文字格式"工具栏中单击"符号"按钮 @·，或者在"文字输入"框中单击鼠标右键，在"符号"选项的子菜单中将列出多种特殊符号供用户选择使用，如图 6-43 所示。每个选项命令的后面都会标明符号的输入方法，其表示方式与在单行文字中输入特殊字符的表示方式相同。

如果不能找到需要的符号，可以选择"其他"菜单命令，此时会弹出"字符映射表"对话框，并在列表中显示各种符号，如图 6-44 所示。

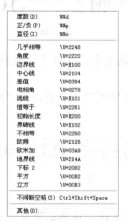

图 6-43

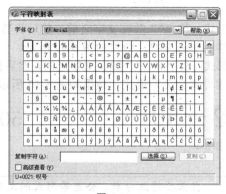

图 6-44

利用"字符映射表"对话框选择字符，操作步骤如下。

（1）在对话框的"字体"下拉列表中选择需要的字符字体。

（2）在列表框内选择需要的字符，然后单击 选择(S) 按钮，所选字符将会出现在"复制字符"文本框中，如图 6-45 所示。

（3）单击 复制(C) 按钮，复制所选的字符。单击绘图窗口，返回到"文字输入"框，在需要插入字符的位置单击，按 Ctrl+V 组合键，将字符粘贴在需要的位置上，效果如图 6-46 所示。

图 6-45

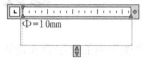

图 6-46

153

（4）在 AutoCAD 中，关闭"在位文字编辑器"后，"字符映射表"对话框不会关闭，单击对话框右上角的"关闭"按钮可以关闭该对话框。

6.3.6　输入分数与公差

"文字格式"对话框中的"堆叠"按钮⤴，用于设置有分数、公差等形式的文字。通常可使用"/"、"^"或"#"等符号设置文字的堆叠形式。

文字的堆叠形式如下。

⊙　分数形式：使用"/"或"#"连接分子与分母，然后选择分数文字，单击"堆叠"按钮⤴，即可显示为分数的表示形式，效果如图 6-47 所示。

⊙　上标形式：使用字符"^"标识文字，将"^"放在文字之后，然后将其与文字都选中，并单击"堆叠"按钮⤴，即可设置所选文字为上标字符，效果如图 6-48 所示。

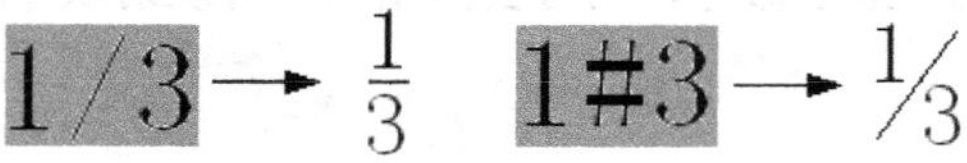

$$1/3 \rightarrow \frac{1}{3} \quad 1\#3 \rightarrow \frac{1}{3} \quad 50M2^{\wedge} \rightarrow 50M^2$$

图 6-47 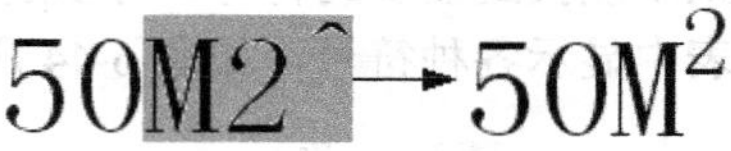　　　　　　　　　　　　　　　　图 6-48

⊙　下标形式：将"^"放在文字之前，然后将其与文字都选中，并单击"堆叠"按钮⤴，即可设置所选文字为下标字符，效果如图 6-49 所示。

⊙　公差形式：将字符"^"放在文字之间，然后将其与文字都选中，并单击"堆叠"按钮⤴，即可将所选文字设置为公差形式，效果如图 6-50 所示。

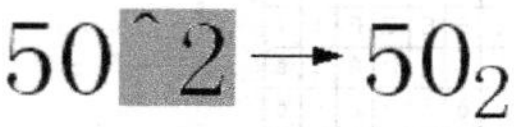

$$50^{\wedge}2 \rightarrow 50_2 \qquad\qquad 50+0.01^{\wedge}-0.05 \rightarrow 50^{+0.01}_{-0.05}$$

图 6-49 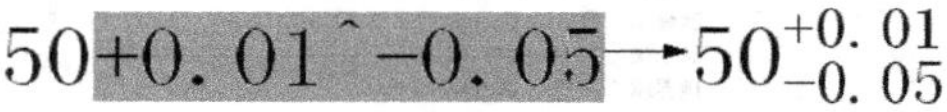　　　　　　　　　　　　　　　　图 6-50

> **提示**　当需要修改分数、公差等形式的文字时，可选择已堆叠的文字，单击鼠标右键，选择"堆叠特性"命令，弹出"堆叠特性"对话框，如图 6-51 所示。对需要修改的选项进行修改，然后单击　确定　按钮，确认修改。

图 6-51

6.4　修改文字

当用户发现图形中的文字存在错误时，可以对该文字进行修改。AutoCAD 为用户提供了修改文字的命令。

6.4.1 修改单行文字

对于利用"单行文字"工具输入的文字，用户可以对文字的内容、字体、字体样式和对正方式等特性进行修改，也可以利用删除、复制和旋转等编辑工具对其进行编辑。

1. 修改单行文字的内容

启用命令方法如下。

⊙ 菜单命令：修改>对象>文字>编辑。

启用单行文字的编辑命令，直接在"文字"文本框中修改文字内容，完成后按 Enter 键。

 直接双击要修改的单行文字对象，也可以启用单行文字的编辑命令。

2. 缩放文字大小

选择"修改 > 对象 > 文字 > 比例"命令，光标变为拾取框，选择要修改的文字对象并进行确定。在命令提示窗口中会提示确定基点，输入数值进行缩放，效果如图 6-52 所示。操作步骤如下。

图 6-52

```
命令：_scaletext                                       //选择比例菜单命令
选择对象：找到 1 个                                     //单击选择文字"建筑制图"
选择对象：                                             //按 Enter 键
输入缩放的基点选项
[现有(E)/左(L)/中心(C)/中间(M)/右(R)/左上(TL)/中上(TC)/右上(TR)/左中(ML)/
正中(MC)/右中(MR)/左下(BL)/中下(BC)/右下(BR)] <现有>：    //按 Enter 键
指定新高度或 [匹配对象(M)/缩放比例(S)] <0.2>：0.1        //输入新高度值
```

 输入数值比默认数值小时，为缩小文字；输入数值比默认数值大时，为放大文字。提示中显示的默认值即为设置文字样式时文字的高度值。

3. 修改文字的对正方式

选择"修改>对象>文字>对正"命令，光标变为拾取框，选择要修改的文字对象并进行确定。命令提示窗口中会提示对正方式，选择需要的对正方式即可，效果如图 6-53 所示。操作步骤如下。

图 6-53

```
命令：_justifytext                                              //选择对正菜单命令
选择对象：找到 1 个                                             //单击选择文字对象
选择对象：                                                     //按 Enter 键
输入对正选项
[左(L)/对齐(A)/调整(F)/中心(C)/中间(M)/右(R)/左上(TL)/中上(TC)/右上(TR)/左中(ML)
/正中(MC)/右中(MR)/左下(BL)/中下(BC)/右下(BR)] <左下>：MC              //选择"正中"选项
```

技巧 文字对象在基线左下角和对齐点有夹点，可用于移动、缩放和旋转操作。

4．使用对象特性管理器编辑文字

打开"特性"对话框，选择文字时，对话框中会显示与文字相关的信息，如图 6-54 所示。用户可以直接在该对话框中修改文字内容、文字样式、对正和高度等特性，效果如图 6-55 所示。

图 6-54

图 6-55

6.4.2 修改多行文字

可以利用"在位文字编辑器"来修改多行文字的内容。

启用命令方法如下。

⊙ 菜单命令：修改>对象>文字>编辑。

选择"修改>对象>文字>编辑"命令，启用多行文字的编辑命令后，弹出"文字格式"工具栏和"文字输入"框，如图 6-56 所示。在"文字输入"框内可对文字的内容、字体、大小、样式和颜色特性等进行修改。

图 6-56

提示 　　直接双击要修改的多行文字对象，也可弹出在位文字编辑器，从而对文字进行修改。

6.5 表格应用

6.5.1 课堂案例——填写灯具明细表

【案例学习目标】掌握并熟练运用表格命令。

【案例知识要点】填写灯具明细表，效果如图 6-57 所示。

【效果所在位置】光盘/Ch06/DWG/灯具明细表。

灯具明细表					
代号	图标	名称	尺寸	位置	备注
L1	▱	日光灯格栅	600×1200	办公区域	2 支冷光1 支暖光
L2	▱	日光灯格栅	600×600		2 支冷光1 支暖光
L3	⊕ "L"	蓄电照灯	Ø150		应急使用
L4	⊕ "W"	八寸智能筒灯			
L5	⊕	筒灯	Ø150	走廊	

图 6-57

（1）打开图形文件。选择"文件>打开"命令，打开光盘文件中的"ch06>素材>灯具明细表"文件，如图 6-58 所示。

图 6-58

（2）输入"标题"单元格文字。双击"标题"单元格，弹出"文字格式"工具栏，同时显示表格的列字母和行号，光标变成文字光标，如图 6-59 所示。在"文字格式"工具栏上设置文字的样式、字体和颜色等，这时可以在表格单元格中输入相应的文字"灯具明细表"，如图 6-60 所示。

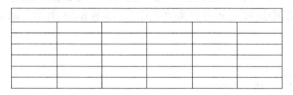

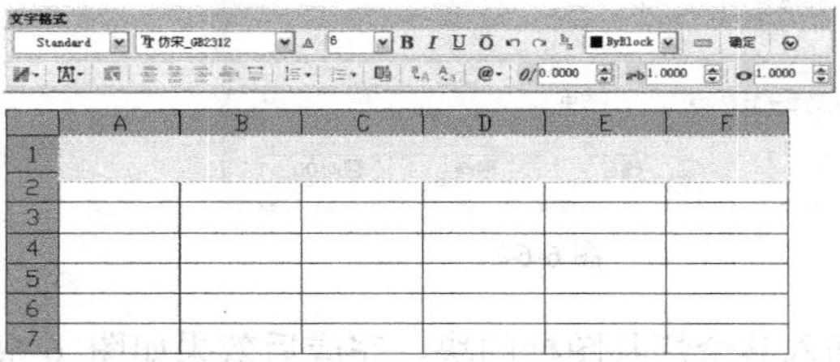

图 6-59 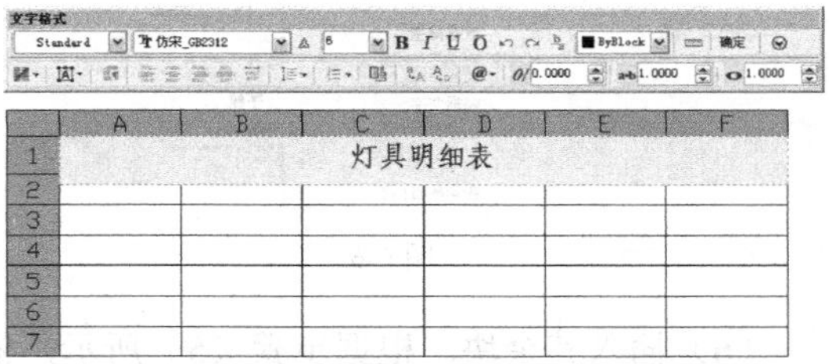　　　　　　　　　　　　　　　　图 6-60

（3）输入"列标题"单元格文字。按 Tab 键，转行到下一个单元格，输入"列标题"单元格文字"代号"，如图 6-61 所示。

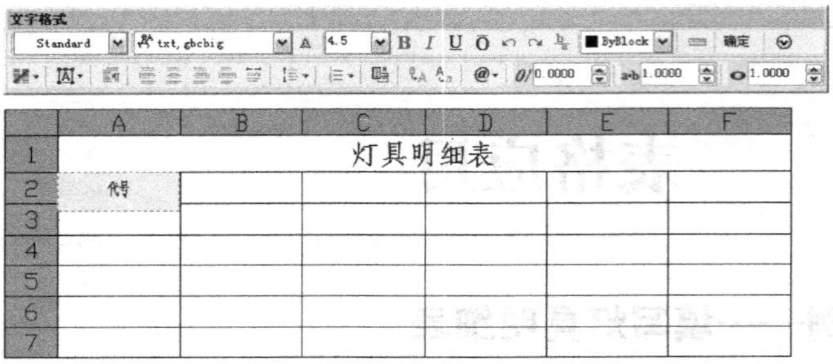

图 6-61

（4）按照步骤（3）所示的方法，输入其余的"列标题"和"数据"单元中的文字，如图 6-62所示。

灯具明细表					
代号	图标	名称	尺寸	位置	备注
L1		日光灯格栅	600×1200	办公区域	2支每具 支架光
L2		日光灯格栅	600×600		2支每具 支架光
L3		蓄电筒灯	Ø150		应急使用
L4		八寸节能筒灯			
L5		筒灯	Ø150	走廊	

图 6-62

（5）插入块。选中"图标"列下的单元格，单击鼠标右键，弹出快捷菜单，选择"插入点>块"命令，如图 6-63 所示。弹出"在表格单元中插入块"对话框，选择块名称为"L1"，在"全局单元对齐"下拉列表框中选择对齐方式为"正中"，如图 6-64 所示。单击 确定 按钮，完成块的插入，如图 6-65 所示。

图 6-63　　　　　　　　　　　　　　　　　图 6-64

（6）插入其余块。根据步骤（5）所示，依次插入其余灯具图标的块，完成后效果如图 6-66所示。

灯具明细表					
代号	图标	名称	尺寸	位置	备注
L1		日光灯格栅	600×1200	办公区域	2支冷光1支暖光
L2		日光灯格栅	600×600		2支冷光1支暖光
L3		蓄能筒灯	∅150		应急使用
L4		八寸节能管筒灯			
L5		筒灯	∅150	走廊	

图 6-65

灯具明细表					
代号	图标	名称	尺寸	位置	备注
L1		日光灯格栅	600×1200	办公区域	2支冷光1支暖光
L2		日光灯格栅	600×600		2支冷光1支暖光
L3	"L"	蓄能筒灯	∅150		应急使用
L4	"W"	八寸节能管筒灯			
L5		筒灯	∅150	走廊	

图 6-66

6.5.2 表格样式

利用 AutoCAD 2012 的表格功能，可以方便、快速地绘制图纸所需的表格，如会签栏、标题栏等。

在绘制表格之前，用户需要启用"表格样式"命令来设置表格的样式，使表格按照一定的标准进行创建。

启用命令方法如下。

⊙ 工具栏："样式"工具栏中的"表格样式"按钮 📇。

⊙ 菜单命令：格式 > 表格样式。

⊙ 命令行：tablestyle。

选择"格式>表格样式"命令，启用"表格样式"命令，弹出"表格样式"对话框，如图 6-67 所示。

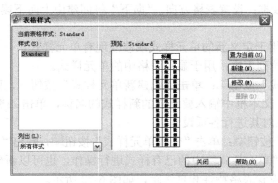

图 6-67

对话框选项解释如下。

⊙ "样式"列表框：用于显示所有的表格样式。默认的表格样式为"Standard"。

⊙ "列出"下拉列表：用于控制表格样式在"样式"列表框中显示的条件。

⊙ "预览"框：用于预览选中的表格样式。

- ⊙ [置为当前 (U)] 按钮：将选中的样式设置为当前的表格样式。
- ⊙ [新建 (N)...] 按钮：用于创建新的表格样式。
- ⊙ [修改 (M)...] 按钮：用于编辑选中的表格样式。
- ⊙ [删除 (D)] 按钮：用于删除选中的表格样式。

1. 创建新的表格样式

在"表格样式"对话框中，单击 [新建 (N)...] 按钮，弹出"创建新的表格样式"对话框，在"新样式名"文本框中输入新的样式名称，单击 [继续] 按钮，弹出"新建表格样式"对话框，如图 6-68 所示。

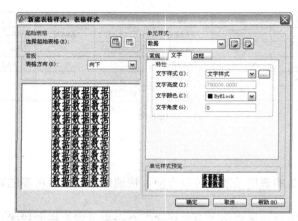

图 6-68

对话框选项解释如下。

"起始表格"选项组可以使用户在图形中指定一个表格用作样例来设置此表格样式的格式。

⊙ "选择一个表格用作此表格样式的起始表格"按钮：单击回到绘图界面，选择表格后，可以指定要从该表格复制到表格样式的结构和内容。

⊙ "删除表格"按钮：用于将表格从当前指定的表格样式中删除。

"常规"选项组用于更改表格方向。

⊙ "表格方向"列表框：设置表格方向。"向下"将创建由上而下读取的表格。"向上"将创建由下而上读取的表格。

"单元样式"选项组用于定义新的单元样式或修改现有单元样式。

⊙ "单元样式"下拉列表框：用于显示表格中的单元样式。

⊙ "创建新单元样式"按钮：单击"创建新单元样式"按钮，弹出"创建新单元样式"对话框，在"新样式名"文本框中输入要建立的新样式的名称，单击 [继续] 按钮，返回"新建表格样式"对话框，可以对其进行各项设置。

⊙ "管理单元样式"按钮：单击"管理单元样式"按钮，弹出"管理单元样式"对话框，如图 6-69 所示，可以对"单元样式"中的已有样式进行操作，也可以新建单元样式。

"常规"选项卡用于设置表格特性和页边距，如图 6-70 所示。

"特性"选项组用于设置单元的背景颜色、对齐方式等。

⊙ "填充颜色"列表框：用于指定单元的背景色。默认值为"无"。

⊙ "对齐"列表框：设置表格单元中文字的对正和对齐方式。文字相对于单元的顶部边框和底部边框进行居中对齐、上对齐或下对齐。文字相对于单元的左边框和右边框进行居中对正、左对正或右对正。

图 6-69

图 6-70

⊙ "格式"为表格中的各行设置数据类型和格式。单击后面的██按钮,弹出"表格单元格式"对话框,从中可以进一步定义格式选项。

⊙ "类型"列表框:用于将单元样式指定为标签或数据。

"页边距"选项组用于控制单元边界和单元内容之间的间距。

"水平"数值框:用于设置单元中的文字或块与左右单元边界之间的距离。

"垂直"数值框:用于设置单元中的文字或块与上下单元边界之间的距离。

⊙ "创建行/列时合并单元"复选框:将使用当前单元样式创建的所有新行或新列合并为一个单元。可以使用此选项在表格的顶部创建标题行。

"文字"选项卡用于设置文字特性,如图 6-71 所示。

图 6-71

图 6-72

⊙ "文字样式"列表框:用于设置表格内文字的样式。若表格内的文字显示为"?"符号,则需要设置文字的样式。单击"文字样式"列表框右侧的██按钮,弹出"文字样式"对话框。在"字体"选项组的"字体名"下拉列表中选择"仿宋_GB2312"选项,并依次单击 应用(A) 按钮和 关闭 按钮,关闭对话框,这时预览框可显示文字。

⊙ "文字高度"数值框:用于设置表格中文字的高度。

⊙ "文字颜色"列表框:用于设置表格中文字的颜色。

⊙ "文字角度"数值框:用于设置表格中文字的角度。

"边框"选项卡用于设置边框的特性,如图 6-72 所示。

⊙ "线宽"列表框:通过单击边界按钮,设置将要应用于指定边界的线宽。

⊙ "线型"列表框:通过单击边界按钮,设置将要应用于指定边界的线型。

⊙ "颜色"列表框:通过单击边界按钮,设置将要应用于指定边界的颜色。

⊙ "双线"复选框:选中则表格的边界将显示为双线,同时激活 "间距"数值框。

⊙ "间距"数值框：用于设置双线边界的间距。

⊙ "所有边框"按钮⊞：将边界特性设置应用于所有数据单元、列标题单元或标题单元的所有边界。

⊙ "外边框"按钮⊟：将边界特性设置应用于所有数据单元、列标题单元或标题单元的外部边界。

⊙ "内边框"按钮⊞：将边界特性设置应用于除标题单元外的所有数据单元或列标题单元的内部边界。

⊙ "底部边框"按钮⊞：将边界特性设置应用到指定单元样式的底部边界。

⊙ "左边框"按钮⊟：将边界特性设置应用到指定的单元样式的左边界。

⊙ "上边框"按钮⊞：将边界特性设置应用到指定单元样式的上边界。

⊙ "右边框"按钮⊟：将边界特性设置应用到指定单元样式的右边界。

⊙ "无边框"按钮⊞：隐藏数据单元、列标题单元或标题单元的边界。

⊙ "单元样式预览"框：用于显示当前设置的表格样式。

2．重新命名表格样式

在"表格样式"对话框的"样式"列表中，用鼠标右键单击要重新命名的表格样式，并在弹出的快捷菜单中选择"重命名"命令，如图 6-73 所示。此时表格样式的名称变为可编辑的文本框，如图 6-74 所示，输入新的名称，按 Enter 键完成操作。

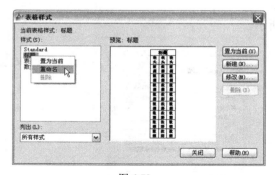

图 6-73

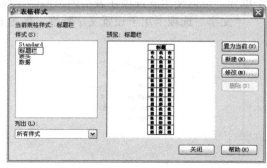

图 6-74

3．设置为当前样式

在"表格样式"对话框的"样式"列表中，选择一种表格样式，单击 置为当前(U) 按钮，将该样式设置为当前的表格样式。

用户也可以利用鼠标右键单击"样式"列表中的一种表格样式，在弹出的快捷菜单中选择"置为当前"命令，将该样式设置为当前的表格样式。

完成后单击 关闭 按钮，保存设置并关闭对话框。

4．修改已有的表格样式

若需要对表格的样式进行修改，可以选择"格式>表格样式"命令，弹出"表格样式"对话框。在"样式"列表内选择表格样式，单击 修改(M)... 按钮，弹出"修改表格样式"对话框，如图 6-75 所示，从中可修改表格的各项属性。修改完成后，单击 确定 按钮，完成表格样式的修改。

5．删除表格样式

在"表格样式"对话框的"样式"列表中，选择一种表格样式，单击 删除(D) 按钮，此时系统会弹出提示信息，要求用户确认删除操作，如图 6-76 所示。单击 删除(D) 按钮，即可将选中的表格样式删除。

图 6-75   图 6-76

当前的表格样式与系统提供的"Standard"表格样式不可删除。

6.5.3 创建表格

利用"表格"命令可以方便、快速地创建图纸所需的表格。
启用命令方法如下。
- 工具栏:"绘图"工具栏中的"表格"按钮 。
- 菜单命令:绘图>表格。
- 命令行:table。
选择"绘图>表格"命令,启用"表格"命令,弹出"插入表格"对话框,如图6-77所示。
对话框选项解释如下。

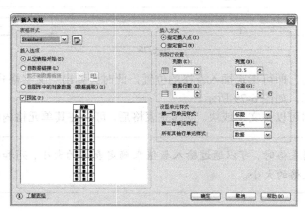

图 6-77

- "表格样式"下拉列表:用于选择要使用的表格样式。单击后面的按钮 ,弹出"表格样式"对话框,可以创建表格样式。
  "插入选项"选项组用于指定插入表格的方式。
- "从空表格开始"单选项:用于创建可以手动填充数据的空表格。
- "自数据链接"单选项:用于从外部电子表格中的数据创建表格,单击后面的"启动'数据链接管理器'对话框"按钮，弹出"选择数据链接"对话框，在这里可以创建新的或是选择已有的表格数据。

　　⊙"自图形中的对象数据（数据提取）"单选项：选中后，单击 确定 按钮，可以开启"数据提取"向导，用于从图形中提取对象数据，这些数据可输出到表格或外部文件。

　　"插入方式"选项组用于确定表格的插入方式。

　　⊙"指定插入点"单选项：用于设置表格左上角的位置。如果表格样式将表的方向设置为由下而上读取，则插入点位于表的左下角。

　　⊙"指定窗口"单选项：用于设置表的大小和位置。选定此选项时，行数、列数、列宽和行高取决于窗口的大小以及列和行的设置。

　　"列和行设置"选项组用于确定表格的列数、列宽、行数、行高。

　　⊙"列数"数值框：用于指定列数。

　　⊙"列宽"数值框：用于指定列的宽度。

　　⊙"数据行数"数值框：用于指定行数。

　　⊙"行高"数值框：用于指定行的高度。

　　"设置单元样式"选项组用于对那些不包含起始表格的表格样式，指定新表格中行的单元格式。

　　⊙"第一行单元样式"列表框：用于指定表格中第一行的单元样式。包括"标题"、"表头"和"数据"三个选项。默认情况下，使用"标题"单元样式。

　　⊙"第二行单元样式"列表框：用于指定表格中第二行的单元样式。包括"标题"、"表头"和"数据"三个选项。默认情况下，使用"表头"单元样式。

　　⊙"所有其他行单元样式"列表框：用于指定表格中所有其他行的单元样式。包括"标题"、"表头"和"数据"三个选项，默认情况下，使用"数据"单元样式。

　　根据表格的需要设置相应的参数，单击 确定 按钮，关闭"插入表格"对话框，返回到绘图窗口，此时光标变为如图 6-78 所示的形状。

图 6-78

　　在绘图窗口中单击，即可指定插入表格的位置，此时会弹出"文字格式"工具栏。在标题栏中，光标变为文字光标，如图 6-79 所示。

　　表格单元中的数据可以是文字或块。创建完表格后，可以在其单元格内添加文字或者插入块。

　　绘制表格时，可以通过输入数值来确定表格的大小，列和行将自动调整其数量，以适应表格的大小。

图 6-79

若在输入文字之前直接单击"文字格式"工具栏中的 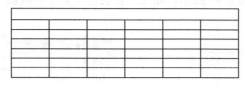 按钮，则可以退出表格的文字输入状态，此时可以绘制没有文字的表格，如图 6-80 所示。

图 6-80

6.5.4　填写表格

表格单元中的数据可以是文字或块。创建完表格后，可以在其单元格内添加文字或者插入块。

1．添加文字

创建表格后，会高亮显示第一个单元格（即标题单元格），并显示"文字格式"工具栏，表格的列字母和行号也会同时显示，这时可以输入文字来确定标题的内容，如图 6-81 所示。输入完成后，按 Tab 键，确认标题并转至下一行，继续输入文字，如图 6-82 所示。在文字输入的过程中，用户可以在"文字格式"工具栏中设置文字的样式、字体和颜色等。

按 Tab 键，是按从左到右的顺序，以一个单元格为单位进行转行，至表格右侧边界后，又会自动转行到下一行左侧单行格。如果在最后一个单元格中进行转行，系统将在表格最下方添加一个数据行。当光标位于单元格中文字的开始或结束位置时，利用方向箭头键可以将光标移动到相邻的单元格。

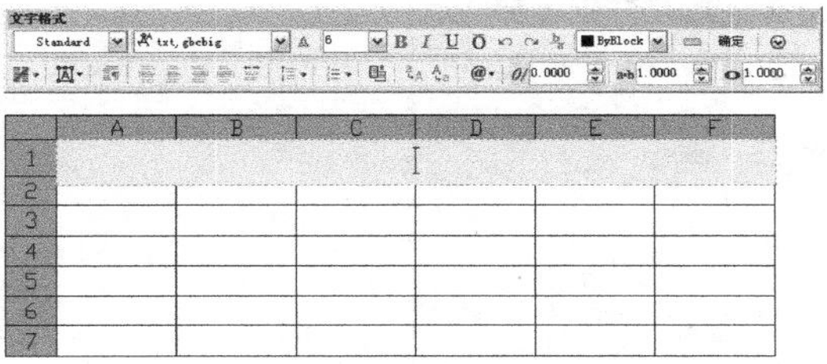

图 6-81 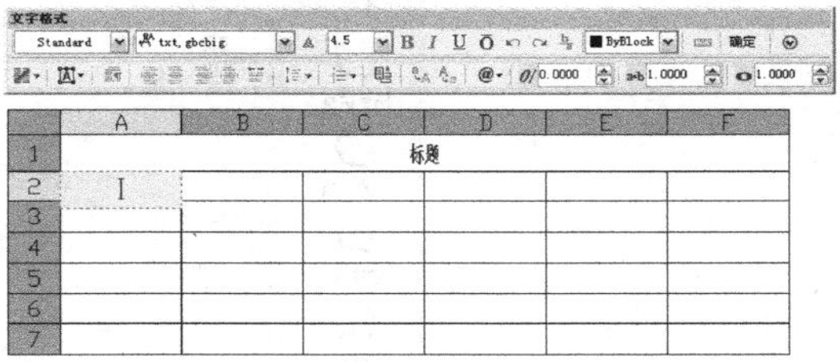　　　　　　　　　　　　　　　　图 6-82

在已创建好的表格中添加文字的步骤如下。

（1）在表格单元内双击，高亮显示该单元，并显示"文字格式"工具栏，表格的列字母和行号也会同时显示。这时可以开始输入文字。

（2）在单元格中，利用方向箭头键在文字中移动光标，可以移动到指定的位置来对输入的文字进行编辑和修改。

（3）选中单元格中要修改的文字，在"文字格式"工具栏中设置文字的样式和字体等。

在单元格中，如果需要创建换行符，可按 Alt＋Enter 组合键。当输入文字的行数太多，单元格的行高会加大以适应输入文字的行数。

2．插入图块

在表格单元中插入块时，块可以自动适应单元格的大小，也可以调整单元格以适应块的大小。

在表格中插入块的步骤如下。

（1）在表格单元内单击，将要插入块的单元格选中，然后单击鼠标右键，弹出快捷菜单，选择"插入点>块"命令，如图 6-83 所示。弹出"在表格单元中插入块"对话框，如图 6-84 所示。

图 6-83

图 6-84

（2）在"在表格单元中插入块"对话框中，可以设置要插入的块名称，或者浏览已创建的图形。也可以指定块的特性，如单元对齐、比例和旋转角度。

对话框选项解释如下。

⊙　"名称"下拉列表框：用于输入或选择需要插入的图块名称。

⊙　 浏览(B) 按钮：单击 浏览(B) 按钮，弹出"选择图形文件"对话框，如图 6-85 所示。选择相应的图形文件，单击 打开(O) 按钮，即可将该文件中的图形作为块插入到当前图形中。

图 6-85

⊙　"比例"数值框：当取消"自动调整"复选框时，用于输入值来指定块参照的比例。

⊙　"自动调整"复选框：用于缩放块以适应选定的单元。

⊙　"旋转角度"数值框：用于输入数值指定块的旋转角度。

⊙　"全局单元对齐"下拉列表框：用于指定块在表格单元中的对齐方式。块相对于上、下单元边框居中对齐、上对齐或下对齐；相对于左、右单元边框居中对齐、左对齐或右对齐。

（3）单击 确定 按钮，可以将块插入到表格单元格中。

6.5.5　修改表格

通过调整表格的样式，可以对表格的特性进行编辑；通过文字编辑工具，可以对表格中的文字进行编辑；通过在表格中插入块，可以对块进行编辑；通过编辑夹点，可以调整表格中行与列的大小。

1．编辑表格的特性

在编辑表格特性时，可以对表格中栅格的线宽、颜色等特性进行编辑，也可以对表格中文字的高度和颜色等特性进行编辑。

2．编辑表格的文字内容

在编辑表格特性时，对表格中文字样式的某些修改不能应用在表格中，这时可以单独对表格中的文字进行修改编辑。表格文字的大小会决定表格单元格的大小，如果表格某行中的一个单元格发生变化，它所在的行也会发生变化。

在表格中双击单元格中的文字，如双击表格内的文字"灯具明细表"，弹出"文字格式"对话框，此时可以对单元格中的文字进行编辑，如图 6-86 所示。

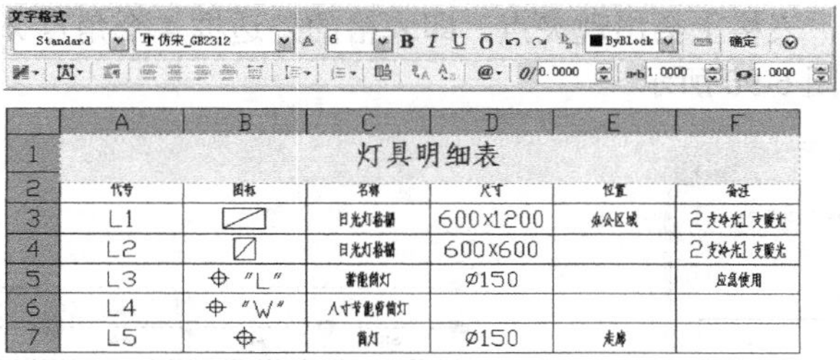

图 6-86

光标显示为文字光标，此时可以修改文字内容、字体和字号等，也可以继续输入其他字符。在每个标题字之间键入空格，效果如图 6-87 所示。使用这种方法可以修改表格中的所有文字内容。

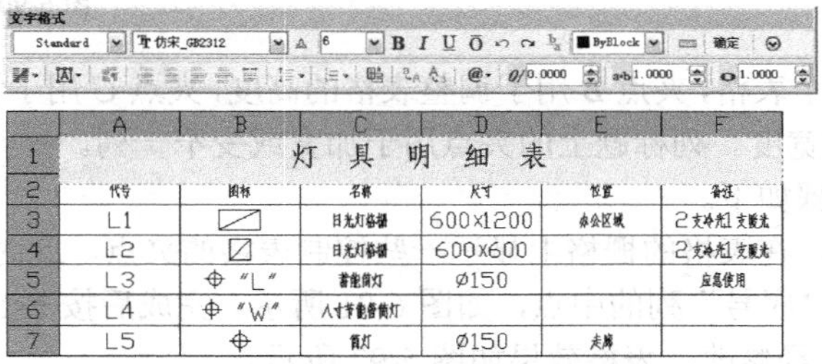

图 6-87

按 Tab 键，切换到下一个单元格，如图 6-88 所示，此时即可对文字进行编辑。依次按 Tab 键，即可切换到相应的单元格，完成编辑后单击 确定 按钮。

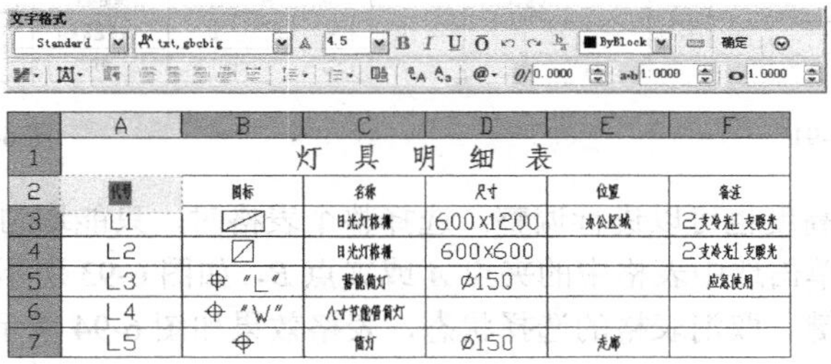

图 6-88

按 Tab 键切换单元格时，若插入的是块的单元格，则跳过单元格。

3．编辑表格的图块

在表格中双击单元格中的块，如双击表格内的块""，弹出"在表格单元中编辑块"对话框，此时可以对单元格中的块特性进行编辑，如图 6-89 所示。

在该对话框中，可以对表格中的块进行更改，或者指定块的新特性。

4．编辑表格中的行与列

在选择"表格"工具圖建立表格时，行与列的间距都是均匀的，这就使得表格中有了大部分空白区域，增加了表格的大小。如果要使表格中行与列的间距适合文字的宽度和高度，可以通过调整夹点来实现。通过调整夹点可以使表格更加简明、美观。

当选中整个表格时，表格上会出现夹点，即表格的外边框 4 个角点 A、B、C、D 和列标题单元格上的一行夹点，如图 6-90 所示。

图 6-89

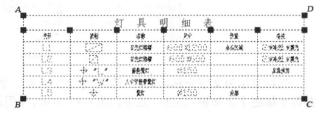

图 6-90

夹点 A 用于移动整个表格，夹点 B 用于调整表格的高度，夹点 C 用于调整表格的高度和宽度，夹点 D 用于调整表格的宽度。列标题上的夹点用于加宽或变窄一列。

调整表格的操作步骤如下。

（1）选中整个表格，在表格的栅格上显示一些控制表格的夹点，此时单击选中"序号"列右侧的夹点，移动鼠标到"序号"列的中点，如图 6-91 所示。完成后按 Esc 键，取消表格的选择状态，"序号"列的宽度已经修改，表格效果如图 6-92 所示。

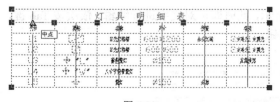

图 6-91

代号	图标	名称	尺寸	位置	备注
L1		日光灯格栅	600×1200	公共区域	2支冷光1支暖光
L2		日光灯格栅	600×600		2支冷光1支暖光
L3	⊕ "L"	蓄能角灯	Ø150		应急使用
L4	⊕ "W"	八寸节能管吸灯			
L5	⊕	筒灯	Ø150		走廊

灯 具 明 细 表

图 6-92

（2）对表格中行的高度也可以进行调整。选择整个表格时，只能均匀调整表格中包括标题行在内的所有行的高度。单击选中表格中的夹点 A 或夹点 B，如图 6-93 所示，移动夹点到新的位置并单击确认。再按 Esc 键，取消表格的选择状态，表格效果如图 6-94 所示。

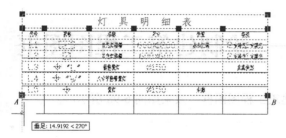

图 6-93

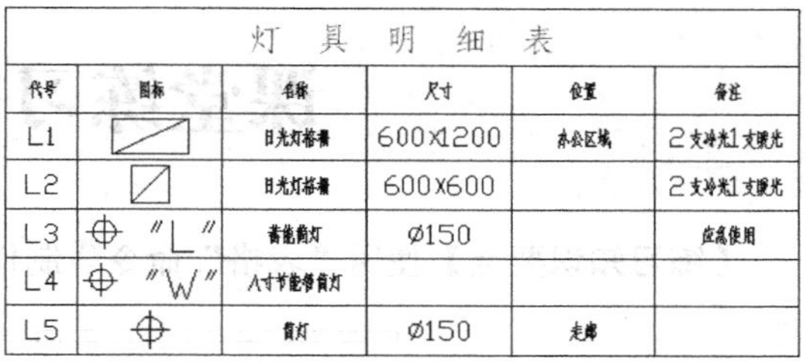

灯 具 明 细 表					
代号	图标	名称	尺寸	位置	备注
L1		日光灯格栅	600x1200	办公区域	2支冷光1支暖光
L2		日光灯格栅	600x600		2支冷光1支暖光
L3	"L"	节能筒灯	Ø150		应急使用
L4	"W"	八寸节能型筒灯			
L5		筒灯	Ø150	走廊	

图 6-94

提示

选择整个表格时，须将表格全部选择或者单击表格单元边框线。若在表格的单元格内部单击，则只能选中所在单元格。

编辑表格中某个单元格的大小可以调整该单元格所在的行与列的大小。

在表格的单元格中单击，夹点的位置在被选中的单元格边界的中间，如图 6-95 所示。选择夹点进行拉伸，即可改变单元格所在行或列的大小，如图 6-96 所示。

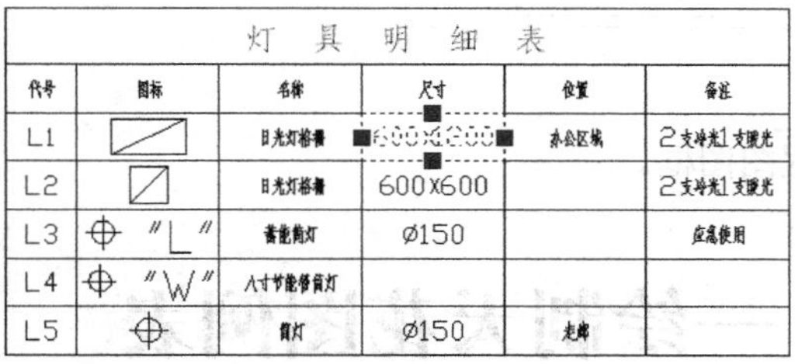

灯 具 明 细 表					
代号	图标	名称	尺寸	位置	备注
L1		日光灯格栅	600x1200	办公区域	2支冷光1支暖光
L2		日光灯格栅	600x600		2支冷光1支暖光
L3	"L"	节能筒灯	Ø150		应急使用
L4	"W"	八寸节能型筒灯			
L5		筒灯	Ø150	走廊	

图 6-95

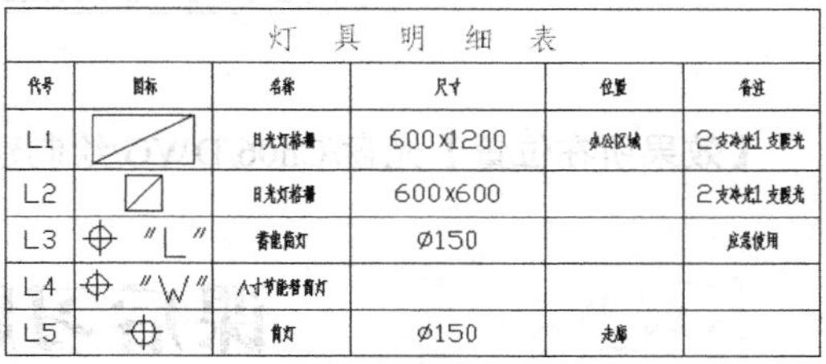

灯 具 明 细 表					
代号	图标	名称	尺寸	位置	备注
L1		日光灯格栅	600x1200	办公区域	2支冷光1支暖光
L2		日光灯格栅	600x600		2支冷光1支暖光
L3	"L"	节能筒灯	Ø150		应急使用
L4	"W"	八寸节能型筒灯			
L5		筒灯	Ø150	走廊	

图 6-96

6.6 课堂练习——填写结构设计总说明

【练习知识要点】利用“多行文字”命令或者“单行文字”命令，填写结构设计总说明，效果如图 6-97 所示。

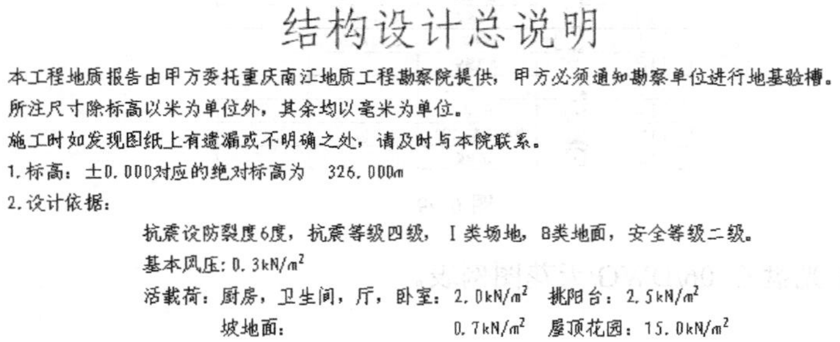

结构设计总说明

本工程地质报告由甲方委托重庆南江地质工程勘察院提供，甲方必须通知勘察单位进行地基验槽。

所注尺寸除标高以米为单位外，其余均以毫米为单位。

施工时如发现图纸上有遗漏或不明确之处，请及时与本院联系。

1.标高：±0.000对应的绝对标高为 326.000m

2.设计依据：

抗震设防裂度6度，抗震等级四级，Ⅰ类场地，B类地面，安全等级二级。

基本风压：0.3kN/m^2

活载荷：厨房，卫生间，厅，卧室：2.0kN/m^2 挑阳台：2.5kN/m^2

坡地面： 0.7kN/m^2 屋顶花园：15.0kN/m^2

图 6-97

【效果所在位置】光盘/Ch06/DWG/填写结构设计总说明。

6.7 课堂练习——绘制建筑工程图图框

【练习知识要点】使用"表格"命令▦制作建筑工程图图框，效果如图 6-98 所示。

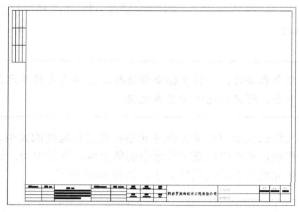

图 6-98

【效果所在位置】光盘/Ch06/DWG/绘制建筑工程图图框。

6.8 课后习题——绘制天花图例表

【习题知识要点】使用"表格"命令▦，绘制天花图例表，效果如图 6-99 所示。

代号	图例	名称	尺寸	备注
		天花图例表		
T1		排气扇	300x300	
T2		盘管风机回风口	200x1200	
T3		出风口		
T4		喇叭		
T5		闭路电视		
T6		烟感		
T7		喷淋		
T8		配电箱		
T9		天花下送风口	400x400	
T10		天花溢口	600x600	
T11		检修口	600x1200	
T12		电话插座		
T13		开关		
T14		干手器		
T15		插座(离地300)		
T16		地面插座		

图 6-99

【效果所在位置】光盘/Ch06/DWG/天花图例表。

第7章 尺寸标注

本章主要介绍尺寸的标注方法及技巧。建筑工程设计图是以图内标注尺寸的数值为准的，尺寸标注在建筑工程设计图中是一项非常重要的内容。本章介绍的知识可帮助用户学习如何在绘制好的图形上添加尺寸标注和材料标注等，来表达一些图形所无法表达的信息。

课堂学习目标

- 标注样式
- 创建线性尺寸
- 创建角度尺寸
- 创建直径尺寸与半径尺寸
- 创建弧长尺寸
- 创建连续及基线尺寸
- 创建特殊尺寸
- 快速标注
- 编辑尺寸标注

7.1 标注样式

标注样式是标注设置的命名集合，用来控制标注的外观，如箭头样式、文字位置和尺寸公差等。用户可以创建标注样式，以快速指定标注的格式，并确保标注符合行业或项目标准。

7.1.1 尺寸标注概念

标注具有以下几种独特的元素：标注文字、尺寸线、箭头和尺寸界线，如图 7-1 所示。

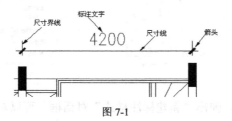

图 7-1

- ⊙ 标注文字：用于指示测量值的字符串。文字还可以包含前缀、后缀和公差，用户可对其进行编辑。
- ⊙ 尺寸线：用于指示标注的方向和范围。尺寸线通常为直线。对于角度和弧长标注，尺寸线是一段圆弧。
- ⊙ 尺寸界线：是指从被标注的对象延伸到尺寸线的线段，它指定了尺寸线的起始点与结束点。通常，尺寸界线应从图形的轮廓线、轴线、对称中心线引出，同时轮廓线、轴线、对称中心线也可以作为尺寸界线。

⊙　箭头：用于显示尺寸线的两端。用户可以为箭头指定不同的形状，通常在建筑制图中采用斜线形式。

⊙　圆心标记：是指标记圆或圆弧中心的小十字。

⊙　中心线：是指标记圆或圆弧中心的虚线。

7.1.2　创建标注样式

默认情况下，在 AutoCAD 中创建尺寸标注时使用的尺寸标注样式是"ISO-25"，用户可以根据需要修改或创建一种新的尺寸标注样式。

AutoCAD 提供"标注样式"命令用来创建尺寸标注样式。启用"标注样式"命令后，系统将弹出"标注样式管理器"对话框，从中可以创建或调用已有的尺寸标注样式。在创建新的尺寸标注样式时，用户需要设置尺寸标注样式的名称，并选择相应的属性。

启用命令方法如下。

⊙　工具栏："样式"工具栏中的"标注样式"按钮 。

⊙　菜单命令：格式>标注样式。

⊙　命令行：dimstyle。

选择"格式 > 标注样式"命令，启用"标注样式"命令，创建尺寸标注样式，操作步骤如下。

（1）启用"标注样式"命令，弹出"标注样式管理器"对话框，"样式"列表下显示了当前使用图形中已存在的标注样式，如图 7-2 所示。

（2）单击 新建(N)... 按钮，弹出"创建新标注样式"对话框。在"新样式名"文本框中输入新的样式名称；在"基础样式"下拉列表中选择新标注样式是基于哪一种标注样式创建的；在"用于"下拉列表中选择标注的应用范围，如应用于所有标注、半径标注和对齐标注等，如图 7-3 所示。

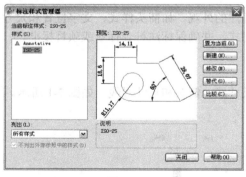

图 7-2

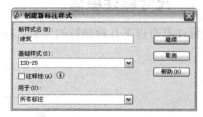

图 7-3

（3）单击 继续 按钮，弹出"新建标注样式"对话框，可以对该对话框中的 7 个选项卡进行设置，如图 7-4 所示。

（4）单击 确定 按钮，建立新的标注样式，其名称显示在"标注样式管理器"对话框的"样式"列表下，如图 7-5 所示。

（5）在"样式"列表内选中刚创建的标注样式，单击 置为当前(U) 按钮，将该样式设置为当前使用的标注样式。

（6）单击 关闭 按钮，关闭"标注样式管理器"对话框，返回绘图窗口。

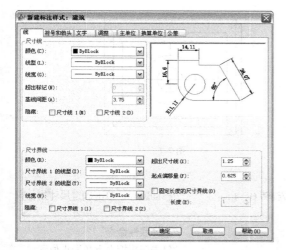

图 7-4

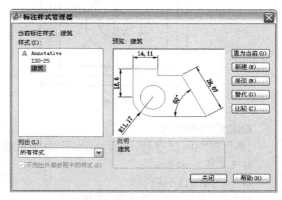

图 7-5

7.2　创建线性尺寸

利用线性尺寸标注可以对水平、垂直和倾斜等方向的对象进行标注。

标注线性尺寸一般可使用以下两种方法。

（1）通过在标注对象上指定尺寸线的起始点和终止点，创建尺寸标注。

（2）按 Enter 键，光标变为拾取框，直接选取要进行标注的对象。

7.2.1　标注水平、竖直以及倾斜方向的尺寸

利用"线性"命令标注对象尺寸时，可以直接对水平或竖直方向的对象进行标注。如果是倾斜对象，可以输入旋转命令，使尺寸标注适合倾斜对象进行旋转。

启用命令方法如下。

- ⊙　工具栏："标注"工具栏中的"线性"按钮 ⊟。
- ⊙　菜单命令：标注>线性。
- ⊙　命令行：dimlinear。

1. 标注水平和竖直的线性尺寸

选择"标注>线性"命令，启用"线性"命令，然后标注水平的线性尺寸，操作步骤如下。

（1）打开光盘中的"ch07>素材>床头柜"文件，如图 7-6 所示。

（2）在"图层"工具栏的"图层特性管理器"下拉列表中选择用于标注的图层，并将其置为当前图层。在"样式"工具栏的"标注样式管理器"下拉列表中选择用于标注的标注样式，并将其置为当前样式。

（3）选择"线性"命令 ⊟，打开"对象捕捉"命令，捕捉图形的端点并标注其长度和高度，如图 7-7 所示。操作步骤如下。

命令：dimlinear	//选择线性命令 ⊟
指定第一条尺寸界线原点或 <选择对象>：	//单击床头柜左下角端点位置
指定第二条尺寸界线原点：	//单击床头柜左上角端点位置

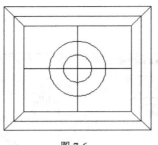

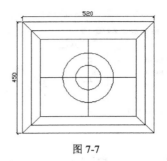

图 7-6 　　　　　　　　　　　　　　　　　　　　图 7-7

指定尺寸线位置或	
[多行文字(M)/文字(T)/角度(A)/水平(H)/垂直(V)/旋转(R)]:	//移动鼠标，单击确定尺寸线位置
标注文字 = 450	
命令：_dimlinear	//选择线性命令
指定第一条尺寸界线原点或 <选择对象>:	//单击床头柜左上角端点位置
指定第二条尺寸界线原点:	//单击床头柜右上角端点位置
指定尺寸线位置或	
[多行文字(M)/文字(T)/角度(A)/水平(H)/垂直(V)/旋转(R)]:	//移动鼠标，单击确定尺寸线位置
标注文字 = 520	

提示选项解释如下。

⊙ 　多行文字（M）：用于打开"在位文字编辑器"的"文字格式"工具栏和"文字输入"框，如图 7-8 所示。标注的文字是自动测量得到的数值。

图 7-8

　　　　　如需要给生成的测量值添加前缀或后缀，可在测量值前后输入前缀或后缀；若想要编辑或替换生成的测量值，可先删除测量值，再输入新的标注文字，完成后单击 确定 按钮。

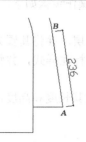

图 7-9

⊙ 　文字（T）：用于设置尺寸标注中的文本值。
⊙ 　角度（A）：用于设置尺寸标注中的文本数字的倾斜角度。
⊙ 　水平（H）：用于创建水平线性标注。
⊙ 　垂直（V）：用于创建垂直线性标注。
⊙ 　旋转（R）：用于创建旋转一定角度的尺寸标注。

2．标注倾斜方向的线性尺寸

选择"标注>线性"命令，启用"线性"命令，然后标注倾斜方向的线性尺寸，如图 7-9 所示。

命令：_dimlinear	//选择线性命令

指定第一条尺寸界线原点或 <选择对象>：	//单击捕捉 A 点
指定第二条尺寸界线原点：	//单击捕捉 B 点
指定尺寸线位置或	
[多行文字(M)/文字(T)/角度(A)/水平(H)/垂直(V)/旋转(R)]：R	//选择"旋转"选项
指定尺寸线的角度 <0>：98	//输入旋转角度值
指定尺寸线位置或	
[多行文字(M)/文字(T)/角度(A)/水平(H)/垂直(V)/旋转(R)]：	//移动鼠标，单击确定尺寸线位置
标注文字 = 236	

7.2.2 标注对齐尺寸

对倾斜的对象进行标注时，可以使用"对齐"命令。对齐尺寸的特点是尺寸线平行于倾斜的标注对象。

启用命令方法如下。

- ◉ 工具栏："标注"工具栏中的"对齐"按钮。
- ◉ 菜单命令：标注>对齐。
- ◉ 命令行：dimaligned。

选择"标注>对齐"命令，启用"对齐"命令，标注倾斜方向的线性尺寸，如图7-10所示。操作步骤如下。

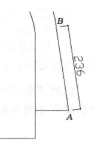

图 7-10

命令：_dimaligned	//选择对齐命令
指定第一条尺寸界线原点或 <选择对象>：	//在 A 点处单击
指定第二条尺寸界线原点：	//在 B 点处单击
指定尺寸线位置或	
[多行文字(M)/文字(T)/角度(A)]：	//移动鼠标，单击确定尺寸线位置
标注文字 =236	

利用"对齐"命令标注图形尺寸，命令提示窗口的提示选项意义与前面在"线性"命令中所介绍的选项意义相同。

7.3 创建角度尺寸

角度尺寸标注用于标注圆或圆弧的角度、两条非平行直线间的角度和三点之间的角度。AutoCAD 提供了"角度"命令，用于创建角度尺寸标注。

启用命令方法如下。

- ◉ 工具栏："标注"工具栏中的"角度"按钮。
- ◉ 菜单命令：标注>角度。
- ◉ 命令行：dimangular。

1. 圆或圆弧的角度标注

选择"标注>角度"命令，启用"角度"命令。在圆上单击，选中圆的同时，确定角度第一端点位置，再单击确定角度的第二端点，在圆上测量出角度的大小，效果如图7-11所示。操作步骤如下。

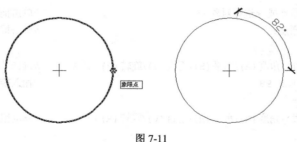

图 7-11

命令：_dimangular	//选择角度命令△
选择圆弧、圆、直线或 <指定顶点>：	//单击圆上第一点位置
指定角的第二个端点：	//单击确定角度的第二点
指定标注弧线位置或 [多行文字(M)/文字(T)/角度(A)]：	//移动鼠标，单击确定尺寸线位置
标注文字 = 82	

选择"标注>角度"命令，启用"角度"命令，标注圆弧的角度时，选择圆弧对象后，系统会自动生成角度标注，用户只需移动鼠标确定尺寸线的位置即可，效果如图 7-12 所示。

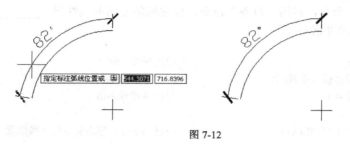

图 7-12

2．两条非平行直线间的角度标注

选择"标注>角度"命令，启用"角度"命令，测量非平行直线间夹角的角度时，AutoCAD会将两条直线作为角的边，将直线之间的交点作为角度顶点来确定角度。

如果尺寸线不与被标注的直线相交，AutoCAD 2012 将根据需要通过延长一条或两条直线来添加尺寸界线。该尺寸线的张角始终小于180°，角度标注的位置由鼠标的位置来确定，如图 7-13 所示。

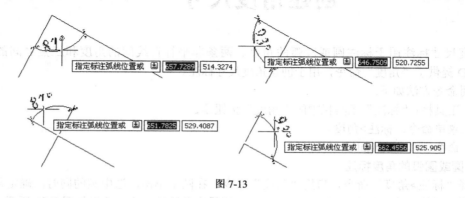

图 7-13

3．三点之间的角度标注

选择"标注>角度"命令，启用"角度"命令，测量自定义顶点及两个端点组成的角度时，角度顶点可以同时为一个角度端点。如果需要尺寸界线，那么角度端点可用作尺寸界线的起点，尺寸界线会从角度端点绘制到尺寸线交点，尺寸界线之间绘制的圆弧为尺寸线，如图 7-14 所示。操作步骤如下。

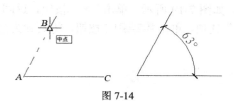

图 7-14

命令：_dimangular	//选择角度命令 △
选择圆弧、圆、直线或 <指定顶点>：	//按 Enter 键
指定角的顶点：	//单击选择 A 点位置，确定顶点
指定角的第一个端点：	//单击选择 B 点位置，确定第一个端点
指定角的第二个端点：	//单击选择 C 点位置，确定第二个端点
指定标注弧线位置或 [多行文字(M)/文字(T)/角度(A)]：	//移动鼠标，单击确定尺寸线位置
标注文字 = 63	

7.4 创建径向尺寸

径向尺寸包括直径和半径尺寸。直径和半径尺寸标注是 AutoCAD 提供用于测量圆和圆弧的直径或半径长度的工具。

7.4.1 课堂案例——标注清洗池平面图

【案例学习目标】掌握并熟练运用直径尺寸命令和半径尺寸命令标注图形。

【案例知识要点】利用"直径"命令 ◎ 和"半径"命令 ◎ 标注清洗池平面图，效果如图 7-15 所示。

【效果所在位置】光盘/Ch07/DWG/标注清洗池平面图。

（1）打开图形文件。选择"文件>打开"命令，打开光盘文件中的"ch07>素材>清洗池"文件，如图 7-16 所示。

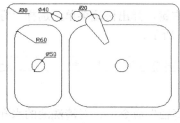

图 7-15

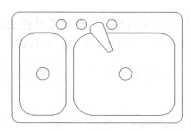

图 7-16

（2）设置图层。选择"格式>图层"命令，弹出"图层特性管理器"对话框。单击"新建图层"按钮 ，建立一个"DIM"图层，设置图层颜色为"绿色"，单击"置为当前"按钮 ，设置"DIM"图层为当前图层，单击 确定 按钮，完成图层的设置。

（3）设置标注样式。选择"样式"工具栏上的"标注样式"命令，弹出"标注样式管理器"对话框，如图 7-17 所示。单击 新建(N)... 按钮，弹出"创建新标注样式"对话框，在"新样式名"文本框中输入新样式名"dim"，如图 7-18 所示。单击 继续 按钮，弹出"新建标注样式：dim"对话框，设置标注样式参数，如图 7-19 所示。单击 确定 按钮，返回"标注样式管理器"对话框，在"样式"列表中选择"dim"选项，单击 置为当前(U) 按钮，将其置为当前标注样式，单击 关闭 按钮，返回绘图窗口。

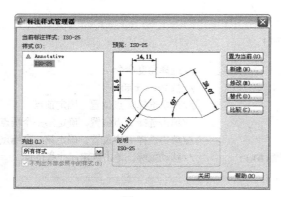

图 7-17

图 7-18

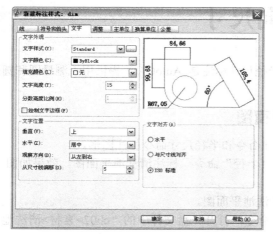

图 7-19

图 7-20

（4）打开标注工具栏。在任意工具栏上单击鼠标右键，弹出快捷菜单，选择"标注"菜单命令，如图 7-20 所示。弹出"标注"工具栏，如图 7-21 所示。

图 7-21

（5）标注直径尺寸。选择"标注"工具栏上的"直径"命令，对清洗池的水孔和出水孔进行标注，如图 7-22 所示。操作步骤如下。

命令：_dimdiameter	//选择直径命令
选择圆弧或圆：	//选择出水孔圆
标注文字 = 50	

指定尺寸线位置或 [多行文字(M)/文字(T)/角度(A)]:	//移动鼠标，单击指定尺寸线位置
命令:	//按 Enter 键
DIMDIAMETER	
选择圆弧或圆:	//选择水孔圆
标注文字 = 40	
指定尺寸线位置或 [多行文字(M)/文字(T)/角度(A)]:	//移动鼠标，单击指定尺寸线位置

（6）标注半径尺寸。选择"标注"工具栏上的"半径"命令💿，对清洗池轮廓线上圆角处进行标注，完成后效果如图 7-23 所示。操作步骤如下。

命令: _dimradius	//选择半径命令💿
选择圆弧或圆:	//选择外轮廓处圆角
标注文字 = 30	
指定尺寸线位置或 [多行文字(M)/文字(T)/角度(A)]:	//移动鼠标，单击指定尺寸线位置
命令:	//按 Enter 键
DIMRADIUS	
选择圆弧或圆:	//选择水池处圆角
标注文字 = 60	
指定尺寸线位置或 [多行文字(M)/文字(T)/角度(A)]:	//移动鼠标，单击指定尺寸线位置
命令:	//按 Enter 键
DIMRADIUS	
选择圆弧或圆:	//选择水龙头处圆弧
标注文字 = 20	
指定尺寸线位置或 [多行文字(M)/文字(T)/角度(A)]:	//移动鼠标，单击指定尺寸线位置

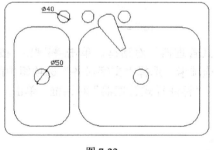

图 7-22

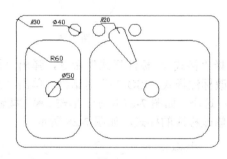

图 7-23

在建筑工程设计图中，直径和半径尺寸的标注形式通常有两种，如图 7-24 所示。在 AutoCAD 中可以通过修改标注样式来设置直径和半径的标注形式。

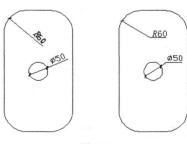

图 7-24

7.4.2　标注直径尺寸

直径标注是由一条具有指向圆或圆弧的箭头的直径尺寸线组成。测量圆或圆弧直径时，自动生成的标注文字前将显示一个表示直径长度的字母"∅"。

启用命令方法如下。

⊙　工具栏："标注"工具栏中的"直径"按钮◎。

⊙　菜单命令：标注>直径。

⊙　命令行：dimdiameter。

选择"标注>直径"命令，启用"直径"命令。进行标注时，用鼠标单击圆边上一点，系统将通过圆心和指定的点，在圆中绘制一条代表直径的线段，移动鼠标可以控制直径标注中标注文字的位置，如图 7-25 所示。操作步骤如下。

命令：_dimdiameter	//选择直径命令◎
选择圆弧或圆：	//单击圆上一点
标注文字 = 100	
指定尺寸线位置或 [多行文字(M)/文字(T)/角度(A)]：	//在圆外部单击，确定尺寸线的位置

当命令提示窗口提示指定尺寸线位置时，在圆内部单击，尺寸线的位置可以放置在圆的内部，标注的形式如图 7-26 所示。

图 7-25　　　　　　　　　　　　　　图 7-26

选择"格式 > 标注样式"命令，弹出"标注样式管理器"对话框。单击 修改(M)… 按钮，弹出"修改标注样式：ISO-25"对话框，单击"文字"选项卡，选择"文字对齐"选项组中的"ISO标准"单选项，如图 7-27 所示。单击 确定 按钮，返回"标注样式管理器"对话框，单击 关闭 按钮，修改标注的样式，如图 7-28 所示。

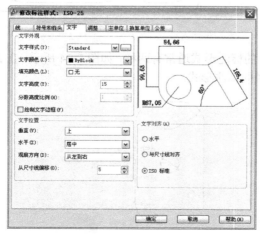

图 7-27

图 7-28

7.4.3 标注半径尺寸

半径标注是由一条具有指向圆或圆弧的箭头的半径尺寸线组成。测量圆或圆弧半径时，自动生成的标注文字前将显示一个表示半径长度的字母"*R*"。

启用命令方法如下。

- ⊙ 工具栏："标注"工具栏中的"半径"按钮 。

- ⊙ 菜单命令：标注>半径。
- ⊙ 命令行：dimradius。

选择"标注>半径"命令，启用"半径"命令。进行标注时，用鼠标单击圆边上的某一点，系统将自动从圆心到指定的点引出一条表示半径的线段，移动鼠标可以控制半径标注中标注文字的位置，如图 7-29 所示。操作步骤如下。

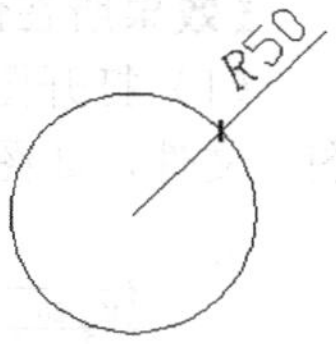

图 7-29

```
命令: _dimradius                              //选择半径命令 ◎
选择圆弧或圆:                                  //单击圆上一点
标注文字 = 50
指定尺寸线位置或 [多行文字(M)/文字(T)/角度(A)]:   //在圆外部单击，确定尺寸线的位置
```

同样用户也可以修改半径尺寸的标注形式，其修改方法与直径尺寸标注相同。

7.5 创建弧长尺寸

弧长标注用于测量圆弧或多段线弧线段上的距离。

启用命令方法如下。

- ⊙ 工具栏："标注"工具栏中的"弧长"按钮 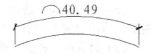。

- ⊙ 菜单命令：标注>弧长。
- ⊙ 命令行：dimarc。

图 7-30

选择"标注>弧长"命令，启用"弧长"命令，光标变为拾取框。选择圆弧对象后，系统会自动生成弧长标注，用户只需移动鼠标确定尺寸线的位置即可，如图 7-30 所示。操作步骤如下。

```
命令: _dimarc                                        //选择弧长命令 ◎
选择弧线段或多段线弧线段:                               //单击选择圆弧
指定弧长标注位置或 [多行文字(M)/文字(T)/角度(A)/部分(P)/]:   //移动鼠标,单击确定尺寸线的位置
标注文字 = 40.49
```

7.6 创建连续及基线尺寸

连续尺寸标注与基线尺寸标注的标注方法相类似。用户需要先建立一个尺寸标注，再进行连续或基线尺寸标注的操作。

标注连续或基线尺寸一般可使用以下两种方法。

（1）直接拾取标注对象上的点，根据已有的尺寸标注来建立基线或连续型的尺寸标注。

（2）按 Enter 键，光标变为拾取框，选择某条尺寸界线作为建立新尺寸标注的基准线。

7.6.1 课堂案例——标注床头柜立面图

【案例学习目标】掌握并熟练运用连续标注和基线标注命令。

【案例知识要点】运用"线性"命令□、"连续"命令⊞和"基线"命令⊟标注床头柜立面图，效果如图 7-31 所示。

【效果所在位置】光盘/Ch07/DWG/标注床头柜立面图。

（1）打开图形文件。选择"文件>打开"命令，打开光盘文件中的"ch07>素材>床头柜立面图"文件，如图 7-32 所示。

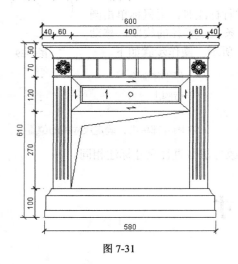

图 7-31

图 7-32

（2）设置图层。选择"格式 > 图层"命令，弹出"图层特性管理器"对话框。选择"DIM"图层，单击"置为当前"按钮✔，设置"DIM"图层为当前图层，单击 确定 按钮。

（3）设置标注样式。选择"样式"工具栏上的"标注样式"命令▱，弹出"标注样式管理器"对话框。在"样式"列表中选择"DIM"标注样式，单击 置为当前(U) 按钮，将其置为当前标注样式，如图 7-33 所示。单击 关闭 按钮，返回绘图窗口。

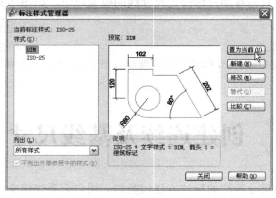

图 7-33

（4）标注线性尺寸。选择"线性"命令□，标注床头柜上侧水平尺寸，如图 7-34 所示。操作步骤如下。

```
命令: _dimlinear                                          //选择线性命令⊟
指定第一条尺寸界线原点或 <选择对象>:                          //单击柜面左侧垂直直线
指定第二条尺寸界线原点:                                      //单击柜脚左侧垂直直线
指定尺寸线位置或
[多行文字(M)/文字(T)/角度(A)/水平(H)/垂直(V)/旋转(R)]:        //移动鼠标,单击确定尺寸线位置
标注文字 = 40
```

（5）标注连续尺寸。选择"连续"命令⊞，标注床头柜上侧水平连续尺寸，如图 7-35 所示。操作步骤如下。

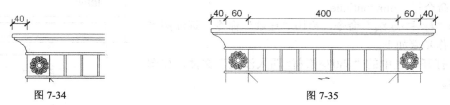

图 7-34   图 7-35

```
命令: _dimcontinue                                        //选择连续命令⊞
指定第二条尺寸界线原点或 [放弃(U)/选择(S)] <选择>:            //选择柜脚内侧垂直直线
标注文字 = 60
指定第二条尺寸界线原点或 [放弃(U)/选择(S)] <选择>:            //选择柜脚内侧垂直直线
标注文字 = 400
指定第二条尺寸界线原点或 [放弃(U)/选择(S)] <选择>:            //选择柜脚右侧垂直直线
标注文字 = 60
指定第二条尺寸界线原点或 [放弃(U)/选择(S)] <选择>:            //选择柜面右侧垂直直线
标注文字 = 40
指定第二条尺寸界线原点或 [放弃(U)/选择(S)] <选择>:            //按 Enter 键
选择连续标注:                                              //按 Enter 键
```

（6）标注基线尺寸。选择"基线"命令⊟，标注床头柜上侧水平基线尺寸，如图 7-36 所示。操作步骤如下。

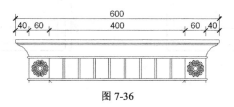

图 7-36

```
命令: _dimbaseline                                        //选择基线命令⊟
指定第二条尺寸界线原点或 [放弃(U)/选择(S)] <选择>:            //按 Enter 键
选择基准标注:                                              //选择线性标注左侧尺寸界线
指定第二条尺寸界线原点或 [放弃(U)/选择(S)] <选择>:            //选择连续尺寸右侧尺寸界限
标注文字 = 600
指定第二条尺寸界线原点或 [放弃(U)/选择(S)] <选择>:            //按 Enter 键
选择基准标注:                                              //按 Enter 键
```

（7）标注其余尺寸。选择"线性"命令⊟、"连续"命令⊞和"基线"命令⊟，标注床头柜其余尺寸，完成后效果如图 7-37 所示。

7.6.2　标注连续尺寸

连续尺寸标注是工程制图中比较常用的一种标注方式,它指一系列首尾相连的尺寸标注。其中,相邻的两个尺寸标注间的尺寸界线会作为公用界线。

启用命令方法如下。

- ⊙　工具栏:"标注"工具栏中的"连续"按钮🔛。
- ⊙　菜单命令:标注>连续。
- ⊙　命令行:dimcontinue。

选择"标注>连续"命令,启用"连续"命令,标注图形尺寸,操作步骤如下。

(1)打开光盘中的"ch07>素材>四人沙发"文件,如图7-38 所示。

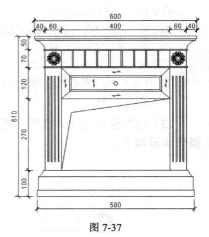

图 7-37

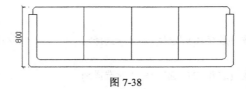

图 7-38

(2)在"图层"工具栏的"图层特性管理器"下拉列表中选择用于标注的图层,并将其置为当前图层;在"样式"工具栏的"标注样式管理器"下拉列表中选择用于标注的标注样式,并将其置为当前样式。

(3)选择"线性标注"命令🔲,捕捉图形的端点并标注其长度,如图7-39 所示。

(4)选择"连续标注"命令🔛,系统会自动认定基准标注的右侧尺寸界线为连续型标注的起始点,继续为图形添加连续型标注,完成后效果如图7-40 所示。

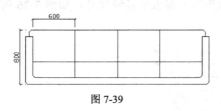

图 7-39

图 7-40

7.6.3　标注基线尺寸

基线型尺寸标注是指所有的尺寸都从同一点开始标注,它们会将基本尺寸标注中起始点处的尺寸界线作为公用尺寸界线。

启用命令方法如下。

- ⊙　工具栏:"标注"工具栏中的"基线"按钮🔲。
- ⊙　菜单命令:标注>基线。
- ⊙　命令行:dimbaseline。

选择"标注>基线"命令,启用"基线"命令,继续为"四人沙发"文件添加标注,操作步骤如下。

（1）选择"基线"命令 ，系统会自动认定基准标注为最后一个尺寸标注，并且以标注的左侧尺寸界线作为基准线标注的起始点，如图 7-41 所示。

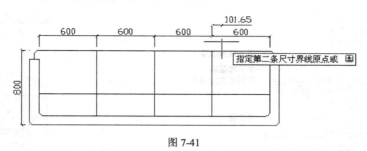

图 7-41

（2）按 Enter 键，光标变为拾取框，选择沙发图形最左侧的水平尺寸标注，系统将认定所选择的标注作为基线型标注的起始点。在沙发图形的最右侧水平尺寸标注的尺寸界线上单击，标注出沙发图形的总长度，如图 7-42 所示。操作步骤如下。

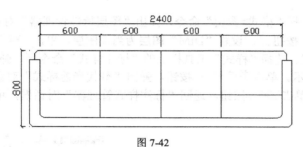

图 7-42

```
命令：_dimbaseline                                    //选择基线命令 ⊟
指定第二条尺寸界线原点或 [放弃(U)/选择(S)] <选择>：      //按 Enter 键
选择基准标注：                                         //单击选择最左侧尺寸界线
指定第二条尺寸界线原点或 [放弃(U)/选择(S)] <选择>：      //单击图形最右侧尺寸界线
标注文字 = 2400
指定第二条尺寸界线原点或 [放弃(U)/选择(S)] <选择>：      //按 Enter 键
选择基准标注：                                         //按 Enter 键
```

7.7 创建特殊尺寸

引线标注一般用于标注材料名称和一些注释信息等；圆心标记用于标记圆以及圆弧的圆心位置。

7.7.1 课堂案例——标注写字台大样图材料名称

【案例学习目标】掌握标注文字注释类的一种快捷方法。

【案例知识要点】使用引线标注命令"qleader"标注写字台大样图材料名称，图形效果如图 7-43 所示。

【效果所在位置】光盘/Ch07/DWG/标注写字台大样图。

（1）打开图形文件。选择"文件>打开"命令，打开光盘文件中的"ch07 >素材>写字台大样图"文件，如图7-44所示。

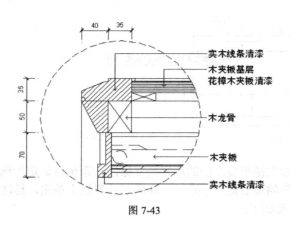

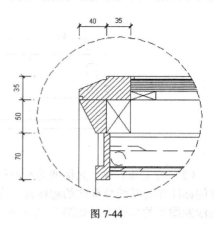

图 7-43 | 图 7-44

（2）设置图层。选择"格式>图层"命令，弹出"图层特性管理器"对话框，选择"DIM"图层，单击"置为当前"按钮 ✔，设置"DIM"图层为当前图层，单击 [确定] 按钮。

（3）设置标注样式。选择"样式"工具栏上的"标注样式"命令 ✍，弹出"标注样式管理器"对话框，如图7-45所示。单击 [替代(O)...] 按钮，弹出"替代当前样式"对话框，设置标注样式参数，如图7-46所示。单击 [确定] 按钮，返回"标注样式管理器"对话框，单击 [关闭] 按钮，返回绘图窗口。

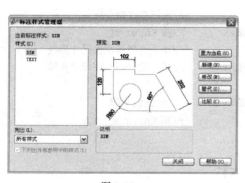

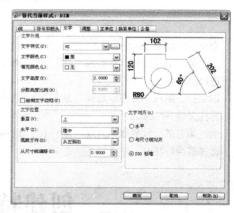

图 7-45 | 图 7-46

（4）标注材料名称。在命令行输入"qleader"，按Enter键，弹出"引线设置"对话框。选择"引线和箭头"选项卡，在"箭头"选项组的下拉列表中选择"直角"选项，如图7-47所示。选择"附着"选项卡，选择"第一行中间"单选项，如图7-48所示。单击 [确定] 按钮，返回绘图窗口，在绘图窗口中单击确定引线位置并输入材料名称，注释结果如图7-49所示。操作步骤如下。

命令: qleader	
指定第一个引线点或 [设置(S)] <设置>:	//按 Enter 键
指定第一个引线点或 [设置(S)] <设置>:	//在引线设置窗口中，单击 [确定] 按钮
指定下一点:	//绘图窗口中，单击确定引线的引出位置
指定下一点:	//单击确定第二点

指定文字宽度 <0.0000>:   //按 Enter 键
输入注释文字的第一行 <多行文字(M)>: 实木线条清漆//输入注释文字
输入注释文字的下一行: //按 Enter 键

图 7-47

图 7-48

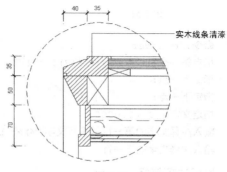

图 7-49

（5）标注其余材料名称。依上述方法，使用引线标注，在绘图窗口中单击确定引线位置并输入材料名称，注释完成后效果如图 7-50 所示。

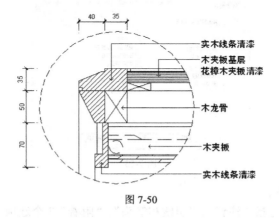

图 7-50

7.7.2　创建引线标注

引线标注用于注释对象信息。用户可以从指定的位置绘制出一条引线来标注对象，并在引线的末端输入文本、公差和图形元素等。在创建引线标注的过程中可以控制引线的形式、箭头的外观形式、标注文字的对齐方式。下面将详细介绍引线标注的使用。

引线可以是直线段或平滑的样条曲线。通常引线是由箭头、直线和一些注释文字组成的标注，如图 7-51 所示。

AutoCAD 提供的"引线"命令可用于创建引线标注。

启用命令方法：命令行输入"qleader"。

在命令行输入"qleader"后，按 Enter 键，依次指定引线上的点，可在图形中添加引线注释，如图 7-52 所示。操作步骤如下。

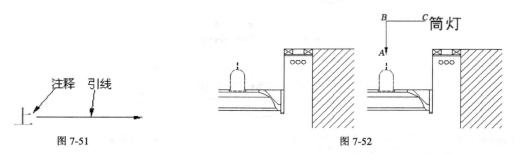

图 7-51　　　　　　　　　　　　　　　　　　图 7-52

```
命令: qleader
指定第一个引线点或 [设置(S)] <设置>:              //单击选择 A 点位置
指定下一点:                                        //单击选择 B 点位置
指定下一点:                                        //单击选择 C 点位置
指定文字宽度 <0.0000>:                             //按 Enter 键
输入注释文字的第一行 <多行文字(M)>: 筒灯           //输入注释的文字"筒灯"
输入注释文字的下一行:                              //按 Enter 键
```

提示选项解释。

⊙　设置（S）：输入字母"S"，按 Enter 键，会弹出"引线设置"对话框，如图 7-53 所示。在该对话框中可以设置引线和引线注释的特性。

图 7-53

对话框选项解释如下。

"引线设置"对话框包括"注释"、"引线和箭头"、"附着" 3 个选项卡。

（1）"注释"选项卡用于设置引线注释类型，指定多行文字选项，并指明是否需要重复使用注释，如图 7-53 所示。

在"注释类型"选项组中，可以设置引线注释类型，并改变引线注释提示。

⊙　"多行文字"单选项：用于提示创建多行文字注释。

⊙ "复制对象"单选项：用于提示复制多行文字、单行文字、公差或块参照对象。

⊙ "公差"单选项：用于显示"公差"对话框，可以创建将要附着到引线上的特征控制框。

⊙ "块参照"单选项：用于插入块参照。

⊙ "无"单选项：用于创建无注释的引线标注。

在"多行文字选项"选项组中，可以设置多行文字选项。选定了多行文字注释类型时该选项才可用。

⊙ "提示输入宽度"复选框：用于指定多行文字注释的宽度。

⊙ "始终左对齐"复选框：设置引线位置无论在何处，多行文字注释都将靠左对齐。

⊙ "文字边框"复选框：用于在多行文字注释周围放置边框。

在"重复使用注释"选项组中，可以设置重复使用引线注释的选项。

⊙ "无"单选项：用于设置为不重复使用引线注释。

⊙ "重复使用下一个"单选项：用于重复使用为后续引线创建的下一个注释。

⊙ "重复使用当前"单选项：用于重复使用当前注释。选择"重复使用下一个"单选项之后重复使用注释时，AutoCAD 将自动选择此选项。

（2）"引线和箭头"选项卡用于设置引线和箭头格式，如图 7-54 所示。

图 7-54

在"引线"选项组中，可以设置引线格式。

⊙ "直线"单选项：用于设置在指定点之间创建直线段。

⊙ "样条曲线"单选项：用于设置将指定的引线点作为控制点来创建样条曲线对象。

在"箭头"选项组中，可以在下拉列表中选择适当的箭头类型，这些箭头与尺寸线中的可用箭头一样。

在"点数"选项组中，可以设置确定引线形状控制点的数量。

⊙ "无限制"复选框：选择"无限制"复选框，系统将一直提示指定引线点，直到按 Enter 键。

⊙ "点数"数值框：设置为比要创建的引线段数目大 1 的数。

在"角度约束"选项组中，可以设置第一段与第二段引线以固定的角度进行约束。

⊙ "第一段"下拉列表框：用于选择设置第一段引线的角度。

⊙ "第二段"下拉列表框：用于选择设置第二段引线的角度。

（3）在"附着"选项卡中，可以设置引线和多行文字注释的附着位置。只有在"注释"选项卡上选定"多行文字"时，此选项卡才可用，如图 7-55 所示。

在"多行文字附着"选项组中，每个选项的文字有"文字在左边"和"文字在右边"两种方式可供选择，用于设置文字附着的位置，如图 7-56 所示。

图 7-55

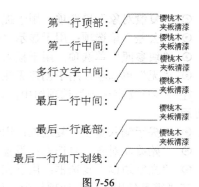

图 7-56

- ⊙ "第一行顶部"单选项：将引线附着到多行文字的第一行顶部。
- ⊙ "第一行中间"单选项：将引线附着到多行文字的第一行中间。
- ⊙ "多行文字中间"单选项：将引线附着到多行文字的中间。
- ⊙ "最后一行中间"单选项：将引线附着到多行文字的最后一行中间。
- ⊙ "最后一行底部"单选项：将引线附着到多行文字的最后一行底部。
- ⊙ "最后一行加下划线"复选框：用于给多行文字的最后一行加下划线。

7.7.3　创建圆心标记

圆心标记可以使系统自动将圆或圆弧的圆心标记出来。标记的大小可以在"标注样式管理器"对话框中进行修改。

启用命令方法如下。

- ⊙ 工具栏："标注"工具栏中的"圆心标记"按钮⊕。
- ⊙ 菜单命令：标注>圆心标记。
- ⊙ 命令行：dimcenter。

选择"标注>圆心标记"命令，启用"圆心标记"命令，光标变为拾取框，单击需要添加圆心标记的图形即可，圆心标记效果如图 7-57 所示。操作步骤如下。

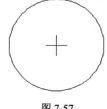

图 7-57

| 命令：_dimcenter | //选择圆心标记命令⊕ |
| 选择圆弧或圆： | //单击选择圆 |

7.7.4　创建公差标注

公差标注包括尺寸公差标注和形位公差标注。

1. 标注尺寸公差

在使用公差标注图形时，可以使用替代标注样式的方法。打开"标注样式管理器"对话框，选择当前使用的标注样式，单击 替代(0)... 按钮，在弹出的"替代当前样式"对话框中设置公差标注样式，如图 7-58 所示。单击 确定 按钮，返回到"标注样式管理器"对话框，单击 关闭 按钮，退出对话框。再进行标注，系统标注的尺寸变为所设置的公差样式，效果如图 7-59 所示。

2. 标注形位公差

使用"公差"命令可以标注形位公差，它包括形状公差和位置公差。形位公差表示零件的形状、轮廓、方向、位置和跳动的允许偏差。在 AutoCAD 中，利用"公差"命令可以创建各种形位公差。

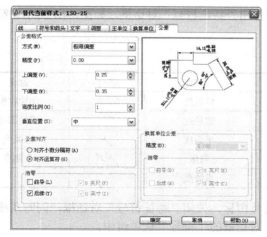

图 7-58

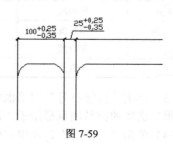

图 7-59

启用命令方法如下。

⊙　工具栏："标注"工具栏中的"公差"按钮🔳。

⊙　菜单命令：标注 > 公差。

⊙　命令行：tolerance。

选择"标注 > 公差"命令，启用"公差"命令，创建形位公差，操作步骤如下。

（1）选择"公差"命令🔳，弹出"形位公差"对话框，如图 7-60 所示。

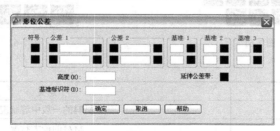

图 7-60

对话框选项解释如下。

⊙　"符号"选项组：用于设置形位公差的几何特征符号。

⊙　"公差 1"选项组：用于在特征控制框中创建第一个公差值。该公差值指明了几何特征相对于精确形状的允许偏差量。另外用户可在公差值前插入直径符号，在其后插入包容条件符号。

⊙　"公差 2"选项组：用于在特征控制框中创建第二个公差值。

⊙　"基准 1"选项组：用于在特征控制框中创建第一级基准参照。基准参照由值和修饰符号组成。基准是理论上精确的几何参照，用于建立特征的公差带。

⊙　"基准 2"选项组：用于在特征控制框中创建第二级基准参照。

⊙　"基准 3"选项组：用于在特征控制框中创建第三级基准参照。

⊙　"高度"选项：在特征控制框中创建投影公差带的值。投影公差带会控制固定垂直部分延伸区的高度变化，并以位置公差控制公差精度。

⊙　"延伸公差带"选项：在延伸公差带值的后面插入延伸公差带符号Ⓟ。

⊙　"基准标识符"选项：创建由参照字母组成的基准标识符号。基准是理论上精确的几何参照，用于建立其他特征的位置和公差带。点、直线、平面、圆柱或者其他几何图形都能作为基准。

（2）单击"符号"选项组中的黑色图标，弹出"特征符号"对话框，如图 7-61 所示。符号的表示意义列于表 7-1。

表 7-1

符号	意义	符号	意义	符号	意义
⊕	位置度	∠	倾斜度	⌒	面轮廓度
◎	同轴度	⌀	圆柱度	⌒	线轮廓度
⹀	对称度	▱	平面度	↗	圆跳度
//	平行度	○	圆度	↗↗	全跳度
⊥	垂直度	—	直线度		

（3）单击"特征符号"对话框中相应的符号图标，关闭"特征符号"对话框，同时系统会自动将用户选取的符号图标显示于"形位公差"对话框的"符号"选项组中。

（4）单击"公差 1"选项组左侧的黑色图标可以添加直径符号，再次单击刚添加的直径符号图标则可以将其取消。

（5）在"公差 1"选项组的数值框中可以输入公差 1 的数值。若单击其右侧的黑色图标，会弹出"附加符号"对话框，如图 7-62 所示，符号的表示意义列于表 7-2。

图 7-61

图 7-62

表 7-2

符号	意义
Ⓜ	材料的一般中等状况
Ⓛ	材料的最大状况
Ⓢ	材料的最小状况

（6）利用同样的方法，设置"公差 2"选项组中的各项。

（7）"基准 1"选项组是用于设置形位公差的第一基准。在该选项组的文本框中输入形位公差的基准代号，单击其右侧的黑色图标会显示"附加符号"对话框，从中可选取相应的符号图标。

（8）利用同样方法，设置形位公差的第二、第三基准。

（9）在"高度"数值框中设置高度值。

（10）单击"延伸公差带"右侧的黑色图标，则可以插入投影公差带的符号图标Ⓟ。

（11）在"基准标识符"文本框中可以添加一个基准值。

（12）设置完成后，单击"形位公差"对话框的[确定]按钮，返回绘图窗口中。系统将提示"输入公差位置："，在适当的位置单击，即可确定公差的标注位置。完成后的形位公差如图 7-63 所示。

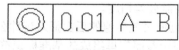

图 7-63

利用"公差"命令创建的形位公差不带引线，如图 7-63 所示。因此通常要利用"引线"命令来创建带引线的形位公差。操作步骤如下。

（1）选择"标注 > 引线"命令，按 Enter 键，弹出"引线设置"对话框。在"注释类型"选项组中选择"公差"单选项，如图 7-64 所示。

（2）单击 确定 按钮，退出对话框，对图形进行标注。

（3）在确定引线后，会弹出"形位公差"对话框。此时用户可设置形位公差的数值。完成后单击 确定 按钮，系统将在引线后自动形成公差形式的标注，如图 7-65 所示。

图 7-64

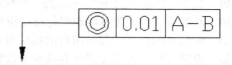

图 7-65

7.8 快速标注

利用"快速标注"命令 ，可以快速创建或编辑基线标注和连续标注，或为圆或圆弧创建标注。用户可以一次选择多个对象，AutoCAD 将自动完成所选对象的标注。

启用命令方法如下。

◉ 工具栏："标注"工具栏中的"快速标注"按钮 。

◉ 菜单命令：标注 > 快速标注。

◉ 命令行：qdim。

选择"标注 > 快速标注"命令，启用"快速标注"命令，一次标注多个对象，如图 7-66 所示，操作步骤如下。

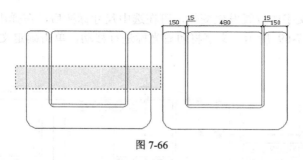

图 7-66

命令：_qdim   //选择快速标注命令

关联标注优先级 = 端点

选择要标注的几何图形：指定对角点：找到 6 个	//用交差窗口框选要标注的图形
选择要标注的几何图形：	//按 Enter 键
指定尺寸线位置或	
[连续(C)/并列(S)/基线(B)/坐标(O)/半径(R)/直径(D)/基准点(P)/编辑(E)/设置(T)] <连续>：	
	//移动鼠标，单击确定尺寸线的位置
	//按 Enter 键，生成连续的标注

提示选项解释如下。

- ⊙ 连续（C）：用于创建连续标注。
- ⊙ 并列（S）：用于创建一系列并列标注。
- ⊙ 基线（B）：用于创建一系列基线标注。
- ⊙ 坐标（O）：用于创建一系列坐标标注。
- ⊙ 半径（R）：用于创建一系列半径标注。
- ⊙ 直径（D）：用于创建一系列直径标注。
- ⊙ 基准点（P）：为基线和坐标标注设置新的基准点。
- ⊙ 编辑（E）：用于显示所有的标注节点，可以在现有标注中添加或删除点。
- ⊙ 设置（T）：为指定尺寸界线原点设置默认对象捕捉方式。

7.9　编辑尺寸标注

用户可以单独修改图形中现有标注对象的各个部分，也可以利用标注样式修改图形中现有标注对象的所有部分。下面将详细介绍如何单独修改图形中现有的标注对象。

7.9.1　拉伸尺寸标注

通过移动夹点，可以调整标注文字、尺寸线的位置，或改变尺寸界限的长度。移动不同位置的夹点时，尺寸标注有不同的效果。

拖动标注文字上的节点或尺寸线与尺寸界线的交点时，尺寸线与标注文字的位置会发生变化，尺寸界线的长度也会发生变化，如图 7-67 所示。

拖动尺寸界线的端点时，尺寸界线的长度会发生变化，尺寸线及标注文字不会发生变化，如图 7-68 所示。

若想单独使标注文字的位置发生变化，可在选中尺寸标注后，在弹出的菜单中选择"仅移动文字"命令，如图 7-69 所示。文字将随着光标进行移动，单击确定文字的位置，如图 7-70 所示。

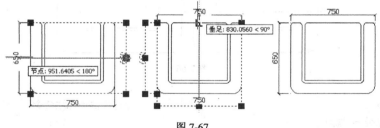

图 7-67

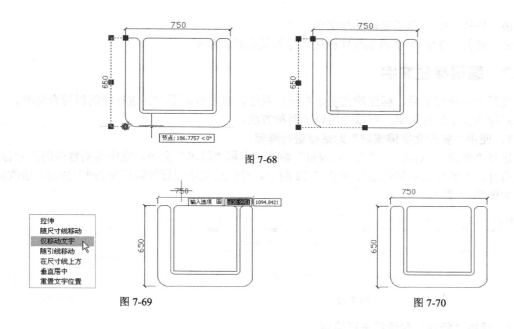

图 7-68

图 7-69

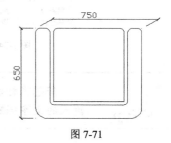

图 7-70

> 可以使用"分解"命令 🗐，将标注的几部分分解，单独进行修改。每个部分属于单独的图形或文字对象。

注意

7.9.2 倾斜尺寸标注

在默认的情况下，尺寸界线与尺寸线相垂直，文字水平放置在尺寸线上。如果在图形中进行标注时，尺寸界线与图形中其他对象发生冲突，可以使用"倾斜"命令，将尺寸界线倾斜放置。

选择"标注>倾斜"命令，启用"倾斜"命令，光标变为拾取框，选择需要设置倾斜的标注，在命令提示窗口中输入要倾斜的角度，按 Enter 键确认，如图 7-71 所示。操作步骤如下。

图 7-71

命令: _dimedit	//选择倾斜菜单命令
输入标注编辑类型 [默认(H)/新建(N)/旋转(R)/倾斜(O)] <默认>: _o	
选择对象: 找到 1 个	//单击选择需要倾斜的标注
选择对象:	//按 Enter 键
输入倾斜角度 (按 ENTER 表示无): 30	//输入倾斜的角度值

> 可以在"标注"工具栏中单击"编辑标注"按钮 ，并在命令提示窗口中指定需要的命令进行倾斜设置。

提示

提示选项解释如下。

⊙ 默认（H）：将选中的标注文字移回到由标注样式指定的默认位置和旋转角。

⊙ 新建（N）：可以打开"多行文字编辑器"对话框，编辑标注文字。

- ⊙　旋转（R）：用于旋转标注文字。
- ⊙　倾斜（O）：用于调整线性标注尺寸界线的倾斜角度。

7.9.3　编辑标注文字

进行尺寸标注之后，标注的文字是系统测量值，有时候需要对齐进行编辑以符合标准。

对标注文字进行编辑，可以使用以下两种方法。

1. 使用"多行文字编辑器"对话框进行编辑

选择"修改 > 对象 > 文字 > 编辑"命令，启用"编辑"命令，选中需要修改的尺寸标注，系统将打开"多行文字编辑器"，如图 7-72 所示。对标注文字进行编辑后单击 确定 按钮，修改后的效果如图 7-73 所示。

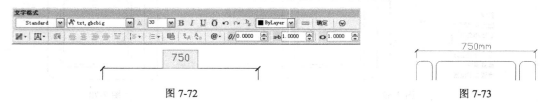

图 7-72　　　　　　　　　　　　　　　　　　　图 7-73

2. 使用"特性"对话框进行编辑

选择"工具 > 特性"命令，打开"特性"对话框，选择需要修改的标注，并拖动对话框的滑块到文字特性控制区域，单击激活"文字替代"文本框，输入需要替代的文字，如图 7-74 所示。按 Enter 键确认，按 Esc 键退出标注的选择状态，标注的修改效果如图 7-75 所示。

图 7-74　　　　　　　　　　　　　　　　　　　图 7-75

技巧　　若想将标注文字的样式还原为实际测量值，可直接将在"文字替代"文本框中输入的文字删除。

7.9.4　编辑标注特性

使用"特性"对话框，还可以编辑尺寸标注各部分的属性。

选择需要修改的标注，在"特性"对话框中会显示出所选标注的属性信息，如图 7-76 所示。可以拖动滑块到需要编辑的对象，激活相应的选项进行修改，修改后按 Enter 键确认。

文字	▲
填充颜色	无
分数类型	水平
文字颜色	■ ByBlock
文字高度	2.5

图 7-76

7.10　课堂练习——标注天花板大样图材料名称

【练习知识要点】 选择"文件 > 打开"命令，打开光盘文件中的"ch07 > 素材 > 天花板大样图"文件，标注天花板材料名称，效果如图 7-77 所示。

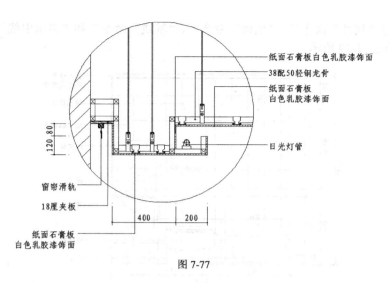

图 7-77

【效果所在位置】光盘/Ch07/DWG/标注天花板大样图材料名称。

7.11 课后习题——标注行李柜立面图

【练习知识要点】选择"文件 > 打开"命令，打开光盘文件中的"ch07 > 素材 > 行礼柜立面图"文件，利用"线性"命令、"连续"命令和"基线"命令进行尺寸标注，效果如图 7-78 所示。

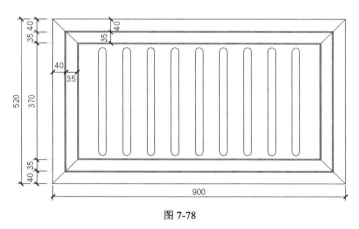

图 7-78

【效果所在位置】光盘/Ch07/DWG/标注行李柜立面图。

7.12 课后习题——标注浴室立面图

【习题知识要点】选择"文件 > 打开"命令，打开光盘文件中的"ch07 > 素材 > 浴室立面图"文件，利用"线性"命令 ⊟、"连续"命令 ⊞、"基线"命令 ⊟ 和"多重引线"命令 ♪ 进行尺寸标注，效果如图 7-79 所示。

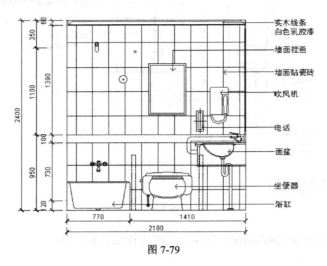

实木线条
白色乳胶漆

墙面挂画

墙面贴瓷砖

吹风机

电话

面盆

坐便器

浴缸

图 7-79

【效果所在位置】光盘/Ch07/DWG/标注浴室立面图。

8 图块与外部参照

本章主要介绍块和动态块的创建和插入以及使用外部参照的方法。建筑工程设计图中利用块可以重复调用相同或相似的图形，动态块提供了块的在位调整功能，利用外部参照可以共享设计数据。熟练掌握这些命令有利于团队合作进行并行设计，从而大大提高绘图速度和设计能力。

课堂学习目标
- 块
- 动态块
- 外部参照

8.1 块

在建筑工程图中，块的应用是很广泛的。建筑工程图中，存在着很多相似、甚至是一样的图形，如门、桌椅、床等，利用绘制及编辑命令重复地绘制将是一件很麻烦的事。在 AutoCAD 中，利用块命令可以将这些相似的图形定义成块，定义完成后就可以根据需要在图形文件中插入这些块。

8.1.1 课堂案例——应用节点索引

【案例学习目标】掌握并能够熟练应用创建块命令和插入块命令。

【案例知识要点】利用标注的各种命令和"创建块"命令、"插入块"命令，标示建筑详图，图形效果如图 8-1 所示。

【效果所在位置】光盘/Ch08/DWG/详图中应用节点索引。

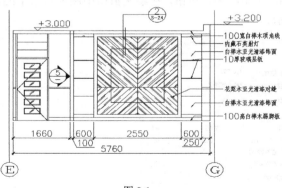

图 8-1

（1）打开图形文件。选择"文件 > 打开"命令，打开光盘文件中的"ch08 > 素材 > 详图"文件，如图 8-2 所示。

（2）标注尺寸。选择"线性"命令 $\boxdot$、"连续"命令 $\boxplus$ 和"基线"命令 $\boxminus$，标注详图的尺寸，如图 8-3 所示。

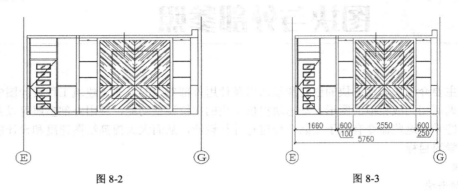

图 8-2　　　　　　　　　　　　　　　　　　　图 8-3

（3）标注材料名称。选择"引线"命令 $\mathcal{P}$，标注材料名称，如图 8-4 所示。
（4）绘制块的图形对象。选择"直线"命令 $\diagup$，绘制标高图块的图形对象，如图 8-5 所示。

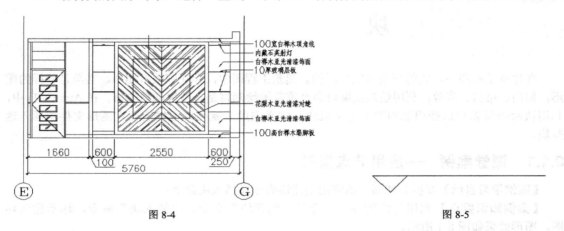

图 8-4　　　　　　　　　　　　　　　　　　　图 8-5

（5）创建块属性。选择"绘图 > 块 > 定义属性"命令，弹出"属性定义"对话框，设置对话框参数，如图 8-6 所示。单击 确定 按钮，在绘图窗口中图形对象上的合适地方插入块属性，完成后的效果如图 8-7 所示。

图 8-6

图 8-7

（6）创建标高图块。选择"创建块"命令 ，弹出"块定义"对话框，在"名称"文本框中输入块名称"标高"。单击"拾取点"按钮，在绘图窗口中选择标高图形对象上的一点作为块插入参考点。单击"选择对象"按钮，在绘图窗口中选择标高图形对象和块属性文本，如图 8-8 所示。完成后单击 确定 按钮，弹出"编辑属性"对话框，如图 8-9 所示，单击 确定 按钮。

图 8-8

图 8-9

（7）创建其余图块。根据步骤（4）至（6），创建索引和详图符号图块，如图 8-10 所示。

（8）插入标高图块。选择"插入块"命令，弹出"插入"对话框，在"名称"下拉列表中选择"标高"选项，如图 8-11 所示。单击 确定 按钮，在绘图窗口中单击，输入标高值"+3.000"，完成后的效果如图 8-12 所示。

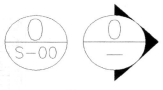

图 8-10

图 8-11

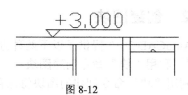

图 8-12

（9）输入另一个标高。根据步骤（8）输入另一个标高值"+3.200"，如图 8-13 所示。

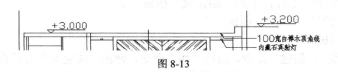

图 8-13

（10）插入索引符号图块。选择"插入块"命令，弹出"插入"对话框，在"名称"下拉列表中选择"索引符号"选项。在绘图窗口中单击，输入索引的详图编号"5"，输入详图所在的图号"—"（表示详图在本页内），如图 8-14 所示。

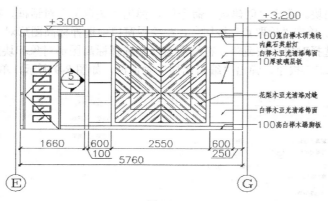

图 8-14

　　（11）插入详图符号图块。选择"插入块"命令🖼️，弹出"插入"对话框，在"名称"下拉列表中选择"详图符号"选项。在绘图窗口中单击，输入索引的详图编号"2"，输入被索引的图纸号"S-24"，完成后的效果如图 8-15 所示。

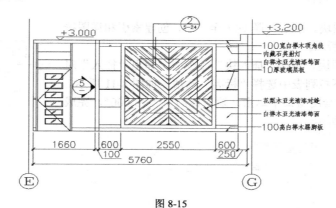

图 8-15

8.1.2　创建图块

　　AutoCAD 2012 提供了以下两种方法来创建图块。

1. 利用"块"命令创建图块

　　利用"块"命令创建的图块将保存于当前的图形文件中，此时该图块只能应用到当前的图形文件，而不能应用到其他的图形文件。

　　启用命令方法如下。

　　⊙　工具栏："绘图"工具栏中的"创建块"按钮🖼️。

　　⊙　菜单命令：绘图 > 块 > 创建。

　　⊙　命令行：b（block）。

　　选择"绘图 > 块 > 创建"命令，启用"块"命令，弹出"块定义"对话框，如图 8-16 所示。在该对话框中对图形进行块的定义，然后单击🔲确定🔲按钮，创建图块。

　　对话框选项解释如下。

　　⊙　"名称"列表框：用于输入或选择图块的名称。

　　"基点"选项组用于确定图块插入基点的位置。

图 8-16

⊙ "在屏幕上指定"复选框：在屏幕上指定块的基点。

⊙ "X"、"Y"、"Z"数值框：可以输入插入基点的 X、Y、Z 坐标。

⊙ "拾取点"按钮：在绘图窗口中选取插入基点的位置。

"对象"选项组用于选择构成图块的图形对象。

⊙ "在屏幕上指定"复选框：在屏幕上指定构成图块的图形对象。

⊙ "选择对象"按钮：单击该按钮，即可在绘图窗口中选择构成图块的图形对象。

⊙ "快速选择"按钮：单击该按钮，打开"快速选择"对话框，即可通过该对话框进行快速过滤来选择满足条件的实体目标。

⊙ "保留"单选项：选择该选项，则在创建图块后，所选图形对象仍保留并且属性不变。

⊙ "转换为块"单选项：选择该选项，则在创建图块后，所选图形对象转换为图块。

⊙ "删除"单选项：选择该选项，则在创建图块后，所选图形对象将被删除。

"设置"选项组用于指定块的设置。

⊙ "块单位"列表框：指定块参照插入单位。

⊙ "超链接"按钮 超链接(L)... ：单击 超链接(L)... 按钮，会弹出"插入超链接"对话框，如图 8-17 所示。通过列表或指定的路径，可以将超链接与块定义相关联。

图 8-17

"方式"选项组用于指定图块的插入方式。

⊙ "注释性"复选框：指定块为注释性。

⊙ "使块方向与布局匹配"复选框：指定在图纸空间视口中的块参照的方向与布局的方向匹配。如果未选择"注释性"选项，则该选项不可用。

⊙ "按统一比例缩放"复选框：指定块参照是否按统一比例缩放。

⊙ "允许分解"复选框：指定块参照是否可以被分解。

⊙ "说明"文本框：用于输入图块的说明文字。

⊙ "在块编辑器中打开"复选框：用于在块编辑器中打开当前的块定义。（块编辑器用来创建动态块，下一节将详细介绍。）

2．利用"写块"命令创建图块

利用"块"命令创建的图块，只能在该图形文件内使用而不能应用于其他图形文件，因此有一定的局限性。若想在其他图形文件使用已创建的图块，则需利用"写块"命令创建图块，并将其保存到用户计算机的硬盘中。

启用命令方法如下。

⊙ 命令行：wblock。

启用"写块"命令，操作步骤如下。

（1）在命令提示窗口中输入"wblock"，按 Enter 键，弹出"写块"对话框，如图 8-18 所示。

图 8-18

对话框选项解释如下。

"源"选项组用于选择图块和图形对象，将其保存为文件并为其指定插入点。

⊙ "块"单选项：用于从列表中选择要保存为图形文件的现有图块。

⊙ "整个图形"单选项：将当前图形作为一个图块，并作为一个图形文件保存。

⊙ "对象"单选项：用于从绘图窗口中选择构成图块的图形对象。

"基点"选项组用于确定图块插入基点的位置。

⊙ "X"、"Y"、"Z"数值框：可以输入插入基点的 X、Y、Z 坐标。

⊙ "拾取点"按钮 ：在绘图窗口中选取插入基点的位置。

"对象"选项组用于选择构成图块的图形对象。

⊙ "选择对象"按钮 ：单击该按钮，在绘图窗口中选择构成图块的图形对象。

⊙ "快速选择"按钮 ：单击该按钮，打开"快速选择"对话框，通过该对话框进行快速过滤来选择满足条件的实体目标。

⊙ "保留"单选项：选择该选项，则在创建图块后，所选图形对象仍保留并且属性不变。

⊙ "转换为块"单选项：选择该选项，则在创建图块后，所选图形对象转换为图块。

⊙ "从图形中删除"单选项：选择该选项，则在创建图块后，所选图形对象将被删除。

"目标"选项组用于指定图块文件的名称、位置和插入图块时使用的测量单位。

⊙ "文件名和路径"列表框：用于输入或选择图块文件的名称和保存位置。单击右侧的▭▭按钮，弹出"浏览图形文件"对话框，指定图块的保存位置，并指定图块的名称。

⊙ "插入单位"下拉列表：用于选择插入图块时使用的测量单位。

（2）在"写块"对话框中对图块进行定义。

（3）单击▭确定▭按钮，将图形存储到指定的位置，在绘图过程中需要时可随时调用它。

　　　　利用"写块"命令创建的图块是 AutoCAD 2012 的一个 dwg 格式文件，属于外部文件，它不会保留原图形中未用的图层和线型等属性。

8.1.3 图块属性

图块属性是附加在图块上的文字信息。在 AutoCAD 中经常会利用图块属性来预定义文字的位置、内容或默认值等。在插入图块时，输入不同的文字信息，可以使相同的图块表达不同的信息，如标高和索引符号就是利用图块属性设置的。

1．创建和应用图块属性

定义带有属性的图块时，需要将作为图块的图形和标记图块属性的信息两个部分定义为图块。

启用命令方法如下。

⊙ 菜单命令：绘图 > 块 > 定义属性。

⊙ 命令行：attdef。

选择"绘图>块>定义属性"命令，启用"定义属性"命令，弹出"属性定义"对话框，如图8-19 所示。从中可定义模式、属性标记、属性提示、属性值、插入点和属性的文字选项等。

图 8-19

"模式"选项组用于设置在图形中插入块时，与块关联的属性值选项。

⊙ "不可见"复选框：指定插入块时不显示或打印属性值。

⊙ "固定"复选框：在插入块时赋予属性固定值。

⊙ "验证"复选框：在插入块时，提示验证属性值是否正确。

⊙ "预设"复选框：插入包含预设属性值的块时，将属性设置为默认值。

◎ "锁定位置"复选框：锁定块参照中属性的位置。 解锁后，属性可以相对于使用夹点编辑的块的其他部分移动，并且可以调整多行属性的大小。

◎ "多行"复选框：指定属性值可以包含多行文字。选定此选项后，可指定属性的边界宽度。

"属性"选项组用于设置属性数据。

◎ "标记"文本框：标识图形中每次出现的属性。

◎ "提示"文本框：指定在插入包含该属性定义的块时显示的提示。

◎ "默认"数值框：指定默认属性值。

在"插入点"选项组中可以指定属性位置。用户可以输入坐标值，或者选择"在屏幕上指定"复选框，然后使用光标根据与属性关联的对象指定属性的位置。

在"文字设置"选项组中可以设置属性文字的对正、样式、高度和旋转。

◎ "对正"下拉列表：用于指定属性文字的对正方式。

◎ "文字样式"下拉列表：用于指定属性文字的预定义样式。

◎ "注释性"复选框：如果块是注释性的，则属性将与块的方向相匹配。

◎ "文字高度"文本框：可以指定属性文字的高度。

◎ "旋转"文本框：可以使用光标来确定属性文字的旋转角度。

◎ "边界宽度"文本框：指定多线属性中文字行的最大长度。

在图形中创建带有属性的块，操作步骤如下。

（1）利用"直线"命令，绘制作为图块的图形，如图 8-20 所示。

（2）选择"绘图 > 块 > 定义属性"命令，弹出"属性定义"对话框，设置块的属性值，如图 8-21 所示。

图 8-20   图 8-21

（3）单击 确定 按钮，返回绘图窗口，在步骤（1）绘制好的图形上的适当位置单击，确定块属性文字的位置，如图 8-22 所示。完成后的效果如图 8-23 所示。

图 8-22   图 8-23

（4）选择"创建块"命令，弹出"块定义"对话框，单击"选择对象"按钮，在绘图窗口中选择图形和块属性定义的文字。按 Enter 键，返回对话框，定义其他参数，如图 8-24 所示。完成后单击 确定 按钮，弹出"编辑属性"对话框，如图 8-25 所示，单击 确定 按钮。

图 8-24   图 8-25

2. 编辑图块属性

创建带有属性的图块之后，可以对其属性进行编辑，如编辑属性标记和提示等。

启用命令方法如下。

⊙ 工具栏："修改Ⅱ"工具栏上的"编辑属性"按钮 ⚙。

⊙ 菜单命令：修改 > 对象 > 属性 > 单个。

编辑图块的属性，操作方法如下。

（1）选择"修改 > 对象 > 属性 > 单个"命令，启用"编辑属性"命令。单击带有属性的图块，弹出"增强属性编辑器"对话框，如图 8-26 所示。

图 8-26

（2）在"属性"选项卡中显示图块的属性，如标记、提示和默认值，此时用户可以在"值"数值框中修改图块属性的默认值。

（3）单击"文字选项"选项卡，如图 8-27 所示。从中可以设置属性文字在图形中的显示方式，如文字样式、对正方式、文字高度和旋转角度等。

（4）单击"特性"选项卡，如图 8-28 所示。从中可以定义图块属性所在的图层以及线型、颜色和线宽等。

图 8-27   图 8-28

（5）设置完成后单击 应用(A) 按钮，修改图块属性。若单击 确定 按钮，可修改图块属性，并关闭对话框。

3．修改图块的属性值

创建带有属性的块，要指定一个属性值。如果这个属性不符合需要，可以在图块中对属性值进行修改。修改图块的属性值时，要使用"编辑属性"命令。

启用命令方法如下。

⊙　命令行：attedit。

在命令提示窗口中输入"attedit"，启用"编辑属性"命令，光标变为拾取框。单击要修改属性的图块，弹出"编辑属性"对话框，如图 8-29 所示。在"请输入标高值"选项的数值框中，可以输入新的数值。单击 确定 按钮，退出对话框，完成对图块属性值的修改。

4．块属性管理器

图形中存在多种图块时，可以通过"块属性管理器"来管理图形中所有图块的属性。

启用命令方法如下。

⊙　工具栏："修改 II"工具栏中的"块属性管理器"按钮 。

⊙　菜单命令："修改 > 对象 > 属性 > 块属性管理器"。

⊙　命令行：battman。

选择"修改 > 对象 > 属性 > 块属性管理器"命令，启用"块属性管理器"命令，弹出"块属性管理器"对话框，如图 8-30 所示。在对话框中，可以对选择的块进行属性编辑。

图 8-29

图 8-30

对话框选项解释如下。

⊙　"选择块"按钮 ：暂时隐藏对话框，在图形中选中要进行编辑的图块后，即可返回到"块属性管理器"对话框中进行编辑。

⊙　"块"下拉列表：可以指定要编辑的块，列表中将显示块所具有的属性定义。

⊙　 设置(S)... 按钮：单击该按钮，会弹出"块属性设置"对话框，可以在这里设置"块属性管理器"中属性信息的列出方式，如图 8-31 所示。设置完成后，单击 确定 按钮。

⊙　 同步(Y) 按钮：当修改块的某一属性定义后，单击 同步(Y) 按钮，会更新所有具有当前定义属性特性的选定块的全部实例。

⊙　 上移(U) 按钮：在提示序列中，向上一行移动选定的属性标签。

⊙　 下移(D) 按钮：在提示序列中，向下一行移动选定的属性标签。选定固定属性时， 上移(U) 或 下移(D) 按钮为不可用状态。

⊙　 编辑(E)... 按钮：单击 编辑(E)... 按钮，会弹出"编辑属性"对话框。在"属性"、"文字选项"和"特性"选项卡中，可以对块的各项属性进行修改，如图 8-32 所示。

图 8-31

图 8-32

- ⊙ 删除 (R) 按钮：可以删除列表中所选的属性定义。
- ⊙ 应用 (A) 按钮：将设置应用到图块中。
- ⊙ 确定 按钮：保存并关闭对话框。

8.1.4　插入图块

在绘图过程中，若需要应用图块，可以利用"插入块"命令将已创建的图块插入到当前图形中。在插入图块时，用户需要指定图块的名称、插入点、缩放比例和旋转角度等。

启用命令方法如下。

- ⊙ 工具栏："绘图"工具栏中的"插入块"按钮 🔄。
- ⊙ 菜单命令：插入>块。
- ⊙ 命令行：i（insert）。

选择"插入>块"命令，启用"插入块"命令，弹出"插入"对话框，如图 8-33 所示，从中可以指定要插入的图块名称与位置。

图 8-33

对话框选项解释如下。

- ⊙ "名称"列表框：用于输入或选择需要插入的图块名称。

若需要使用外部文件（即利用"写块"命令创建的图块），可以单击 浏览 (B)... 按钮，在弹出的"选择图形文件"对话框中选择相应的图块文件。单击 确定 按钮，可将该文件中的图形作为块插入到当前图形中。

- ⊙ "插入点"选项组：用于指定块的插入点的位置。可以利用鼠标在绘图窗口中指定插入点的位置，也可以输入插入点的 x、y、z 坐标。
- ⊙ "比例"选项组：用于指定块的缩放比例。可以直接输入块的 x、y、z 方向的比例因子，也可以利用鼠标在绘图窗口中指定块的缩放比例。

⊙　"旋转"选项组：用于指定块的旋转角度。在插入块时，可以按照设置的角度旋转图块。

⊙　"分解"复选框：若选择该选项，则插入的块不是一个整体，而是被分解为各个单独的图形对象。

8.1.5　重命名图块

创建图块后，可以根据实际需要对图块重新命名。

启用命令方法如下。

⊙　命令行：　ren（rename）。

重命名图块，操作步骤如下。

（1）在命令提示窗口中输入"ren（rename）"，弹出"重命名"对话框。

（2）在"命名对象"列表中选中"块"选项，"项目"列表中将列出图形中所有内部块的名称。选中需要重命名的块，"旧名称"文本框中会显示所选块的名称，如图 8-34 所示。

（3）在下面的文本框中输入新名称，单击 重命名为 (R): 按钮，"项目"列表中将显示新名称，如图 8-35 所示。

图 8-34

图 8-35

（4）单击 确定 按钮，完成对内部图块名称的修改。

8.1.6　分解图块

当在图形中使用块时，AutoCAD 会将块作为单个的对象处理，用户只能对整个块进行编辑。如果用户需要编辑组成块的某个对象时，需要将块的组成对象分解为单一个体。

分解图块有以下 3 种方法。

⊙　插入图块时，在"插入"对话框中，选择"分解"复选框，再单击 确定 按钮，插入的图形仍保持原来的形式，但用户可以对其中某个对象进行修改。

⊙　插入图块对象后，利用"分解"命令 ，将图块分解为多个对象。分解后的对象将还原为原始的图层属性设置状态。如果分解带有属性的块，属性值将会丢失，并重新显示其属性定义。

⊙　在命令提示窗口中输入命令"xplode"，分解块时可以指定所在层、颜色和线型等选项。操作步骤如下。

命令：xplode	//输入分解命令
请选择要分解的对象。	
选择对象：找到 1 个	//单击选择块
选择对象：	//按 Enter 键
找到 1 个对象。	
输入选项	

[全部(A)/颜色(C)/图层(LA)/线型(LT)/线宽(LW)/从父块继承(I)/分解(E)] <分解>：E   //选择"分解"选项对象已分解。

8.2 动态块

AutoCAD 2012 中提供了创建动态块的功能。用户可以通过自定义夹点或自定义特性来操作动态块参照中的几何图形。这使得用户可以根据需要在位调整图块，而不用搜索另一个图块以插入或重定义现有的图块。

8.2.1 课堂案例——绘制门动态块

【案例学习目标】掌握动态块并能够随意调用。

【案例知识要点】创建门动态块，图形效果如图 8-36 所示。

【效果所在位置】光盘/Ch08/DWG/门动态块。

（1）打开图形文件。选择"文件 > 打开"命令，打开光盘文件中的"ch08 > 素材 > 门"文件，如图 8-37 所示。

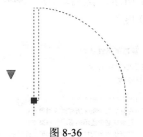

图 8-36

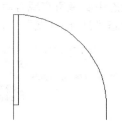

图 8-37

（2）使用菜单命令"工具>块编辑器"，弹出"编辑块定义"对话框，如图 8-38 所示。选择当前图形作为要创建或编辑的块，按 确定 按钮，进入"块编辑器"界面，如图 8-39 所示。

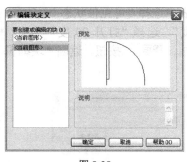

图 8-38

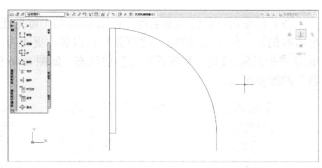

图 8-39

（3）对门板进行阵列。选择"环形阵列"工具 ，设置项目总数为 7，填充角度为-90°，效果如图 8-40 所示。

（4）删除多余门板。选择"删除"工具 ，删除 15°、75°位置处多余的门板，如图 8-41 所示。

（5）绘制圆弧。选择"圆弧"工具 ，绘制门板在 30°、45°和 60°位置处的圆弧，如图 8-42 所示。

（6）定义动态块的可见性参数。在"块编写选项板"的"参数"选项卡下，单击选择"可见性参数"命令 ，在编辑区域中的合适位置单击，如图 8-43 所示（注意图中的警告图标，表示还没有定义动作）。

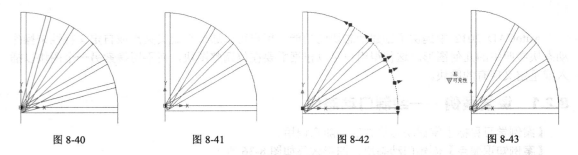

图 8-40　　　　　　　　图 8-41　　　　　　　　图 8-42　　　　　　　　图 8-43

（7）创建可见性状态。在"块编辑器"中的"工具栏"上，选择"管理可见性状态"命令 ，弹出"可见性状态"对话框，如图 8-44 所示。单击 新建(N)... 按钮，弹出"新建可见性状态"对话框，在"可见性状态名称"文本框中输入"打开 90 度"，在"新状态的可见性选项"选项组中选择"在新状态中隐藏所有现有对象"单选项，如图 8-45 所示，然后单击 确定 按钮。依次新建可见性状态"打开 60 度"、"打开 45 度"和"打开 30 度"。

图 8-44　　　　　　　　　　　　　　　　　　　　图 8-45

（8）重命名可见性状态名称。在图 8-44 的"可见性状态"列表中选择"可见性状态 0"选项，单击右侧的 重命名(R) 按钮，将可见性状态名称更改为"打开 0 度"。选择"打开 90 度"选项，单击 置为当前(C) 按钮，将其设置为当前状态，如图 8-46 所示。单击 确定 按钮，返回"块编辑器"的绘图区域。

图 8-46

（9）定义可见性状态的动作。在"绘图区域"中选择所有的图形，选择"块编辑器"的"工具栏"中的"使不可见"命令 🔲，使"绘图区域"中的图形不可见。选择"工具栏"中的"使可见"命令 🔳，在"绘图区域"中选择需要可见的图形，如图8-47所示。操作步骤如下。

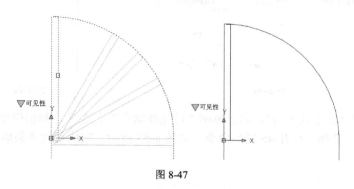

图 8-47

选择要使之可见的对象：	//选择"使可见"命令 🔳
选择对象：找到 1 个	//依次单击选择需要可见性的图形
选择对象：找到 1 个，总计 2 个	
选择对象：找到 1 个，总计 3 个	
选择对象：找到 1 个，总计 4 个	
选择对象：	
_BVSHOW	
在当前状态或所有可见性状态中显示 [当前(C)/全部(A)] <当前>：_C	//按 Enter 键

（10）定义其余可见性状态下的动作。在"工具栏"中的"可见性状态"列表中选择"打开60度"，如图8-48所示。选择"工具栏"中的"使可见"命令 🔳，在块编辑器的绘图区域中选择需要可见的图形，按 Enter 键，如图8-49所示。根据步骤（9）完成定义"打开0度"、"打开30度"和"打开45度"的可见性状态的动作。

（11）保存动态块。选择"工具栏"中的"将块另存为"命令 🔳，弹出"将块另存为"对话框，在"块名"文本框中输入"门"，如图8-50所示。单击 确定 按钮，保存已经定义好的动态块。单击 关闭块编辑器(C) 按钮，退出"块编辑器"界面。

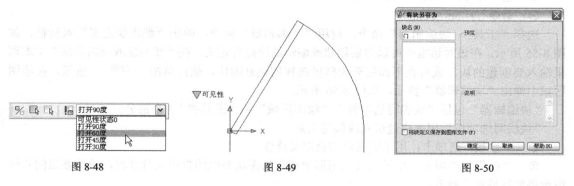

图 8-48　　　　　　　　图 8-49　　　　　　　　图 8-50

（12）插入动态块。选择"绘图"中的"插入块"命令 🔳，弹出"插入"对话框，如图 8-51所示。单击 确定 按钮，在绘图区域中单击选择合适的位置，插入动态块"门"，如图 8-52所示。

图 8-51

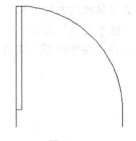

图 8-52

（13）单击选择动态块"门"，然后单击"可见性状态"夹点▼，弹出快捷菜单，从中可以选择门开启的角度。选择"打开 45 度"命令，如图 8-53 所示。完成后的效果如图 8-54 所示。

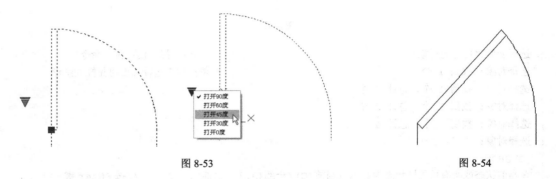

图 8-53

图 8-54

8.2.2 块编辑器

块编辑器命令是专门用于创建块定义并添加动态行为的编写区域。利用"块编辑器"命令可以创建动态图块。块编辑器是一个专门的编写区域，用于添加能够使块成为动态块的元素。用户可以从头创建块或者向现有的块定义中添加动态行为，也可以和在绘图区域中一样创建几何图形。

启用命令方法如下。

⊙ 工具栏："标准"工具栏中的"块编辑器"按钮。

⊙ 菜单命令：工具 > 块编辑器。

⊙ 命令行：be（bedit）。

选择"工具 > 块编辑器"命令，启用"块编辑器"命令，弹出"编辑块定义"对话框，如图 8-55 所示。在该对话框中可以对要创建或编辑的块进行定义。在"要创建或编辑的块"文本框里输入要创建的块，或者在下面的列表框里选择创建好的块，然后单击 确定 按钮，在绘图区域中弹出"块编辑器"界面，如图 8-56 所示。

"块编辑器"包括"块编写选项板"、"绘图区域"和"工具栏"3 个部分。

"块编写选项板"用来快速访问块编写工具。

⊙ "参数"选项卡：用于定义块的自定义特性。

⊙ "动作"选项卡：用于定义在图形中操作动态块参照的自定义特性时，该块参照的几何图形将如何移动或修改。

⊙ "参数集"选项卡：可以向动态块定义添加一般成对的参数和动作。

⊙ "约束"选项卡：可以添加几何约束并将约束应用于所选对象。

"工具栏"将显示当前正在编辑的块定义的名称，并提供执行操作所需的命令。

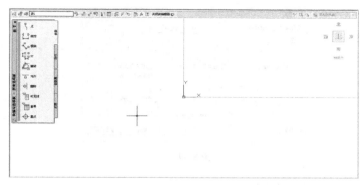

图 8-55

图 8-56

"绘图区域"用来绘制块图形,用户可以根据需要在程序的主绘图区域中绘制和编辑几何图形。

8.3 外部参照

AutoCAD 将外部参照作为一种块定义类型,但外部参照与块有一些重要区别。将图形作为块参照插入时,它存储在图形中,但并不随原始图形的改变而更新。将图形作为外部参照附着时,会将该参照图形链接到当前图形。打开外部参照时,对参照图形所做的任何修改都会显示在当前图形中。

8.3.1 课堂案例——利用图块布置会议室桌椅图形

【案例学习目标】了解并掌握外部参照命令。

【案例知识要点】利用外部参照图块布置会议室桌椅图形,效果如图 8-57 所示。

【效果所在位置】光盘/Ch08/DWG/利用图块布置会议室桌椅。

(1)打开图形文件。选择"文件 > 打开"命令,打开光盘文件中的"ch08 > 素材 > 会议室桌椅"文件,如图 8-58 所示。

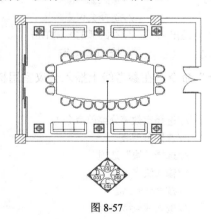

图 8-57

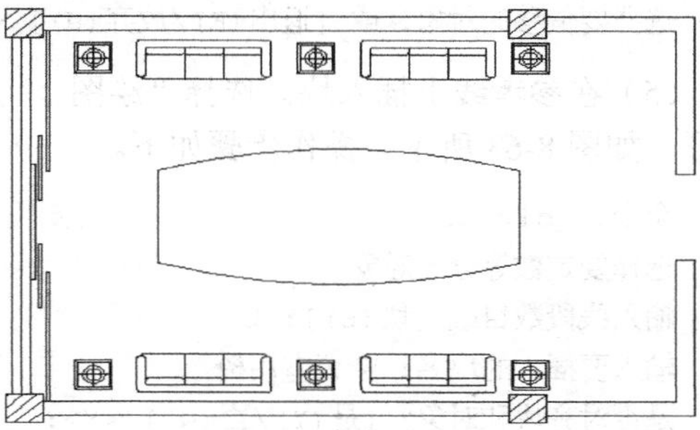

图 8-58

(2)插入块图形。选择"插入块"命令 ,弹出"插入"对话框,在"名称"下拉列表中选择"会议室用椅"如图 8-59 所示。单击 按钮,在绘图窗口中单击插入点,如图 8-60 所示。操作步骤如下。

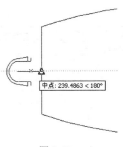

图 8-59　　　　　　　　　　　　　　　　　　　图 8-60

```
命令: _insert                              //选择插入块命令
指定插入点或
[基点(B)/比例(S)/X/Y/Z/旋转(R)/预览比例(PS)/PX/PY/PZ/预览旋转(PR)]:  100
                                          //捕捉会议桌左侧垂线中点作为参考点，输入偏移值
```

（3）复制会议室用椅图形。选择"复制"命令，选择会议室用椅，在其上下分别复制椅子图形，如图 8-61 所示。

（4）绘制参考线。选择"偏移"命令，偏移会议桌圆弧图形，如图 8-62 所示。操作步骤如下。

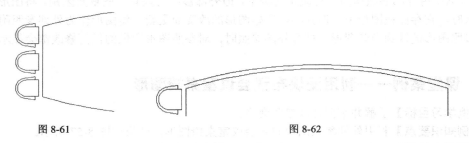

图 8-61　　　　　　　　　　　　　　　　　　　图 8-62

```
命令: _offset                                           //选择偏移命令
当前设置: 删除源=否  图层=源  OFFSETGAPTYPE=0
指定偏移距离或 [通过(T)/删除(E)/图层(L)] <通过>: 100     //输入偏移值
选择要偏移的对象，或 [退出(E)/放弃(U)] <退出>:           //选择会议桌圆弧
指定要偏移的那一侧上的点，或 [退出(E)/多个(M)/放弃(U)] <退出>: //在圆弧的上侧单击
选择要偏移的对象，或 [退出(E)/放弃(U)] <退出>:            //按 Enter 键
```

（5）在参考线上插入块。选择"绘图 > 点 > 定数等分"命令，在参考线上插入会议室用椅图形，如图 8-63 所示。操作步骤如下。

```
命令: _divide                          //选择定数等分菜单命令
选择要定数等分的对象:                    //选择参考线
输入线段数目或 [块(B)]: b               //选择"块"选项
输入要插入的块名: 会议室用椅            //输入块名
是否对齐块和对象? [是(Y)/否(N)] <Y>:    //按 Enter 键
输入线段数目: 9                        //输入线段数目值
```

（6）删除参考线。选择"删除"命令，删除步骤（4）中绘制的参考线。

（7）镜像椅子图形。选择"镜像"命令，镜像已绘制好的椅子，如图 8-64 所示。操作步骤如下。

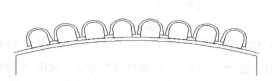

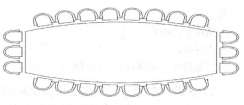

图 8-63   图 8-64

命令: _mirror	//选择镜像命令
选择对象: 指定对角点: 找到 3 个	//选择会议桌左侧3个椅子
选择对象:	//按 Enter 键
指定镜像线的第一点: 指定镜像线的第二点:	//依次单击会议桌两条圆弧的中点
要删除源对象吗? [是(Y)/否(N)] <N>:	//按 Enter 键
命令: _mirror	//选择镜像命令
选择对象: 指定对角点: 找到 8 个	//选择会议桌上侧8个椅子
选择对象:	//按 Enter 键
指定镜像线的第一点: 指定镜像线的第二点:	//依次单击会议桌两条直线中点
要删除源对象吗? [是(Y)/否(N)] <N>:	//按 Enter 键

（8）绘制门图形。选择"参照"工具栏中的"附着外部参照"按钮，在弹出的"选择参照文件"对话框中选择"ch08 > 素材 > 会议室门"图形，如图 8-65 所示。单击 打开(0) 按钮，弹出"附着外部参照"对话框，在"旋转"选项组的"角度"数值框中输入"90"，如图 8-66 所示。单击 确定 按钮，在绘图窗口中插入门图形，如图 8-67 所示。

（9）调整门图形的位置。选择"文件 > 打开"命令，打开光盘文件中的"ch08 > 素材 >会议室门"文件。选择"移动"命令，移动门图形到原点位置，如图 8-68 所示。选择"保存"命令，保存图形文件。操作步骤如下。

图 8-65

图 8-66

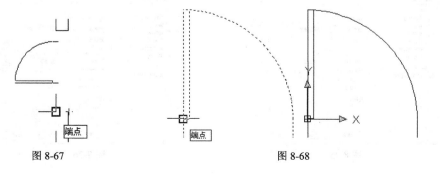

图 8-67   图 8-68

命令：_move	//选择移动命令 ⊕
选择对象：找到 1 个	//选择门图形
选择对象：	//按 Enter 键
指定基点或 [位移(D)] <位移>：指定第二个点或 <使用第一个点作为位移>：0,0	//输入原点坐标

（10）重载门参照。切换到会议室桌椅图形文件，选择"插入 > 外部参照"命令，弹出"外部参照"对话框，在参照列表中选择"会议室门"参照，在"文件参照"中选择"会议室门"文件，单击鼠标右键，在弹出的菜单中选择"重载"命令，如图 8-69 所示，完成后的效果如图 8-70 所示。

（11）镜像门图形。选择"镜像"命令 ⚎，镜像门图形，如图 8-71 所示。

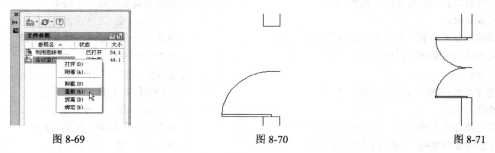

图 8-69	图 8-70	图 8-71

（12）绘制块图形轮廓。选择"圆"命令 ⊙ 和"直线"命令 ⟋，绘制节点索引图形轮廓，如图 8-72 所示。选择"环形阵列"命令 ⬚，阵列节点索引图形轮廓。选择"直线"命令 ⟋，绘制直线，如图 8-73 所示。选择"图案填充"命令 ▦，填充节点索引图形轮廓，如图 8-74 所示。

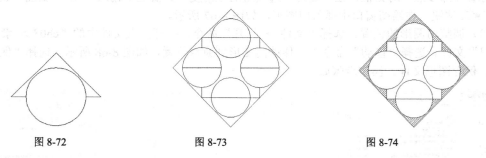

图 8-72	图 8-73	图 8-74

（13）创建块属性。选择"绘图 > 块 > 定义属性"命令，弹出"属性定义"对话框，设置参数，如图 8-75 所示。单击 确定 按钮，在绘图窗口上单击确定块属性的放置位置。选择"绘图 > 块 > 定义属性"命令，弹出"属性定义"对话框，设置参数，如图 8-76 所示。单击 确定 按钮，在绘图窗口上单击确定块属性的放置位置，如图 8-77 所示。选择"复制"命令 ⊕，将定义的两个块属性复制到其他位置，完成后的效果如图 8-78 所示。

图 8-75	图 8-76

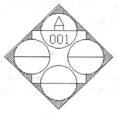

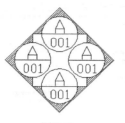

图 8-77   图 8-78

（14）编辑块属性。在复制的块上双击，弹出"编辑属性定义"对话框，编辑对话框中的参数，如图 8-79 所示。单击 确定 按钮，绘图窗口中的图形如图 8-80 所示。依次编辑其余块属性，完成后的效果如图 8-81 所示。

图 8-79

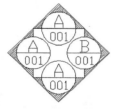

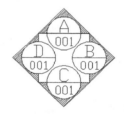

图 8-80   图 8-81

（15）创建块。选择"创建块"命令 ，弹出"块定义"对话框，设置对话框参数，如图 8-82 所示。单击 确定 按钮，弹出"编辑属性"对话框，显示块中包含的属性信息，如图 8-83 所示。单击 确定 按钮，完成块的定义。

图 8-82   图 8-83

（16）插入块。使用"引线"命令"qleader"，按 Enter 键，弹出"引线设置"对话框，在"注释"选项卡下的"注释类型"选项组中选择"块参照"单选项，如图 8-84 所示。在"引线和箭头"选项卡下的"箭头"选项组中的"箭头"下拉列表中选择"点"选项，如图 8-85 所示。单击 确定 按钮，返回绘图窗口，继续快速引线，完成节点索引块的插入，完成后效果如图 8-86 所示。操作步骤如下。

图 8-84

图 8-85

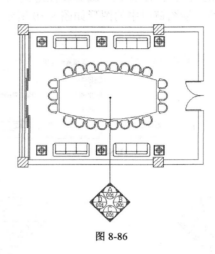

图 8-86

命令：_qleader	
指定第一个引线点或 [设置(S)] <设置>：	//按 Enter 键
指定第一个引线点或 [设置(S)] <设置>：	//单击确定第一个引线点
指定下一点： <正交 开>	//单击确定第二个引线点
指定下一点：	//按 Enter 键
输入块名或 [?]：节点索引	//输入块名
单位：毫米 转换： 1.0000	
指定插入点或	
[基点(B)/比例(S)/X/Y/Z/旋转(R)/预览比例(PS)/PX/PY/PZ/预览旋转(PR)]：	
//单击捕捉引线点	
输入 X 比例因子，指定对角点，或 [角点(C)/XYZ] <1>：	//按 Enter 键
输入 Y 比例因子或 <使用 X 比例因子>：	//按 Enter 键
指定旋转角度 <0>：	//按 Enter 键
输入属性值	
请输入详图编号 <A>：	//按 Enter 键
请输入详图所在图纸号 <001>：	//按 Enter 键
请输入详图编号 <B>：	//按 Enter 键
请输入详图所在图纸号 <001>：	//按 Enter 键
请输入详图编号 <C>：	//按 Enter 键
请输入详图所在图纸号 <001>：	//按 Enter 键
请输入详图编号 <D>：	//按 Enter 键

请输入详图所在图纸号 <001>:	//按 Enter 键

8.3.2 插入外部参照

外部参照将数据存储于一个外部图形中，当前图形数据库中仅存放外部文件的一个引用。"外部参照"命令可以附加、覆盖、连接或更新外部参照图形。

启用命令方法如下。

⊙ 工具栏："参照"工具栏中的"附着外部参照"按钮。

⊙ 命令行：xattach。

选择"插入 > 外部参照"命令，启用"外部参照"命令，弹出"选择参照文件"对话框，如图 8-87 所示。选择需要使用的外部参照文件，单击 打开(O) 按钮，弹出"附着外部参照"对话框，如图 8-88 所示。

图 8-87

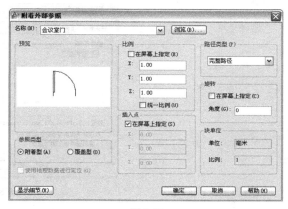

图 8-88

对话框选项解释如下。

⊙ "名称"下拉列表：用于选择外部参照文件的名称，可直接选取，也可单击"浏览"按钮，在弹出的"选择参照文件"对话框中指定。

在"参照类型"选项组中可以选择外部参照图形的插入方式。

⊙ "附着型"单选项：用于可以附着包含其他外部参照的外部参照。

⊙ "覆盖型"单选项：当图形作为外部参照附着或覆盖到另一图形中时，通过覆盖外部参照，无需通过附着外部参照来修改图形，便可以查看图形与其他编组中图形的相关方式。

⊙ "路径类型"下拉列表框：指定外部参照的保存路径是完整路径、相对路径，还是无路径。

⊙ "插入点"选项组：指定所选外部参照的插入点。可以直接输入 X、Y、Z 三个方向的坐标，或是选中"在屏幕上指定"复选框，在插入图形的时候指定外部参照的位置。

⊙ "比例"选项组：指定所选外部参照的比例因子。可以直接输入 X、Y、Z 三个方向的比例因子，或是选中"在屏幕上指定"复选框，在插入图形的时候指定外部参照的比例。

⊙ "旋转"选项组：可以指定插入外部参照时图形的旋转角度。

在"块单位"选项组中，显示的是关于块单位的信息。

⊙ "单位"文本框：显示为插入块指定的图形单位。

⊙ "比例"文本框：显示单位比例因子，它是根据块和图形单位计算出来的。

设置完成后，单击"确定"按钮，关闭对话框，返回到绘图窗口。在图形中需要的位置单击即可。

8.3.3　编辑外部参照

由于外部引用文件不属于当前文件的内容，所以在外部引用的内容比较繁琐时，只能进行少量的编辑工作，如果想要对外部引用文件进行大量的修改，建议用户打开原始图形进行修改。

启用命令方法如下。

⊙　工具栏："参照编辑"工具栏中的"在位编辑参照"按钮 。

⊙　菜单命令：工具 > 外部参照和块在位编辑 > 在位编辑参照。

⊙　命令行：refedit。

对外部参照进行在位编辑的操作步骤如下。

（1）启用编辑命令，光标变为拾取框，单击选择要在位编辑的外部参照图形，弹出"参照编辑"对话框。对话框中会列出所选外部参照文件的名称及预览图，如图 8-89 所示。

图 8-89

（2）单击 确定 按钮，关闭对话框，返回绘图窗口，系统转入对外部参照文件的在位编辑状态。

（3）在此状态下，在参照图形中可以选择出需要编辑的对象，然后使用编辑工具进行编辑修改。用户可以单击"添加到工作集"按钮，选择图形，将其添加到在位编辑的选择集中，也可以单击"从工作集删除"按钮，在选择集中删除对象。

（4）在编辑过程中，如果用户想放弃对外部参照的修改，可以单击"关闭参照"按钮，系统会弹出提示对话框，提示用户选择是否放弃对参照的编辑，如图 8-90 所示。

（5）完成外部参照的在位编辑操作后，若想将编辑应用在当前图形中，可以单击"保存参照编辑"按钮，系统会弹出提示对话框，提示用户选择是否保存并应用对参照的编辑，如图 8-91所示。此编辑结果也将存入外部引用的原文件中。

图 8-90

图 8-91

（6）只有在指定放弃或保存对参照的修改后，才能结束对外部参照的编辑状态，返回正常绘图状态。

8.3.4 管理外部参照

当在图形中引用了外部参照文件时，在外部参照更改后，AutoCAD 2012 并不会自动将当前图样中的外部参照更新，用户需要重新加载以更新它。使用"外部参照管理器"命令，可以方便地解决这些问题。

启用命令方法如下。

⊙ 工具栏："参照"工具栏中的"外部参照"按钮🖼。

⊙ 菜单命令：插入 > 外部参照。

⊙ 命令行：externalreferences 或 xref。

选择"插入 > 外部参照"命令，启用"外部参照"命令，弹出"外部参照"对话框，设置图中所使用的外部参照图形，如图 8-92 所示。

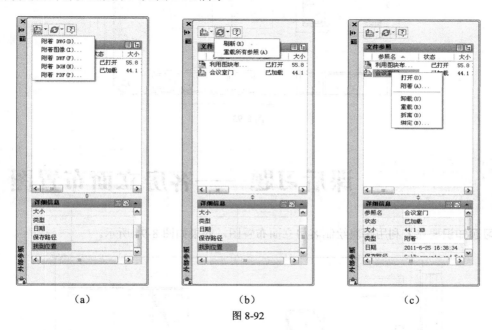

（a）　　　　　　　　　　（b）　　　　　　　　　　（c）

图 8-92

对话框选项解释如下。

⊙ "列表图"按钮▤：在列表中以无层次列表的形式显示附着的外部参照和它们的相关数据；可以按名称、状态、类型、文件日期、文件大小、保存路径和文件名对列表中的参照进行排序。

⊙ "树状图"按钮▦：将显示一个外部参照的层次结构图，在图中会显示外部参照定义之间的嵌套关系层次、外部参照的类型以及它们的状态的关系。

⊙ 单击🗔按钮后面的下拉按钮▾，有"附着 DWG"、"附着图像"、"附着 DWF"、"附着 DGN"和"附着 PDF"5 个选项可供选择，如图 8-92（a）所示，以确定加载的参照文件类型。

⊙ 单击🔄按钮后面的下拉按钮▾，有"刷新"和"重载所有参照"两个选项可供选择，如图 8-92（b）所示，以确定对参照的相关操作。

⊙ 在文件参照区域，选择已加载的图形参照，单击右键，在弹出的快捷菜单中，也可以对图形文件进行操作，如图 8-92（c）所示。

8.4　课堂练习——客房平面布置图

【练习知识要点】利用图块绘制客房平面布置图，效果如图 8-93 所示。

【效果所在位置】光盘/Ch08/DWG/客房平面布置图。

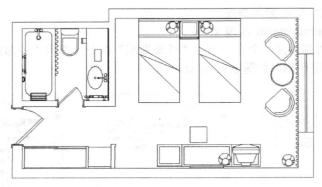

图 8-93

8.5　课后习题——客房立面布置图

【习题知识要点】利用图块绘制客房立面布置图，效果如图 8-94 所示。

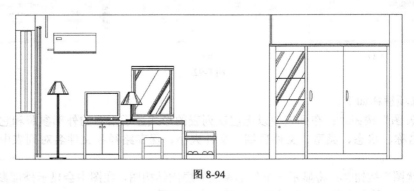

图 8-94

【效果所在位置】光盘/Ch08/DWG/客房立面布置图。

8.6　课后习题——办公室平面布置图

【习题知识要点】利用图块绘制办公室平面布置图，效果如图 8-95 所示。

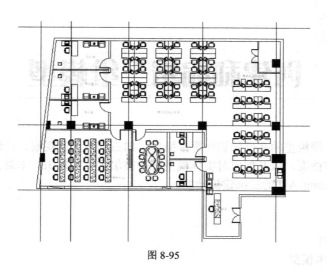

图 8-95

【效果所在位置】光盘/Ch08/DWG/办公室平面布置图。

第 9 章

创建和编辑三维模型

本章主要介绍三维模型的基础知识和简单操作，如三维图形的观察、三维视图的操作、绘制三维实体模型和三维曲面，以及如何对实体模型进行布尔运算等知识。本章介绍的知识可帮助用户初步认识和了解 AutoCAD 的三维建模功能。

课堂学习目标

- 三维坐标系
- 三维视图操作
- 绘制三维实体模型
- 编辑三维实体
- 压印
- 抽壳
- 清除与分割

9.1 三维坐标系

在三维空间中，图形的位置和大小均是用三维坐标来表示的。三维坐标就是平时所说的 *XYZ* 空间。在 AutoCAD 中，三维坐标系定义为世界坐标系和用户坐标系。

9.1.1 世界坐标系

世界坐标系的图标如图 9-1 所示，其 *X* 轴正向向右，*Y* 轴正向向上，*Z* 轴正向由屏幕指向操作者，坐标原点位于屏幕左下角。当用户从三维空间观察世界坐标系时，其图标如图 9-2 所示。

图 9-1   图 9-2

在三维世界坐标系中，根据其表示方法可分为直角坐标、圆柱坐标和球坐标 3 种形式。下面分别对这 3 种坐标形式的定义及坐标值输入方式进行介绍。

1. 直角坐标

直角坐标又称笛卡儿坐标，它是通过右手定则来确定坐标系各方向的。

（1）右手定则。右手定则是以人的右手作为判断工具，大拇指指向 *X* 轴正方向，食指指向 *Y* 轴正方向，然后弯曲其余 3 指，这 3 个手指的弯曲方向即为坐标系的 *Z* 轴正方向。

采用右手定则还可以确定坐标轴的旋转正方向，其方法是将大拇指指向坐标轴的正方向，然后将其余 4 指弯曲，此时弯曲方向即是该坐标轴的旋转正方向。

（2）坐标值输入形式。采用直角坐标确定空间的一点位置时，需要用户指定该点的 *X*、*Y*、*Z* 3

个坐标值。

绝对坐标值的输入形式是：*X*，*Y*，*Z*。

相对坐标值的输入形式是：@*X*，*Y*，*Z*。

2．圆柱坐标

采用圆柱坐标确定空间的一点位置时，需要用户指定该点在 *XY* 平面内的投影点与坐标系原点的距离、投影点和原点的连线与 *X* 轴的夹角以及该点的 *Z* 坐标值。

绝对坐标值的输入形式是：*r*<*θ*，*Z*。

其中，*r* 表示输入点在 *XY* 平面内的投影点与原点的距离，*θ* 表示投影点和原点的连线与 *X* 轴的夹角，*Z* 表示输入点的 *Z* 坐标值。

相对坐标值的输入形式是：@ *r*<*θ*，*Z*。

例如，"1000<30，800" 表示输入点在 *XY* 平面内的投影点到坐标系的原点有 1000 个单位，该投影点和原点的连线与 *X* 轴的夹角为 30°，且沿 *Z* 轴方向有 800 个单位。

3．球坐标

采用球坐标确定空间的一点位置时，需要用户指定该点与坐标系原点的距离、该点和坐标系原点的连线在 *XY* 平面上的投影与 *X* 轴的夹角，该点和坐标系原点的连线与 *XY* 平面形成的夹角。

绝对坐标值的输入形式是：*r* <*θ*< *φ*。

其中，*r* 表示输入点与坐标系原点的距离，*θ* 表示输入点和坐标系原点的连线在 *XY* 平面上的投影与 *X* 轴的夹角，*φ* 表示输入点和坐标系原点的连线与 *XY* 平面形成的夹角。

相对坐标值的输入形式是：@ *r* <*θ*< *φ*。

例如，"1000<120<60" 表示输入点与坐标系原点的距离为 1000 个单位，输入点和坐标系原点的连线在 *XY* 平面上的投影与 *X* 轴的夹角为 120°，该连线与 *XY* 平面的夹角为 60°。

9.1.2　用户坐标系

在 AutoCAD 中绘制二维图形时，绝大多数命令仅在 *XY* 平面内或在与 *XY* 面平行的平面内有效。而在三维模型中，其截面的绘制也是采用二维绘图命令，这样当用户需要在某斜面上进行绘图时，该操作就不能直接进行。

例如，当前坐标系为世界坐标系，用户需要在模型的斜面上绘制一个新的圆柱，如图 9-3 所示。由于世界坐标系的 *XY* 平面与模型斜面存在一定夹角，因此不能直接进行绘制。此时用户必须先将模型的斜面定义为坐标系的 *XY* 平面。通过用户定义的坐标系就称为用户坐标系。

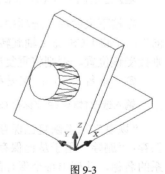

图 9-3

建立用户坐标系，主要有两种用途：一个是可以灵活定位 *XY* 面，以便用二维绘图命令绘制立体截面；另一个是便于将模型尺寸转化为坐标值。

启用命令方法如下。

⊙　工具栏："UCS" 工具栏中的 "UCS" 按钮⌐，如图 9-4 所示。

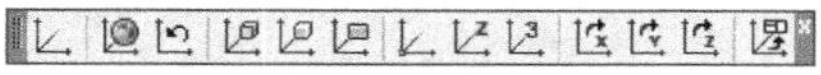

图 9-4

⊙　菜单命令："工具" 菜单中有关用户坐标系的菜单命令，如图 9-5 所示。

⊙　命令行：UCS。

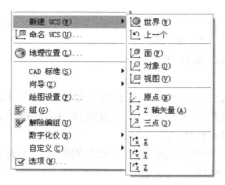

图 9-5

启用"用户坐标系"命令，AutoCAD 提示如下。

命令：_ucs　　　　　　　　　　　　　　　//单击"UCS"按钮

当前 UCS 名称：*世界*　　　　　　　　　//提示当前的坐标系形式

指定 UCS 的原点或[面(F)/命名(NA)/对象(OB)/上一个(P)/视图(V)/世界(W)/X/Y/Z/Z 轴(ZA)] <世界>：

提示选项解释如下。

◉　面（F）：在提示中输入"F"，用于与三维实体的选定面对齐。要选择一个面，则在此面的边界内或面的边上单击，被选中的面将亮显，UCS 的 X 轴将与找到的第一个面上的最近的边对齐。AutoCAD 提示如下。

指定 UCS 的原点或[面(F)/命名(NA)/对象(OB)/上一个(P)/视图(V)/世界(W)/X/Y/Z/Z 轴(ZA)] <世界>：

F　　　　　　　　　　　　　　　　　　//输入"F"并按 Enter 键，选择"新建"选项

选择实体对象的面：　　　　　　　　　　//选择实体表面

输入选项[下一个(N)/X 轴反向(X)/Y 轴反向(Y)] <接受>：

在接下来的提示选项中，"下一个"用于将 UCS 定位于邻接的面或选定边的后向面；"X 轴反向"用于将 UCS 绕 X 轴旋转 180°；"Y 轴反向"用于将 UCS 绕 Y 轴旋转 180°；如果按 Enter 键，则接受该位置。否则将重复出现提示，直到接受位置为止。

◉　命名（NA）：在提示中输入字母"NA"，按 Enter 键，AutoCAD 提示如下。

输入选项[恢复(R)/保存(S)/删除(D)/?]：

"恢复"用于恢复已保存的 UCS，使它成为当前 UCS；"保存"用于把当前 UCS 按指定名称保存；"删除"用于从已保存的用户坐标系列表中删除指定的 UCS；"?"用于列出用户定义坐标系的名称，并列出每个保存的 UCS 相对于当前 UCS 的原点以及 X、Y 和 Z 轴。如果当前 UCS 尚未命名，它将列为 WORLD 或 UNNAMED，这取决于它是否与 WCS 相同。

◉　对象（OB）：在提示中输入字母"OB"，按 Enter 键，AutoCAD 提示如下。

选择对齐 UCS 的对象：

根据选定三维对象定义新的坐标系。新建 UCS 的拉伸方向（Z 轴正方向）与选定对象的拉伸方向相同。

◉　上一个（P）：在提示中输入字母"P"，按 Enter 键，AutoCAD 将恢复到最近一次使用的UCS。AutoCAD 最多保存最近使用的 10 个 UCS。如果当前使用的 UCS 是由上一个坐标系移动得来的，使用"上一个"选项则不能恢复到移动前的坐标系。

◉　视图（V）：在提示中输入字母"V"，以垂直于观察方向（平行于屏幕）的平面为 XY 平

面，建立新的坐标系。UCS 原点保持不变。

　　⊙ 世界（W）：在提示中输入字母"W"，将当前用户坐标系设置为世界坐标系。WCS 是所有用户坐标系的基准，不能被重新定义。

　　⊙ X/Y/Z：在提示中输入字母"X"或"Y"或"Z"，用于绕指定轴旋转当前 UCS。

　　⊙ Z 轴（ZA）：在提示中输入字母"ZA"，按 Enter 键，AutoCAD 提示如下。

指定新原点或[对象(O)] <0,0,0>:

用指定的 Z 轴正半轴定义 UCS。

9.1.3　新建用户坐标系

　　新建用户坐标系的方法主要有以下几种。

　　（1）通过指定新坐标系的原点可以创建一个新的用户坐标系。用户输入新坐标系原点的坐标值后，系统会将当前坐标系的原点变为新坐标值所确定的点，但 X 轴、Y 轴和 Z 轴的方向不变。

　　启用命令方法如下。

　　⊙ 工具栏："UCS"工具栏中的"原点"按钮 ⌊。

　　⊙ 菜单命令：工具 > 新建 UCS > 原点。

　　启用"原点"命令创建新的用户坐标系，AutoCAD 命令行提示如下。

命令：_ucs
当前 UCS 名称：*世界*
指定 UCS 的原点或[面(F)/命名(NA)/对象(OB)/上一个(P)/视图(V)/世界(W)/X/Y/Z/Z 轴(ZA)]
<世界>：_o　　　　　　　　　　　　　　　　//单击"原点"按钮 ⌊
指定新原点 <0, 0, 0>:　　　　　　　　　　//确定新坐标系原点

　　（2）通过指定新坐标系的原点与 Z 轴来创建一个新的用户坐标系，在创建过程中系统会根据右手定则判定坐标系的方向。

　　启用命令方法如下。

　　⊙ 工具栏："UCS"工具栏中的"Z"按钮 ⌊

　　⊙ 菜单命令：工具 > 新建 UCS > Z。

　　启用"Z"命令创建新的用户坐标系，AutoCAD 命令行提示如下。

命令：_ucs
当前 UCS 名称：*世界*
指定 UCS 的原点或[面(F)/命名(NA)/对象(OB)/上一个(P)/视图(V)/世界(W)/X/Y/Z/Z 轴(ZA)]
<世界>：_zaxis　　　　　　　　　　　　　//单击"Z 轴矢量"按钮 ⌐
指定新原点 <0, 0, 0>:　　　　　　　　　　//确定新坐标系原点
在正 Z 轴范围上指定点 <0.0000,0.0000,1.0000 >:　//确定新坐标系 Z 轴正方向

　　（3）通过指定新坐标系的原点、X 轴方向以及 Y 轴的方向来创建一个新的用户坐标系。

　　启用命令方法如下。

　　⊙ 工具栏："UCS"工具栏中的"三点"按钮 ⌐。

　　⊙ 菜单命令：工具 > 新建 UCS > 三点。

　　启用"三点"命令创建新的用户坐标系，AutoCAD 命令行提示如下。

命令：_ucs
当前 UCS 名称：*世界*

指定 UCS 的原点或[面(F)/命名(NA)/对象(OB)/上一个(P)/视图(V)/世界(W)/X/Y/Z/Z 轴(ZA)]
<世界>：_3　　　　　　　　　　　　　　　　　　　　　//单击"三点"按钮⬛
指定新原点 <0，0，0>：　　　　　　　　　　　　　　//确定新坐标系原点
在正 X 轴范围上指定点 <1.0000,0.0000,0.0000>：　//确定新坐标系 X 轴的正方向
在 UCS XY 平面的正 Y 轴范围上指定点 <0.0000,1.0000,0.0000>：
　　　　　　　　　　　　　　　　　　　　　　　　　　//确定新坐标系 Y 轴的正方向

（4）通过指定一个已有对象来创建新的用户坐标系，创建的坐标系与所选择对象具有相同的 Z 轴方向，它的原点以及 X 轴的正方向按表 9-1 的规则确定。

启用命令方法如下。

⊙　工具栏："UCS"工具栏中的"对象"按钮⬛。

⊙　菜单命令：工具 > 新建 UCS > 对象。

表 9-1

可选对象	创建好的 UCS 方向
直线	以离拾取点最近的端点为原点，X 轴方向与直线方向一致
圆	以圆心为原点，X 轴通过拾取点
圆弧	以圆弧圆心为原点，X 轴通过离拾取点最近的一个圆弧端点
标注	以标注文字中心为原点，X 轴平行于绘制标注时有效 UCS 的 X 轴
点	以选取点为原点，X 轴方向可以任意确定
二维多段线	以多段线的起点为原点，X 轴沿从起点到下一顶点的线段延伸
二维填充	以二维填充的第一点为原点，X 轴为两起始点之间的直线
三维面	第一点取为新 UCS 的原点，X 轴沿开始两点，Y 的正方向取自第一点和第四点，Z 轴由右手定则确定
文字、块引用、属性定义	以对象的插入点为原点，X 轴由对象绕其拉伸方向旋转定义，用于建立新 UCS 的对象在新 UCS 中的旋转角为零度

（5）通过选择三维实体的面来创建新用户坐标系。被选中的面以虚线显示，新建坐标系的 XY 平面落在该实体面上，同时其 X 轴与所选择面的最近边对齐。

启用命令方法如下。

⊙　工具栏："UCS"工具栏中的"面 UCS"按钮⬛。

⊙　菜单命令：工具 > 新建 UCS > 面。

启用"面 UCS"命令创建新的用户坐标系，AutoCAD 命令行提示如下。

命令：_ucs
当前 UCS 名称：*世界*
指定 UCS 的原点或[面(F)/命名(NA)/对象(OB)/上一个(P)/视图(V)/世界(W)/X/Y/Z/Z 轴(ZA)]
<世界>：_f　　　　　　　　　　　　　　　　　　　　//单击"面 UCS"按钮⬛
选择实体对象的面：　　　　　　　　　　　　　　　　//选择实体的面
输入选项[下一个(N) /X 轴反向(X) /Y 轴反向(Y)] <接受>：//按 Enter 键

提示选项解释如下。

⊙　下一个（N）：用于将 UCS 放到邻近的实体面上。

⊙　X 轴反向（X）：用于将 UCS 绕 X 轴旋转 180°。

⊙　Y 轴反向（Y）：用于将 UCS 绕 Y 轴旋转 180°。

（6）通过当前视图来创建新用户坐标系。新坐标系的原点保持在当前坐标系的原点位置，其

XOY 平面设置在与当前视图平行的平面上。

启用命令方法如下。

- ⊙ 工具栏："UCS"工具栏中的"视图"按钮。
- ⊙ 菜单命令：工具 > 新建 UCS > 视图。

（7）通过指定绕某一坐标轴旋转的角度来创建新用户坐标系。

启用命令方法如下。

- ⊙ 工具栏："UCS"工具栏中的"X"按钮、"Y"按钮或"Z"按钮。
- ⊙ 菜单命令：工具 > 新建 UCS > X 或 Y 或 Z。

9.2 三维视图操作

在 AutoCAD 2012 中可以采用系统提供的观察方向对模型进行观察，也可以自定义观察方向。另外，在 AutoCAD 2012 中用户还可以进行多视口观察。

9.2.1 课堂案例——对客房进行视图操作

【案例学习目标】掌握三维视图的观察方法。

【案例知识要点】从各视角观察客房，图形效果如图 9-6 所示。

【效果所在位置】光盘/Ch09/DWG/客房。

对客房进行视图操作，操作步骤如下。

（1）打开图形文件。选择"文件 > 打开"命令，打开光盘文件中的"ch09 > 素材 > 客房"文件，如图 9-6 所示。

（2）观察主视图。选择"视图 > 三维视图 > 主视"命令，观察客房模型的主视图，如图 9-7 所示。

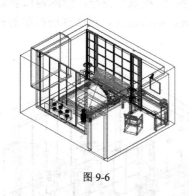

图 9-6

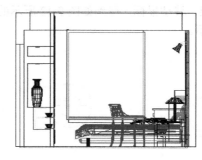

图 9-7

（3）观察俯视图。选择"视图 > 三维视图 > 俯视"命令，观察客房模型的俯视图，如图 9-8 所示。

（4）观察东南等轴测视图。选择"视图 > 三维视图 > 东南等轴测"命令，观察客房模型的东南等轴测视图，如图 9-9 所示。

（5）利用视点预设观察视图。选择"视图 > 三维视图 > 视点预设"命令，弹出"视点预设"对话框。在"X 轴"数值框中输入"200"，在"XY 平面"数值框中输入"60"，如图 9-10 所示。单击确定按钮，观察客房模型的视图，如图 9-11 所示。

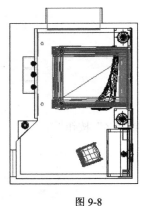

图 9-8

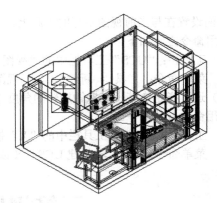

图 9-9

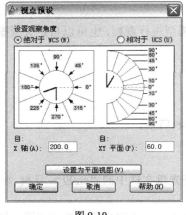

图 9-10

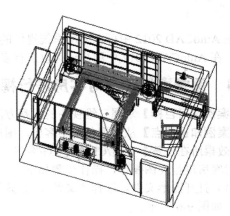

图 9-11

（6）利用视点命令观察图形。选择"视图 > 三维视图 > 视点"命令，绘图窗口会显示坐标球和三轴架，移动鼠标，得到如图 9-12 所示的坐标球位置。单击鼠标，观察客房模型的视图，如图 9-13 所示。

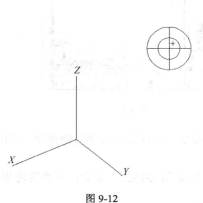

图 9-12

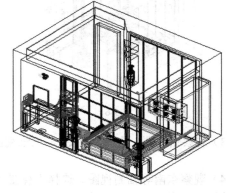

图 9-13

（7）利用三维动态观察器观察视图。选择"视图 > 动态观察 > 自由动态观察"命令，动态观察客房模型的视图，如图 9-14 所示。

（8）多视口观察视图。选择"视图 > 视口 > 四个视口"命令，绘图窗口上会出现 4 个视口，如图 9-15 所示。单击选择左上角视口，该视口将被激活，选择"前视图"命令，将左上角视口设置为客房的主视图。利用上述方法，可将右上角和左下角视口分别设置为左视图和俯视图，将右下角视图设置为东南等轴测视图，如图 9-16 所示。

（9）合并视口。选择"视图 > 视口 > 合并"命令，在绘图窗口中选择左上和左下，将其合并。再次启用"合并"命令，选择右上和右下视图进行合并。用户可以再次对这两个视口分别进行视图操作，如图 9-17 所示。

（10）对三维模型进行消隐。将左侧视图激活，选择"视图 > 消隐"命令，对其进行消隐处理，如图 9-18 所示。

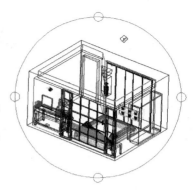

图 9-14

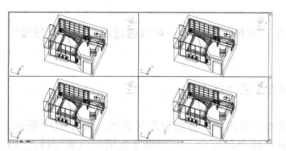

图 9-15

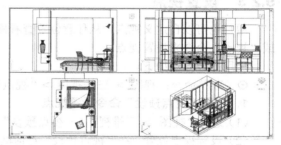

图 9-16

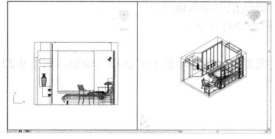

图 9-17

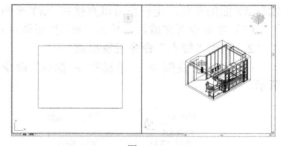

图 9-18

9.2.2 标准视点观察

AutoCAD 提供了 10 个标准视点，供用户选择来观察模型，其中包括 6 个正交投影视图和 4 个等轴测视图，它们分别为主视图、后视图、俯视图、仰视图、左视图、右视图以及西南等轴测视图、东南等轴测视图、东北等轴测视图和西北等轴测视图。

启用命令方法如下。

⊙ 工具栏："视图"工具栏上的命令按钮，如图 9-19 所示。

图 9-19

⊙ 菜单命令："视图 > 三维视图"子菜单下提供的菜单命令，如图 9-20 所示。

图 9-20

9.2.3　设置视点

用户也可以自定义视点，从任意位置查看模型。在模型空间中，可以通过启用"视点预设"或"视点"命令来设置视点。

启用命令方法如下。

⊙　菜单命令：视图 > 三维视图 >"视点预设"或"视点"。

1．利用"视点预设"命令设置视点

（1）选择"视图 > 三维视图 > 视点预设"命令，弹出"视点预设"对话框，如图 9-21 所示。

（2）设置视点位置。在"视点预设"对话框中有两个刻度盘，左边刻度盘用来设置视线在 XY 平面内的投影与 X 轴的夹角，用户可直接在"X 轴"数值框中输入该值。右边刻度盘用来设置视线与 XY 面的夹角，用户也可以直接在"XY 平面"数值框中输入该值。

（3）参数设置完成后，单击 确定 按钮即可对模型进行观察。

2．利用"视点"命令设置视点

（1）选择"视图 > 三维视图 > 视点"命令，模型空间会自动显示罗盘和三轴架，如图 9-22 所示。

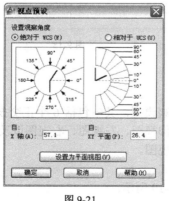

图 9-21

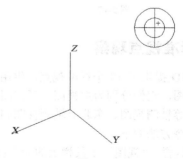

图 9-22

（2）移动鼠标，当鼠标落于坐标球的不同位置时，三轴架将以不同状态显示，此时三轴架的显示直接反映了三维坐标轴的状态。

（3）当三轴架的状态达到所要求的效果后，单击鼠标左键即可对模型进行观察。

9.2.4 三维动态观察器

利用动态观察器可以通过简单的鼠标操作对三维模型进行多角度观察，从而使操作更加灵活，观察角度更加全面。动态观察又分为受约束的动态观察、自由动态观察和连续动态观察三种。

（1）受约束的动态观察：沿 *XY* 平面或 *Z* 轴约束三维动态观察。

启用命令方法如下。

- ⊙ 工具栏："动态观察"工具栏中的"受约束的动态观察"按钮 。
- ⊙ 菜单命令：视图 > 动态观察 > 受约束的动态观察。
- ⊙ 命令行：3DORBIT。

启用"受约束的动态观察"命令，指针显示为 ，如图 9-23 所示，此时按住左键移动鼠标，如果水平拖动光标，模型将平行于世界坐标系（UCS）的 *XY* 平面移动。如果垂直拖动光标，模型将沿 *Z* 轴移动。

（2）自由动态观察：不参照平面，在任意方向上进行动态观察。沿 *XY* 平面和 *Z* 轴进行动态观察时，视点不受约束。

启用命令方法如下。

- ⊙ 工具栏："动态观察"工具栏中的"自由动态观察"按钮 。
- ⊙ 菜单命令：视图 > 动态观察 > 自由动态观察。
- ⊙ 命令行：3DFORBIT。

启用"自由动态观察"命令，在当前视口中激活三维自由动态观察视图，如图 9-24 所示。如果用户坐标系 （UCS）图标为开，则表示当前 UCS 的着色三维 UCS 图标显示在三维动态观察视图中。在启动命令之前可以查看整个图形，或者选择一个或多个对象。

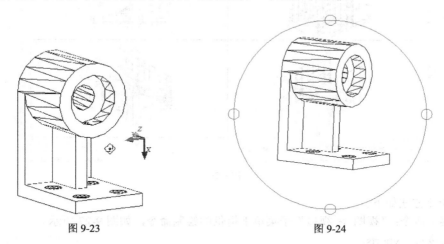

图 9-23   图 9-24

在拖动鼠标旋转观察模型时，鼠标位于转盘的不同部位，指针会显示为不同的形状。拖动鼠标也将会产生不同的显示效果。

移动鼠标到大圆之外时，指针显示为 ，此时拖动鼠标视图将绕通过转盘中心并垂直于屏幕的轴旋转。

移动鼠标到大圆之内时，指针显示为 ，此时可以在水平、铅垂、对角方向拖动鼠标，旋转视图。

移动鼠标到左边或右边小圆之上时，指针显示为 ，此时拖动鼠标视图将绕通过转盘中心的竖直轴旋转。

移动鼠标到上边或下边小圆之上时，指针显示为 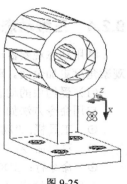，此时拖动鼠标视图将绕通过转盘中心的水平轴旋转。

（3）连续动态观察：连续地进行动态观察。在要使连续动态观察移动的方向上单击并拖动，然后释放鼠标按钮。轨道沿该方向继续移动。

启用命令方法如下。

⊙　工具栏："动态观察"工具栏中的"连续动态观察"按钮 。
⊙　菜单命令：视图 > 动态观察 > 连续动态观察。
⊙　命令行：3DCORBIT。

启用"连续动态观察"命令，指针显示为 ，此时，在绘图区域中单击并沿任意方向拖动鼠标，来使对象沿正在拖动的方向开始移动。释放鼠标，对象在指定的方向上继续进行它们的轨迹运动，如图 9-25 所示。光标移动设置的速度决定了对象的旋转速度。

图 9-25

9.2.5　多视口观察

在模型空间内，用户可以将绘图窗口拆分成多个视口，这样在创建复杂的图形时，可以在不同的视口从多个方向观察模型，如图 9-26 所示。

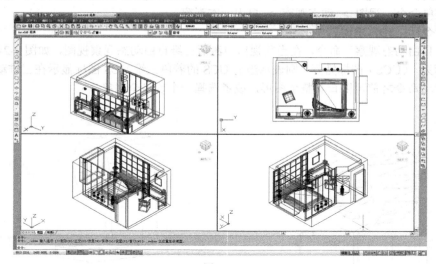

图 9-26

启用命令方法如下。

⊙　菜单命令："视图 > 视口"子菜单下提供的绘制命令，如图 9-27 所示。
⊙　命令行：vports。

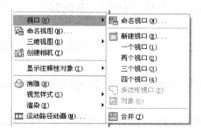

图 9-27

当用户在一个视口中对模型进行了修改，其他视口也会立即进行相应的更新。

绘制三维实体模型

9.3.1 课堂案例——绘制3人沙发模型

【案例学习目标】掌握并熟练运用拉伸实体命令绘制三维模型。

【案例知识要点】使用"拉伸"菜单命令绘制3人沙发模型，图形效果如图9-28所示。

【效果所在位置】光盘/Ch09/DWG/3人沙发。

（1）创建图形文件。选择"文件 > 新建"命令，弹出"选择样板"对话框，单击 打开(①) 按钮，创建新的图形文件。

（2）绘制沙发坐垫。选择"矩形"命令□，绘制沙发坐垫图形，如图9-29所示。操作步骤如下。

图 9-28

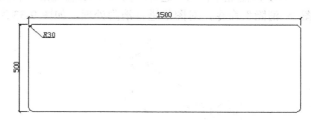

图 9-29

```
命令: _rectang                                                   //选择矩形命令□
指定第一个角点或[倒角(C)/标高(E)/圆角(F)/厚度(T)/宽度(W)]: f    //选择"圆角"选项
指定矩形的圆角半径 <0.0000>: 30                                  //输入半径值
指定第一个角点或[倒角(C)/标高(E)/圆角(F)/厚度(T)/宽度(W)]:       //单击确定第一个角点
指定另一个角点或[面积(A)/尺寸(D)/旋转(R)]: @1500,500            //输入另一个角点的相对坐标
```

（3）拉伸沙发坐垫。选择"绘图 > 建模 > 拉伸"命令，将沙发坐垫图形对象拉伸成实体模型，如图9-30所示。操作步骤如下。

```
命令: _extrude                     //选择拉伸菜单命令
当前线框密度: ISOLINES=4
选择对象: 找到1个                  //选择矩形
选择对象:                          //按Enter键
指定拉伸高度或[路径(P)]: 300       //输入拉伸高度
指定拉伸的倾斜角度 <0>:            //按Enter键
```

（4）绘制沙发靠背。选择"多段线"命令□和"圆角"命令□，绘制沙发靠背图形，如图9-31所示。

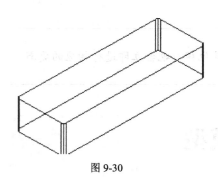

图 9-30

图 9-31

（5）拉伸沙发靠背。选择"绘图 > 建模 > 拉伸"命令，将沙发靠背图形对象拉伸成实体模型，如图 9-32 所示。操作步骤如下。

```
命令：_extrude                    //选择拉伸菜单命令
当前线框密度：ISOLINES=4
选择对象：找到 1 个               //选择多段线
选择对象：                        //按 Enter 键
指定拉伸高度或[路径(P)]：600      //输入拉伸高度
指定拉伸的倾斜角度 <0>：          //按 Enter 键
```

（6）消隐显示图形。选择"视图 > 动态观察 > 自由动态观察"命令，观察图形对象，选择"视图 > 消隐"命令，对图形进行消隐处理，如图 9-33 所示。

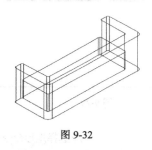

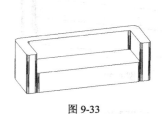

图 9-32

图 9-33

9.3.2　拉伸实体

通过拉伸将二维图形绘制成三维实体时，该二维图形必须是一个封闭的二维对象或由封闭曲线构成的面域，并且拉伸的路径必须是一条多段线。

可作为拉伸对象的二维图形有：圆、椭圆、用正多边形命令绘制的正多边形、用矩形命令绘制的矩形、封闭的样条曲线和封闭的多段线等。

而利用直线、圆弧等命令绘制的一般闭合图形则不能直接进行拉伸，此时用户需要将其定义为面域。

启用命令方法如下。

- ⊙　工具栏："建模"工具栏中的"拉伸"按钮 。
- ⊙　菜单命令：绘图 > 建模 > 拉伸。
- ⊙　命令行：extrude。

选择"绘图 > 建模 > 拉伸"命令，启用"拉伸面"命令，通过拉伸将二维图形绘制成三维实体，操作步骤如下。

命令：_extrude	//选择拉伸命令
当前线框密度：ISOLINES=10	//显示当前线框密度
选择对象：找到 1 个	//选择封闭的拉伸对象
选择对象：	//按 Enter 键
指定拉伸高度或[路径(P)]：300	//输入拉伸高度
指定拉伸的倾斜角度 <0>：	//按 Enter 键

完成后效果如图 9-34 所示。当用户输入了拉伸的倾斜角度后，效果如图 9-35 所示。

图 9-34

图 9-35

9.3.3 课堂案例——绘制花瓶实体模型

【案例学习目标】掌握并熟练运用旋转实体菜单命令创建三维实体。

【案例知识要点】使用"旋转"菜单命令绘制花瓶实体模型，图形效果如图 9-36 所示。

【效果所在位置】光盘/Ch09/DWG/花瓶。

（1）打开图形文件。选择"文件 > 打开"命令，打开光盘文件中的"ch09 > 素材 > 花瓶"文件，如图 9-37 所示。

（2）旋转花瓶。选择"绘图 > 建模 > 旋转"命令，将花瓶图形对象旋转成实体图形，如图 9-38 所示。操作步骤如下。

图 9-36

图 9-37

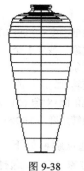

图 9-38

命令：_revolve	//选择旋转命令
当前线框密度：ISOLINES=4	//显示当前线框密度
选择对象：找到 1 个	//选择旋转截面
选择对象：	//按 Enter 键
指定旋转轴的起点或	
定义轴依照[对象(O)/X 轴(X)/Y 轴(Y)]：	//单击捕捉图 9-37 所示 A 点
指定轴端点：	//单击捕捉 B 点
指定旋转角度 <360>：	//按 Enter 键

（3）观察图形。选择"视图 > 三维视图 > 西南等轴测"命令，观察花瓶实体模型，如图 9-39 所示。

（4）消隐图形。选择"视图 > 消隐"命令，观察花瓶实体模型消隐显示效果，如图 9-40 所示。

图 9-39

图 9-40

9.3.4   旋转实体

通过旋转将二维图形绘制成三维实体时，该二维图形也必须是一个封闭的二维对象或由封闭曲线构成的面域。此外，用户可以通过定义两点来创建旋转轴，也可以选择已有的对象或坐标系的 X 轴、Y 轴作为旋转轴。

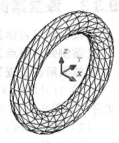

启用命令方法如下。

⊙ 工具栏："实体"工具栏中的"旋转"按钮◉。

⊙ 菜单命令：绘图 > 建模 > 旋转。

⊙ 命令行：revolve。

选择"绘图 > 建模 > 旋转"命令，启用"旋转"命令，通过旋转将二维图形绘制成三维实体，如图 9-41 所示，操作步骤如下。

图 9-41

命令：_revolve	//选择旋转命令◉
当前线框密度：ISOLINES=10	//显示当前线框密度
选择对象：找到 1 个	//选择旋转截面
选择对象：	//按 Enter 键
指定旋转轴的起点或	
定义轴依照[对象(O)/X轴(X)/Y轴(Y)]：X	//选择"X轴"选项
指定旋转角度 <360>：	//按 Enter 键

提示选项解释如下。

⊙ 对象（O）：选择一条已有的线段作为旋转轴。

⊙ X 轴（X）/Y 轴（Y）：选择 X 轴或 Y 轴作为旋转轴。

9.3.5   长方体

启用命令方法如下。

⊙ 工具栏："建模"工具栏中的"长方体"按钮▢。

⊙ 菜单命令：绘图 > 建模 > 长方体。

⊙ 命令行：box。

绘制长、宽、高分别为 100、60、80 的长方体，如图 9-42 所示。

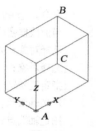

图 9-42

命令：_box	//单击"长方体"按钮
指定长方体的角点或[中心(C)] <0,0,0>:	//输入长方体角点 A 的三维坐标
指定角点或[立方体(C)/长度(L)]: 100,60,80	//输入长方体另一角点 B 的三维坐标

提示选项解释如下。

- ⊙ 中心（C）：定义长方体的中心点，并根据该中心点和一个角点来绘制长方体。
- ⊙ 立方体（C）：绘制立方体，选择该命令后即可根据提示输入立方体的边长。
- ⊙ 长度（L）：选择该命令后，系统会依次提示用户输入长方体的长、宽、高来定义长方体。

另外，在绘制长方体的过程中，当命令行提示指定长方体的第二个角点时，用户还可以通过输入长方体底面角点 C 的平面坐标，然后输入长方体的高度来完成长方体的绘制，也就是说绘制上面的长方体图形也可以通过下面的操作步骤来完成。

命令：_box	
指定长方体的角点或[中心(C)] <0,0,0>:	//输入长方体角点 A 的三维坐标
指定角点或[立方体(C)/长度(L)]: 100,60	//输入长方体底面角点 C 的平面坐标
指定高度: 80	//输入长方体的高度

9.3.6 球体

启用命令方法如下。

- ⊙ 工具栏："建模"工具栏中的"球体"按钮。
- ⊙ 菜单命令：绘图 > 建模 > 球体。
- ⊙ 命令行：sphere。

绘制半径为 100 的球体，如图 9-43 所示。操作步骤如下。

命令：_sphere	//单击"球体"按钮
指定中心点或[三点(3P)/两点(2P)/相切、相切、半径(T)]: 0,0,0	//输入球心的坐标
指定半径或[直径(D)]: 100	//输入球体的半径

绘制完球体后，可以选择"视图 > 消隐"命令，对球体进行消隐观察，如图 9-44 所示。与消隐后观察的图形相比，图 9-43 所示球体的外形线框的线条太少，不能反映整个球体的外观，此时用户可以修改系统参数 ISOLINES 的值来增加线条的数量，其操作步骤如下。

命令：isolines	//输入系统参数名称
输入 ISOLINES 的新值 <4>: 20	//输入系统参数的新值

设置完系统参数后，再一次创建同样大小的球体模型，如图 9-45 所示。

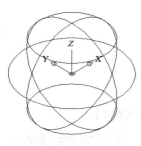

图 9-43

图 9-44

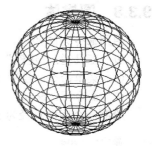

图 9-45

9.3.7　圆柱体

启用命令方法如下。

- ⦿　工具栏："建模"工具栏中的"圆柱体"按钮▣。
- ⦿　菜单命令：绘图 > 建模 > 圆柱体。
- ⦿　命令行：cylinder。

绘制直径为 20、高为 16 的圆柱体，如图 9-46 所示。

命令：_cylinder	//单击"圆柱体"按钮▣
指定底面的中心点或[三点(3P)/两点(2P)/相切、相切、半径(T)/椭圆(E)]：0,0,0	
	//输入圆柱体底面中心点的坐标
指定底面半径或[直径(D)] <100.0000>：10	//输入圆柱体底面的半径
指定高度或[两点(2P)/轴端点(A)] <76.5610>：16	//输入圆柱体高度

提示选项解释如下。

- ⦿　三点（3P）：通过指定 3 个点来定义圆柱体的底面周长和底面。
- ⦿　两点（2P）：上面命令行第二行的两点命令，用来指定底面圆的直径的两个端点。
- ⦿　相切、相切、半径（T）：定义具有指定半径，且与两个对象相切的圆柱体底面。
- ⦿　椭圆（E）：用来绘制椭圆柱，如图 9-47 所示。

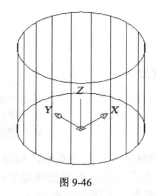

图 9-46

图 9-47

- ⦿　两点（2P）：上面命令行最后一行的两点命令，用来指定圆柱体的高度为两个指定点之间的距离。
- ⦿　轴端点（A）：指定圆柱体轴的端点位置。轴端点是圆柱体的顶面中心点。轴端点可以位于三维空间的任何位置。轴端点定义了圆柱体的高度和方向。

9.3.8　圆锥体

启用命令方法如下。

- ⦿　工具栏："建模"工具栏中的"圆锥体"按钮△。
- ⦿　菜单命令：绘图 > 建模 > 圆锥体。
- ⦿　命令行：cone。

绘制一个底面直径为 30、高为 40 的圆锥体，如图 9-48 所示。操作步骤如下。

命令：cone	//单击"圆锥体"按钮△
指定底面的中心点或[三点(3P)/两点(2P)/相切、相切、半径(T)/椭圆(E)]：0,0,0	

	//输入圆锥体底面中心点的坐标
指定底面半径或[直径(D)] <10.0000>: 15	//输入圆锥体底面的半径
指定高度或[两点(2P)/轴端点(A)/顶面半径(T)] <16.0000>: 40	//输入圆锥体高度

绘制完圆锥体后，可以选择"视图 > 消隐"命令，对其进行消隐观察。

部分提示选项解释如下。

⊙ 椭圆（E）：将圆锥体底面设置为椭圆形状，用来绘制椭圆锥，如图 9-49 所示。

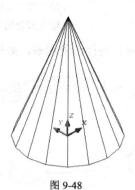 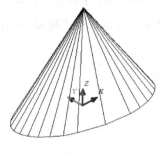

图 9-48   图 9-49

⊙ 轴端点（A）：通过输入圆锥体顶点的坐标来绘制倾斜圆锥体，圆锥体的生成方向为底面圆心与顶点的连线方向。

⊙ 顶面半径（T）：创建圆台时指定圆台的顶面半径。

9.3.9 楔体

启用命令方法如下。

⊙ 工具栏："建模"工具栏中的"楔体"按钮。

⊙ 菜单命令：绘图 > 建模 > 楔体。

⊙ 命令行：wedge。

绘制楔形体，如图 9-50 所示。操作步骤如下。

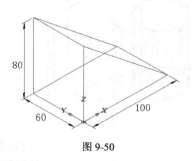

图 9-50

命令：_wedge	//单击"楔体"按钮
指定楔体的第一个角点或[中心(C)] <0,0,0>:	//输入楔形体第一个角点的坐标
指定角点或[立方体(C)/长度(L)]: 100,60,80	//输入楔形体的另一角点的坐标

9.3.10 圆环体

启用命令方法如下。

- ⊙ 工具栏："建模"工具栏中的"圆环"按钮◎。
- ⊙ 菜单命令：绘图 > 建模 > 圆环体。
- ⊙ 命令行：torus。

绘制半径为 150、圆管半径为 15 的圆环体，如图 9-51 所示。操作步骤如下。

命令：_torus	//单击"圆环"按钮◎
指定中心点或[三点(3P)/两点(2P)/相切、相切、半径(T)]: 0,0,0	//输入圆环体中心点的坐标
指定半径或[直径(D)] <15.0000>: 150	//输入圆环体的半径
指定圆管半径或[两点(2P)/直径(D)]: 15	//输入圆管的半径

绘制完圆环体后，可以选择"视图 > 消隐"命令，对其进行消隐观察，如图 9-52 所示。

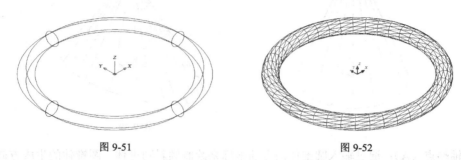

图 9-51   图 9-52

9.3.11 利用剖切法绘制组合体

剖切实体是通过定义一个剖切平面将已有三维实体剖切为两个部分。在剖切过程中，用户可以选择剖切后保留的实体部分或全部保留。

启用命令方法如下。

- ⊙ 命令行：slice。

选择"绘图 > 建模 > 剖切"命令，启用"剖切"命令，通过定义一个剖切平面将圆柱体剖切为两个部分，如图 9-53 所示。操作步骤如下。

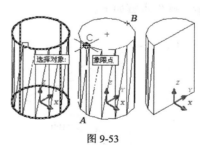

图 9-53

命令：_slice	//选择剖切命令
选择对象：找到 1 个	//选择圆柱体
选择对象：	//按 Enter 键
指定切面上的第一个点，依照[对象(O)/Z 轴(Z)/视图(V)/XY 平面(XY)/YZ 平面(YZ)/ZX 平面(ZX)/三点(3)] <三点>： <对象捕捉 开>	//打开"对象捕捉"开关，单击选择象限点 A 点
指定平面上的第二个点：	//单击选择象限点 B 点
指定平面上的第三个点：	//单击选择象限点 C 点
在要保留的一侧指定点或[保留两侧(B)]:	//单击要保留的一侧的点

9.3.12 课堂案例——绘制铅笔图形

【案例学习目标】掌握并熟练运用各种布尔运算创建三维实体。

【案例知识要点】使用"拉伸"菜单命令、"旋转"菜单命令和布尔运算"差集"来绘制铅笔图形，效果如图 9-54 所示。

图 9-54

【效果所在位置】光盘/Ch09/DWG/铅笔。

（1）创建图形文件。选择"文件 > 新建"命令，弹出"选择样板"对话框，单击 打开(O) 按钮，创建新的图形文件。

（2）绘制正六边形。选择"正多边形"命令⬠，绘制正六边形，如图 9-55 所示。操作步骤如下。

命令：_polygon 输入边的数目 <4>：6	//选择"正多边形"命令⬠，输入边的数目
指定正多边形的中心点或[边(E)]：0,0	//输入正多边形的中心点坐标
输入选项[内接于圆(I)/外切于圆(C)] <I>：I	//选择"内接于圆"选项
指定圆的半径：5	//指定圆的半径值

（3）拉伸正六边形。选择"绘图 > 建模 > 拉伸"命令，拉伸正六边形图形，如图 9-56 所示。操作步骤如下。

命令：_extrude	//选择拉伸菜单命令
当前线框密度：ISOLINES=4	
选择对象：找到 1 个	//单击选择正六边形
选择对象：	//按 Enter 键
指定拉伸高度或[路径(P)]：200	//指定拉伸高度值
指定拉伸的倾斜角度 <0>：	//按 Enter 键

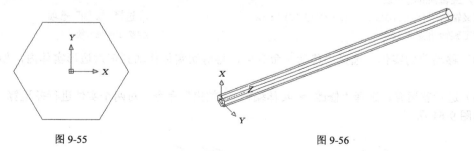

图 9-55　　　　　　　　　　　　　　　　图 9-56

（4）新建坐标系。选择"工具 > 新建 UCS > Y"命令，新建一个坐标系，如图 9-57 所示。操作步骤如下。

命令：_ucs	
当前 UCS 名称：*世界*	
输入选项	

> [新建(N)/移动(M)/正交(G)/上一个(P)/恢复(R)/保存(S)/删除(D)/应用(A)/?/世界(W)]
> <世界>：_y　　　　　　　　　　　　　　　//选择 Y 菜单命令
> 指定绕 Y 轴的旋转角度 <90>：　　　　　　//指定绕 Y 轴的旋转角度值

（5）绘制三角形。选择"直线"命令 ✐，绘制剪切体三角形，如图 9-58 所示。操作步骤如下。

> 命令：_line 指定第一点： 20,0　　　　　//选择直线命令 ✐，输入第一点绝对坐标
> 指定下一点或[放弃(U)]： @0,5　　　　　//输入下一点相对坐标
> 指定下一点或[放弃(U)]： @-20,0　　　　//输入下一点相对坐标
> 指定下一点或[闭合(C)/放弃(U)]： C　　　//选择"闭合"选项

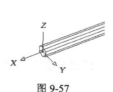

图 9-57　　　　　　　　　　　　　　　　图 9-58

（6）创建面域。选择"面域"命令 ▣，将三角形图形创建成面域。操作步骤如下。

> 命令：_region　　　　　　　　　　　　//选择面域命令 ▣
> 选择对象：指定对角点：找到 3 个　　　//矩形框选选择三条边
> 选择对象：　　　　　　　　　　　　　//按 Enter 键
> 已提取 1 个环。
> 已创建 1 个面域。

（7）旋转三角形。选择"绘图 > 建模 > 旋转"命令，将三角形旋转成剪切实体，如图 9-59 所示。操作步骤如下。

> 命令：_revolve　　　　　　　　　　　　　//选择旋转菜单命令
> 当前线框密度： ISOLINES=4
> 选择对象：找到 1 个　　　　　　　　　　//选择三角形面域
> 选择对象：　　　　　　　　　　　　　　//按 Enter 键
> 指定旋转轴的起点或
> 定义轴依照[对象(O)/X 轴(X)/Y 轴(Y)]： X　//选择"X 轴"选项
> 指定旋转角度 <360>：　　　　　　　　　//按 Enter 键

（8）移动剪切实体。选择"移动"命令 ✥，将剪切实体移动到正六边形实体内，如图 9-60 所示。

（9）进行差运算。选择"修改 > 实体编辑 > 差集"命令，对两个实体进行差运算，完成后效果如图 9-61 所示。

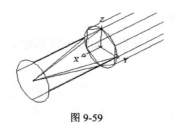

图 9-59

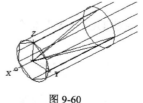

图 9-60

图 9-61

9.3.13 利用布尔运算绘制组合体

AutoCAD 可以对三维实体进行布尔运算，使其产生各种形状的组合体。布尔运算分为并、差、交 3 种方式。

1. 并运算

并运算可以合并两个或多个实体（或面域），构成一个组合对象。

启用命令方法如下。

- ⊙ 工具栏："实体编辑"工具栏中的"并集"按钮。
- ⊙ 菜单命令：修改 > 实体编辑 > 并集。
- ⊙ 命令行：union。

2. 差运算

差运算可以删除两个实体间的公共部分。

启用命令方法如下。

- ⊙ 工具栏："实体编辑"工具栏中的"差集"按钮。
- ⊙ 菜单命令：修改 > 实体编辑 > 差集。
- ⊙ 命令行：subtract。

3. 交运算

交运算可以用两个或多个重叠实体的公共部分创建组合实体。

启用命令方法如下。

- ⊙ 工具栏："实体编辑"工具栏中的"交集"按钮。
- ⊙ 菜单命令：修改 > 实体编辑 > 交集。
- ⊙ 命令行：intersect。

9.4 编辑三维实体

本节将针对三维实体的阵列、镜像、旋转以及对齐命令进行讲解，一方面可使读者对三维模型的空间概念有更进一步的认识，另一方面也可以同相关的二维编辑命令进行比较，从而进一步巩固前面各章学习的知识。

9.4.1 三维实体阵列

利用"三维阵列"命令可阵列三维实体。在操作过程中，用户需要输入阵列的列数、行数和层数。其中，列数、行数、层数分别是指实体在 X、Y、Z 方向的数目。此外，根据实体的阵列特点，可分为矩形阵列与环形阵列，如图 9-62 所示。

启用命令方法如下。

- ⊙ 菜单命令：修改 > 三维操作 > 三维阵列。
- ⊙ 命令行：3darray。

进行矩形阵列时，若输入的间距为正值，则向坐标轴的正方向阵列；若输入的间距为负值，则向坐标轴的负方向阵列。

进行环形阵列时，若输入的间距为正值，则逆时针方向阵列；若输入的间距为负值，则顺时针方向阵列。

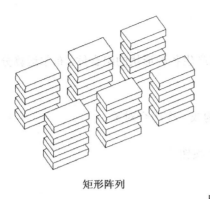

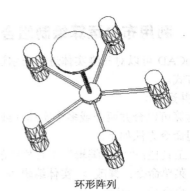

矩形阵列　　　　　　　　　　　　　　　　　　　环形阵列

图 9-62

选择"修改 > 三维操作 > 三维阵列"命令，启用"三维阵列"命令后，AutoCAD 提示如下。

命令：_3darray	//选择阵列菜单命令
选择对象：找到 1 个	//选择长方体实体模型
选择对象：	//按 Enter 键
输入阵列类型[矩形(R)/环形(P)] <矩形>：	//按 Enter 键
输入行数（---）<1>：2	//输入行数
输入列数（|||）<1>：3	//输入列数
输入层数（...）<1>：4	//输入层数
指定行间距（---）：300	//输入行间距
指定列间距（|||）：300	//输入列间距
指定层间距（...）：100	//输入层间距
命令：_3darray	//选择阵列菜单命令
选择对象：找到 1 个	//选择灯实体模型
选择对象：	//按 Enter 键
输入阵列类型[矩形(R)/环形(P)] <矩形>：P	//选择"环形"选项
输入阵列中的项目数目：5	//输入阵列数目
指定要填充的角度（+=逆时针，-=顺时针）<360>：	//按 Enter 键
旋转阵列对象？[是(Y)/否(N)] <Y>：	//按 Enter 键
指定阵列的中心点：_cen 于	//选择"对象捕捉"工具栏上的"捕捉到圆心"命令◎，捕捉吊灯支架的圆心
指定旋转轴上的第二点：_cen 于	//捕捉圆心

9.4.2　三维实体镜像

"三维镜像"命令通常用于绘制具有对称结构的三维实体，如图 9-63 所示。

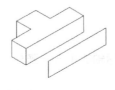

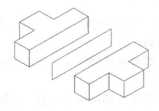

图 9-63

启用命令方法如下。

- ⊙ 菜单命令：修改 ＞ 三维操作 ＞ 三维镜像。
- ⊙ 命令行：mirror3d。

选择"修改 ＞ 三维操作 ＞ 三维镜像"命令，启用"三维镜像"命令后，AutoCAD 提示如下。

命令：_mirror3d	//选择三维镜像命令
选择对象：找到 1 个	//选择镜像对象
选择对象：	//按 Enter 键
指定镜像平面（三点）的第一个点或	
[对象(O)/最近的(L)/Z 轴(Z)/视图(V)/XY 平面(XY)/YZ 平面(YZ)/ZX 平面(ZX)/三点(3)]＜三点＞：	
	//捕捉镜像平面的第一个点
在镜像平面上指定第二点：	//捕捉镜像平面的第二个点
在镜像平面上指定第三点：	//捕捉镜像平面的第三个点
是否删除源对象？[是(Y)/否(N)]＜否＞：	//按 Enter 键

提示选项解释如下。

- ⊙ 对象（O）：将所选对象（圆、圆弧或多段线等）所在的平面作为镜像平面。
- ⊙ 最近的（L）：使用上一次镜像操作中使用的镜像平面作为本次操作的镜像平面。
- ⊙ Z 轴（Z）：依次选择两点，系统会自动将两点的连线作为镜像平面的法线，同时镜像平面通过所选的第一点。
- ⊙ 视图（V）：选择一点，系统会自动将通过该点且与当前视图平面平行的平面作为镜像平面。
- ⊙ XY 平面（XY）：选择一点，系统会自动将通过该点且与当前坐标系的 XY 面平行的平面作为镜像平面。
- ⊙ YZ 平面（YZ）：选择一点，系统会自动将通过该点且与当前坐标系的 YZ 面平行的平面作为镜像平面。
- ⊙ ZX 平面（ZX）：选择一点，系统会自动将通过该点且与当前坐标系的 ZX 面平行的平面作为镜像平面。
- ⊙ 三点（3）：通过指定三点来确定镜像平面。

9.4.3　三维实体旋转

通过"三维旋转"命令可以灵活定义旋转轴，并对三维实体进行任意旋转。

启用命令方法如下。

- ⊙ 菜单命令：修改 ＞ 三维操作 ＞ 三维旋转。
- ⊙ 命令行：rotate3d。

选择"修改 ＞ 三维操作 ＞ 三维旋转"命令，启用"三维旋转"命令，将正六棱柱绕 X 轴旋转 90°，如图 9-64 所示。完成后效果如图 9-65 所示，操作步骤如下。

命令：rotate3d	//选择三维旋转命令
当前正向角度：ANGDIR=逆时针 ANGBASE=0	
选择对象：找到 1 个	//选择正六棱柱
选择对象：	//按 Enter 键
指定轴上的第一个点或定义轴依据	
[对象(O)/最近的(L)/视图(V)/X 轴(X)/Y 轴(Y)/Z 轴(Z)/两点(2)]：X	
	//选择"X 轴"选项

指定 X 轴上的点 <0,0,0>:	//按 Enter 键
指定旋转角度或[参照(R)]: 90	//输入旋转角度

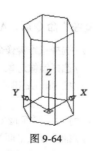

图 9-64

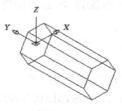

图 9-65

提示选项解释如下。

⊙　对象（O）：通过选择一个对象确定旋转轴。若选择直线，则该直线就是旋转轴；若选择圆或圆弧，则旋转轴通过选择点，并与其所在的平面垂直。

⊙　最近的（L）：使用上一次旋转操作中使用的旋转轴作为本次操作的旋转轴。

⊙　视图（V）：选择一点，系统会自动将通过该点且与当前视图平面垂直的直线作为旋转轴。

⊙　X 轴（X）：选择一点，系统会自动将通过该点且与当前坐标系 X 轴平行的直线作为旋转轴。

⊙　Y 轴（Y）：选择一点，系统会自动将通过该点且与当前坐标系 Y 轴平行的直线作为旋转轴。

⊙　Z 轴（Z）：选择一点，系统会自动将通过该点且与当前坐标系 Z 轴平行的直线作为旋转轴。

⊙　两点（2）：通过指定两点来确定旋转轴。

9.4.4　三维实体对齐

三维对齐是指通过移动、旋转一个实体使其与另一个实体对齐。在三维对齐的操作过程中，最关键的是选择合适的源点与目标点。其中，源点是在被移动、旋转的对象上选择；目标点是在相对不动、作为放置参照的对象上选择。

启用命令方法如下。

⊙　菜单命令：修改 > 三维操作 > 对齐。

⊙　命令行：align。

选择"修改 > 三维操作 > 对齐"命令，启用"三维对齐"命令，将正三棱柱和正六棱柱对齐，如图 9-66 所示。完成后效果如图 9-67 所示，操作步骤如下。

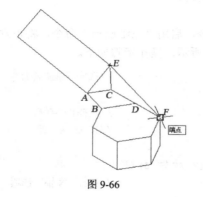

图 9-66

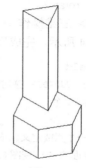

图 9-67

命令：align	//选择三维对齐命令
选择对象：找到1个	//选择正三棱柱
选择对象：	//按 Enter 键
指定第一个源点：	//选择正三棱柱体上的 A 点
指定第一个目标点：	//选择正六棱柱体上的 B 点
指定第二个源点：	//选择正三棱柱体上的 C 点
指定第二个目标点：	//选择正六棱柱体上的 D 点
指定第三个源点或 <继续>：	//选择正三棱柱体上的 E 点
指定第三个目标点：	//选择正六棱柱体上的 F 点

9.4.5 倒棱角

利用"倒角"命令□可以对三维模型进行倒棱角操作。

启用命令方法如下。

⊙ 工具栏："修改"工具栏中的"倒角"按钮□。

⊙ 菜单命令：修改 > 倒角。

⊙ 命令行：chamfer。

选择"修改 > 倒角"命令，启用"倒角"命令，在圆柱体的端面进行倒棱角，如图 9-68 所示。完成后效果如图 9-69 所示。操作步骤如下。

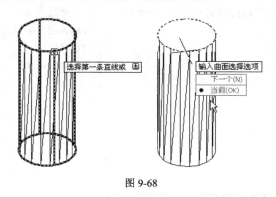 

图 9-68	图 9-69

命令：_chamfer	//选择倒角命令□
("修剪"模式) 当前倒角距离 1 = 0.0000，距离 2 = 0.0000	
选择第一条直线或[放弃(U)/多段线(P)/距离(D)/角度(A)/修剪(T)/方式(E)/多个(M)]：	
	//选择棱边，确定倒角的基面
基面选择...	
输入曲面选择选项[下一个(N)/当前(OK)] <当前>：	//此时若圆柱端面以虚线表示(表示被选中)，则按 Enter 键；若相邻面以虚线显示，则选择"下一个"选项，然后按 Enter 键
指定基面的倒角距离：2	//输入基面的倒角距离
指定其他曲面的倒角距离 <2.0000>：	//输入相邻面的倒角距离
选择边或[环(L)]：	//选择要倒角的棱边，按 Enter 键

9.4.6 倒圆角

利用"圆角"命令□可以对三维模型进行倒圆角操作。

启用命令方法如下。

⊙　工具栏：“修改”工具栏中的“圆角”按钮◻。

⊙　菜单命令：修改 > 圆角。

⊙　命令行：fillet。

选择“修改 > 圆角”命令，启用“圆角”命令，在长方体的棱边 A 和 B 处进行倒圆角，如图 9-70 所示。完成后效果如图 9-71 所示，操作步骤如下。

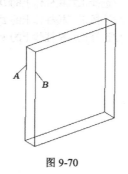

图 9-70

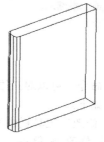

图 9-71

```
命令: _fillet                                                      //选择圆角命令◻
当前设置: 模式 = 修剪, 半径 = 0.0000
选择第一个对象或[放弃(U)/多段线(P)/半径(R)/修剪(T)/多个(M)]:     //选择棱边 A
输入圆角半径: 10                                                  //输入圆角半径
选择边或[链(C)/半径(R)]:                                          //选择棱边 B
选择边或[链(C)/半径(R)]:                                          //按 Enter 键
已选定 2 个边用于圆角。
```

9.5　压印

利用“压印”命令可以将所选的图形对象压印到另一个实体模型上。

启用命令方法如下。

⊙　工具栏：“实体编辑”工具栏中的“压印”按钮◻。

⊙　菜单命令：修改 > 实体编辑 > 压印。

⊙　命令行：solidedit。

选择“修改 > 实体编辑 > 压印”命令，启用“压印”命令，将图 9-72 所示的圆压印到立方体模型上。操作步骤如下。

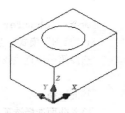

图 9-72

```
命令: _solidedit                                                  //选择压印菜单命令
实体编辑自动检查: SOLIDCHECK=1
输入实体编辑选项[面(F)/边(E)/体(B)/放弃(U)/退出(X)] <退出>: _body
输入体编辑选项
[压印(I)/分割实体(P)/抽壳(S)/清除(L)/检查(C)/放弃(U)/退出(X)] <退出>: _imprint
选择三维实体:                                                     //选择立方体模型
选择要压印的对象:                                                 //选择圆
```

是否删除源对象[是(Y)/否(N)] <N>:Y　　　　　　　　　　//输入字母"Y"，选择"是"选项
选择要压印的对象：　　　　　　　　　　　　　　　　　　　//按 Enter 键
输入体编辑选项
[压印(I)/分割实体(P)/抽壳(S)/清除(L)/检查(C)/放弃(U)/退出(X)] <退出>：　//按 Enter 键
实体编辑自动检查：　SOLIDCHECK=1
输入实体编辑选项[面(F)/边(E)/体(B)/放弃(U)/退出(X)] <退出>：　　　//按 Enter 键

提示　　　　　可以用来压印的图形对象包括圆、圆弧、直线、二维和三维多段线、椭圆、样条曲线、面域以及实心体等。另外，压印的对象必须与实体模型的一个或几个面相交。

9.6 抽壳

利用"抽壳"命令可以绘制壁厚相等的壳体。
启用命令方法如下。
⊙　工具栏："实体编辑"工具栏中的"抽壳"按钮 ◙。
⊙　菜单命令：修改 > 实体编辑 > 抽壳。
⊙　命令行：solidedit。
选择"修改 > 实体编辑 > 抽壳"命令，启用"抽壳"命令，通过圆柱体模型绘制壁厚相等的壳体，如图 9-73 所示。完成后的效果如图 9-74 所示。操作步骤如下。

图 9-73

图 9-74

命令：_solidedit　　　　　　　　　　　　　　　　　　　//选择抽壳菜单命令 ◙
实体编辑自动检查：　SOLIDCHECK=1
输入实体编辑选项[面(F)/边(E)/体(B)/放弃(U)/退出(X)] <退出>：_body
输入体编辑选项
[压印(I)/分割实体(P)/抽壳(S)/清除(L)/检查(C)/放弃(U)/退出(X)] <退出>：_shell
选择三维实体：　　　　　　　　　　　　　　　　　　　　//选择圆柱体模型
删除面或[放弃(U)/添加(A)/全部(ALL)]：找到一个面，已删除1个。　//选择圆柱体的端面
删除面或[放弃(U)/添加(A)/全部(ALL)]：　　　　　　　　　//按 Enter 键
输入抽壳偏移距离：1　　　　　　　　　　　　　　　　　　//输入壳的厚度
已开始实体校验。
已完成实体校验。

输入体编辑选项
[压印(I)/分割实体(P)/抽壳(S)/清除(L)/检查(C)/放弃(U)/退出(X)]　<退出>:　　//按 Enter 键
实体编辑自动检查:　SOLIDCHECK=1
输入实体编辑选项[面(F)/边(E)/体(B)/放弃(U)/退出(X)]　<退出>:　　　　　　//按 Enter 键

提示　　　　壳体厚度值可为正值或负值。当厚度值为正值时,实体表面向内偏移形成壳体;厚度值为负值时,实体表面向外偏移形成壳体。

9.7 清除与分割

"清除"命令用于删除所有重合的边、顶点以及压印形成的图形等。

"分割"命令用于将体积不连续的实体模型分割为几个独立的三维实体。通常,在进行布尔运算中的差运算后会产生一个体积不相连的三维实体,此时利用"分割"命令可将其分割为几个独立的三维实体。

启用命令方法如下。

◉　工具栏:"实体编辑"工具栏中的"清除"按钮 或"分割"按钮 。

◉　菜单命令:修改 > 实体编辑 >"清除"或"分割"。

9.8 课堂练习——观察双人床图形

【练习知识要点】利用"二维线框"命令、"消隐"命令和"真实视觉样式"命令,对双人床图形进行图形观察,如图 9-75 所示。

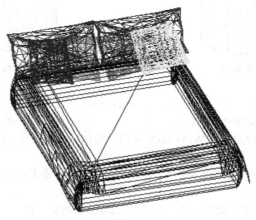

图 9-75

【效果所在位置】光盘/Ch09/DWG/双人床。

9.9 课堂练习——绘制台灯图形

【练习知识要点】利用旋转工具和"真实视觉样式"命令绘制台灯三维模型，并观察它的模型，效果如图 9-76 所示。

图 9-76

【效果所在位置】光盘/Ch09/DWG/台灯。

9.10 课后习题——绘制餐桌

【习题知识要点】利用拉伸工具、布尔运算和"真实视觉样式"命令绘制台灯三维模型，并观察它的模型，效果如图 9-77 所示。

图 9-77

【效果所在位置】光盘/Ch09/DWG/餐桌。

信息查询与辅助工具

本章主要介绍 AutoCAD 的信息查询方法，通过信息查询可以快速查询图形对象的各种信息，以便了解图形状态。本章同时介绍了辅助工具的用法，如工具选项板窗口和图纸集管理器等，从而进一步加深读者对 AutoCAD 的了解。

课堂学习目标
● 信息查询
● 辅助工具

10.1 信息查询

AutoCAD 提供了图形信息的各种查询方法，如距离、面积、质量、系统状态、图形对象信息、绘图时间和点信息的查询等。

10.1.1 查询距离

查询距离一般是指查询两点之间的距离，常与对象捕捉功能配合使用。此外，通过查询距离功能，还可以测量图形对象的长度、图形对象在 xy 平面内的夹角等。AutoCAD 提供了"距离"命令，用于查询图形对象的距离。

启用命令方法如下。
◉ 工具栏："查询"工具栏中的"距离"按钮 ▤。
◉ 菜单命令：工具 > 查询 > 距离。
◉ 命令行：di（dist）。

选择"工具 > 查询 > 距离"命令，启用"距离"命令，查询线段 AB 的长度，如图 10-1 所示，操作步骤如下。

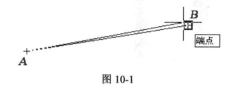

图 10-1

命令：'_dist	//选择距离命令 ▤
指定第一点：<对象捕捉 开>	//打开对象捕捉开关，捕捉交点 A 点
指定第二点：	//捕捉交点 B 点
距离 = 515.5317，XY 平面中的倾角 = 10，	与 XY 平面的夹角 = 0
X 增量 = 508.1439， Y 增量 = 86.9638，	Z 增量 = 0.0000
	//查询到 A、B 点之间的距离

10.1.2 查询面积

在 AutoCAD 中，用户可以查询矩形、圆、多边形、面域等对象及指定区域的周长与面积，另外还可以进行面积的加、减运算等。AutoCAD 提供了"面积"命令，用于查询图形对象的周长与面积。

启用命令方法如下。

- ⊙ 工具栏："查询"工具栏中的"面积"按钮。
- ⊙ 菜单命令：工具 > 查询 > 面积。
- ⊙ 命令行：area。

选择"工具 > 查询 > 面积"命令，启用"面积"命令，捕捉相应的图形对象，查询该图形对象的周长与面积，如图 10-2、图 10-3 和图 10-4 所示。操作步骤如下。

命令：_area	//选择面积命令
指定第一个角点或[对象(O)/加(A)/减(S)]：O	//选择"对象"选项
选择对象：	//单击选择圆
面积 = 86538.9568，圆周长 = 1042.8234	//查询到圆的面积与周长

图 10-2

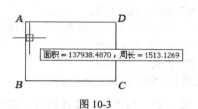

图 10-3

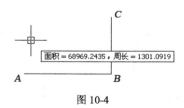

图 10-4

命令：_area	//选择面积命令
指定第一个角点或[对象(O)/加(A)/减(S)]：<对象捕捉 开>	//打开对象捕捉开关，捕捉交点 A 点
指定下一个角点或按 ENTER 键全选：	//捕捉交点 B 点
指定下一个角点或按 ENTER 键全选：	//捕捉交点 C 点
指定下一个角点或按 ENTER 键全选：	//捕捉交点 D 点
指定下一个角点或按 ENTER 键全选：	//按 Enter 键
面积 = 137938.4870，周长 = 1513.1269	//查询到矩形 ABCD 的面积与周长
命令：_area	//选择面积命令
指定第一个角点或[对象(O)/加(A)/减(S)]：<对象捕捉 开>	//打开对象捕捉开关，捕捉交点 A 点
指定下一个角点或按 ENTER 键全选：	//捕捉交点 B 点
指定下一个角点或按 ENTER 键全选：	//捕捉交点 C 点
指定下一个角点或按 ENTER 键全选：	//按 Enter 键
面积 = 68969.2435，周长 = 1301.0919	//查询到三角形 ABC 的面积与周长

如果指定端点或选择的图形不封闭，则 AutoCAD 在计算图形的面积时，将假设从最后一点到第一点绘制一条直线；在计算周长时，将加上这条假设直线的长度。例如，捕捉交点 C 之后（如图 10-4 所示），按 Enter 键，完成对图形 ABC 的周长和面积的测量，其中周长的尺寸包含线段 AC 的长度。

提示选项解释如下。

⊙　对象（O）：通过对象方式查询选定对象的面积和周长。利用该方式可以计算圆、椭圆、样条曲线、多段线、多边形、面域和实体的面积。

⊙　加（A）：选择"加"模式时，系统将计算各个定义区域和对象的面积、周长，并计算所有定义区域和对象的总面积，如图 10-5 所示。操作步骤如下。

命令：_area	//选择面积命令 🗅
指定第一个角点或[对象(O)/加(A)/减(S)]：A	//选择"加"选项
指定第一个角点或[对象(O)/减(S)]：O	//选择"对象"选项
（"加"模式）选择对象：	//选择矩形对象
面积 = 163882.4719，周长 = 1619.6239	//系统测量出矩形的面积与周长
总面积 = 163882.4719	//显示选择对象的总面积
（"加"模式）选择对象：	//选择圆对象
面积 = 158321.8087，圆周长 = 1410.5072	//系统测量出圆的面积与周长
总面积 = 322204.2807	//显示选择对象的总面积
（"加"模式）选择对象：	//按 Enter 键
指定第一个角点或[对象(O)/减(S)]：	//按 Enter 键

⊙　减（S）：与"加"模式相反，系统将从总面积中减去指定面积，如图 10-6 所示。操作步骤如下。

　　　　　图 10-5　　　　　　　　　　　　　　　　图 10-6

命令：_area	//选择面积命令 🗅
指定第一个角点或[对象(O)/加(A)/减(S)]：A	//选择"加"选项
指定第一个角点或[对象(O)/减(S)]：O	//选择"对象"选项
（"加"模式）选择对象：	//选择矩形图形
面积 = 163882.4719，周长 = 1619.6239	//系统测量出矩形的面积与周长
总面积 = 163882.4719	//显示选择对象的总面积
（"加"模式）选择对象：	//按 Enter 键
指定第一个角点或[对象(O)/减(S)]：S	//选择"减"选项
指定第一个角点或[对象(O)/加(A)]：O	//选择"对象"选项
（"减"模式）选择对象：	//选择圆图形
面积 = 158321.8087，圆周长 = 1410.5072	//系统测量出圆的面积与周长
总面积 = 5560.6632	//显示在矩形面积中减去圆面积后剩余的面积
（"减"模式）选择对象：	//按 Enter 键
指定第一个角点或[对象(O)/加(A)]：	//按 Enter 键

10.1.3　查询质量

AutoCAD 提供了"面域/质量特性"命令，用于查询面域或三维实体的质量特性。

启用命令方法如下。

⊙　工具栏："查询"工具栏中的"面域/质量特性"按钮 。

⊙　菜单命令：工具 > 查询 > 面域/质量特性。

⊙　命令行：massprop。

选择"工具 > 查询 > 面域/质量特性"命令，启用"面域/质量特性"命令。选择相应的面域或三维实体，查询该面域或三维实体的质量特性，如图 10-7 所示。操作步骤如下。

图 10-7

```
命令：_massprop                              //选择面域/质量特性命令
选择对象：找到 1 个                           //选择方茶几模型
选择对象：                                    //按 Enter 键
---------------       实体       ----------------
质量：               127735298.7590
体积：               127735298.7590
边界框：             X: 368.5106  --  1768.5106
                    Y: -1221.0254  --  -421.0254
                    Z: -5.1554  --  889.8446
质心：               X: 1057.9014
                    Y: -821.0183
                    Z: 732.2276
惯性矩：             X: 1.6880E+14
                    Y: 2.4865E+14
                    Z: 2.6970E+14
惯性积：             XY: -1.1094E+14
                    YZ: -7.6792E+13
                    ZX: 9.9850E+13
旋转半径：           X: 1149.5486
                    Y: 1395.2132
                    Z: 1453.0591 按 Enter 键继续：    //按 Enter 键
是否将分析结果写入文件？[是(Y)/否(N)] <否>：              //按 Enter 键
```

提示

在 AutoCAD 中，所有物体的密度值均默认为 1.0，因此在查询到实体的体积后通过计算（质量＝体积×密度），即可得到实体的质量。

提示选项解释如下。

⊙　是（Y）：用于保存分析结果，其保存文件的后缀名为".mpr"。以后在需要查看分析结果时，可以利用记事本将其打开，并查看分析结果。

⊙　否（N）：用于不保存分析结果。

10.1.4　查询系统状态

AutoCAD 提供了"状态"命令，用于查询当前图形的系统状态。其中，当前图形的系统状态包括以下几个方面。

（1）统计当前图形中对象的数目。

（2）显示所有图形对象、非图形对象和块定义。

（3）在 DIM 提示下使用时，报告所有标注系统变量的值和说明。

启用命令方法如下。

◉　菜单命令：工具 > 查询 > 状态。

◉　命令行：status。

选择"工具 > 查询 > 状态"命令，启用"状态"命令后，系统会自动列出以下状态信息。

```
命令：'_status  63 个对象在 E:\CAD 素材\三维\方茶几.dwg 中
模型空间图形界限      X:      0.0000   Y:      0.0000   (关)
                     X: 42000.0000   Y: 29700.0000
模型空间使用          X:    811.7010  Y:    219.2133
                     X:   1261.7010  Y:    769.2133
显示范围              X:  -1850.9519  Y:  -1763.8479
                     X:   2333.6109  Y:   2420.7149
插入基点              X:      0.0000  Y:      0.0000   Z:      0.0000
捕捉分辨率            X:     10.0000  Y:     10.0000
栅格间距              X:     10.0000  Y:     10.0000
当前空间：            模型空间
当前布局：            Model
当前图层：            0
当前颜色：            BYLAYER -- 7 (白色)
当前线型：            BYLAYER -- "Continuous"
当前线宽：            BYLAYER
当前标高：            0.0000  厚度：     0.0000
填充 开  栅格 关  正交 关  快速文字 关  捕捉 关  数字化仪 关
对象捕捉模式：     圆心，端点，交点，中点，节点，垂足，象限点，切点
可用图形磁盘 (E:) 空间：1869.7 MB
可用临时磁盘 (C:) 空间：858.3 MB
可用物理内存：84.0 MB (物理内存总量 511.5 MB)。
可用交换文件空间：959.0 MB (共 1373.8 MB)。
```

10.1.5　查询图形对象信息

AutoCAD 提供了"列表"命令，用于查询图形对象的信息，如图形对象的类型、图层、相对于当前坐标系的 X、Y、Z 位置以及对象是位于模型空间还是图纸空间等各项信息。

启用命令方法如下。

◉　工具栏："查询"工具栏中的"列表"按钮 。

◉　菜单命令：工具 > 查询 > 列表。

◉　命令行：list。

选择"工具 > 查询 > 列表"命令，启用"列表"命令。选择想要查询的图形对象，可将其相关信息以列表的形式列出，如图 10-8 所示。操作步骤如下。

图 10-8

命令：_list	//选择列表命令

```
选择对象: 找到 1 个                                          //选择矩形
选择对象:                                                   //按 Enter 键
                LWPOLYLINE    图层: 0
                         空间: 模型空间
                     句柄 = fa
                闭合
        固定宽度    0.0000
        面积    90768.9125
           周长   1222.8461
              于端点  X=  659.8813   Y=  593.4693   Z=   0.0000
              于端点  X= 1017.4640   Y=  593.4693   Z=   0.0000
              于端点  X= 1017.4640   Y=  339.6290   Z=   0.0000
              于端点  X=  659.8813   Y=  339.6290   Z=   0.0000    //显示与矩形相关信息
```

10.1.6　查询绘图时间

AutoCAD 提供了"时间"命令，用于查询图形的创建和编辑时间等。

启用命令方法如下。

⊙ 菜单命令：工具 > 查询 > 时间。

⊙ 命令行：time。

选择"工具 > 查询 > 时间"命令，启用"时间"命令，查询图形的创建和编辑时间，系统
列出以下信息。

```
命令: '_ time
当前时间:                2012 年 5 月 12 日   14:46:10:390
此图形的各项时间统计:
   创建时间:            2012 年 5 月 12 日   14:36:54:046
   上次更新时间:        2012 年 5 月 12 日   14:36:54:046
   累计编辑时间:        0 days 00:09:16:375
   消耗时间计时器 (开): 0 days 00:09:16:360
   下次自动保存时间:    0 days 00:11:23:484
```

10.1.7　查询点信息

AutoCAD 提供了"点坐标"命令，用于查询点的坐标位置，即 X、Y、Z 坐标值，以便用户
精确定位图形。

启用命令方法如下。

⊙ 工具栏："查询"工具栏中的"定位点"按钮 🔳。

⊙ 菜单命令：工具 > 查询 > 点坐标。

⊙ 命令行：id。

选择"工具 > 查询 > 点坐标"命令，启用"点坐标"命
令，选择相应的点，列出该点的坐标位置，如图 10-9 所示。

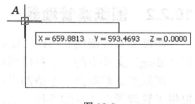

图 10-9

```
命令: '_id                                          //选择点坐标命令 🔳
指定点: <对象捕捉 开>                                //打开对象捕捉开关，捕捉 A 点
X = 659.8813      Y = 593.4693      Z = 0.0000       //显示出 A 点的坐标值
```

10.2 辅助工具

AutoCAD 2012 辅助工具包括工具选项板窗口和图纸集管理器这两个主要的辅助工具。

10.2.1 工具选项板窗口

工具选项板窗口提供了组织、共享、放置块及填充图案的快捷方法，它包括"注释"、"建筑"、"机械"、"土木工程/结构"、"电力"、"图案填充"和"工具命令" 7 个选项卡。

用户可以从选项卡中直接将某个工具拖曳到绘图区域中创建图形，也可以将已有图形和图块等放入工具选项板中来创建新工具。

启用命令方法如下。

◉ 工具栏："标准"工具栏中的"工具选项板窗口"按钮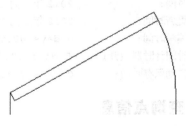。

◉ 菜单命令：工具 > 工具选项板窗口。

◉ 命令行：toolpalettes。

选择"工具 > 工具选项板窗口"命令，启用"工具选项板窗口"命令，操作步骤如下。

（1）选择"工具 > 工具选项板窗口"命令，打开"工具选项板窗口"对话框。

（2）在"工具选项板窗口"对话框中，依次选择"建筑 > 公制样例 > 门-公制"，如图 10-10 所示。将其拖曳到绘图窗口内，绘制门图形，如图 10-11 所示。

图 10-10
图 10-11

10.2.2 图纸集管理器

图纸集管理器用于组织、显示和管理图纸集（图纸的命名集合）。图纸集中的每张图纸都与图形（.dwg）文件中的一个布局相对应。这样便于图纸的管理、传递、发布以及归档。

图纸集管理器是一个协助用户将多个图形文件组织为一个图纸集的新工具。图纸集管理器还提供了管理图形文件的各种工具。

启用命令方法如下。

◉ 工具栏："标准"工具栏中的"图纸集管理器"按钮。

◉ 菜单命令：工具 > 图纸集管理器。

◉ 命令行：sheetset。

选择"工具 > 图纸集管理器"命令，启用"图纸集管理器"命令，操作步骤如下。

（1）选择"工具 > 图纸集管理器"命令，弹出"图纸集管理器"对话框，它包括了"模型视图"、"图纸视图"和"图纸列表"3个选项卡，如图10-12所示。

（2）选择"图纸列表控件"列表框右侧的 按钮，弹出下拉列表，选择"新建图纸集"命令，如图10-13所示。弹出"创建图纸集-开始"对话框，选择"样例图纸集"单选项，如图10-14所示。

图10-12

图10-13

图10-14

（3）单击 下一步(N) > 按钮，弹出"创建图纸集-图纸集样例"对话框，选择"Architectural Metric Sheet Set"选项，使用公制建筑图纸集来创建新的图纸集，其默认图纸尺寸为594mm×841mm，如图10-15所示。

图10-15

（4）单击 下一步(N) > 按钮，弹出"创建图纸集-图纸集详细信息"对话框，在"新图纸集的名称"文本框下输入名称"cad"，如图 10-16 所示。

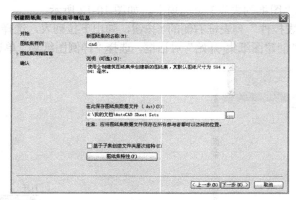

图 10-16

（5）单击 下一步(N) > 按钮，弹出"创建图纸集-确认"对话框，预览图纸集，如图 10-17 所示。单击 完成 按钮，创建图纸集操作完成，如图 10-18 所示。

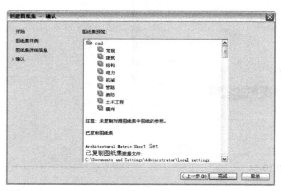

图 10-17

图 10-18

打印与输出

本章主要介绍建筑图形的打印和输出方法。通过本章的学习，读者可以根据工作需求，合理地打印和输出建筑图形。

课堂学习目标
- 打印图形
- 输出图形为其他格式

11.1 打印图形

通常在图形绘制完成后，需要将其打印于图纸上。在打印图形的操作过程中，用户首先需要启用"打印"命令，然后选择或设置相应的选项即可打印图形。

启用命令方法如下。
- ⊙ 菜单命令：文件 > 打印。
- ⊙ 命令行：plot。

选择"文件 > 打印"命令，启用"打印"命令，弹出"打印-模型"对话框，如图 11-1 所示。从中用户需要选择打印设备、图纸尺寸、打印区域和打印比例等。单击"打印-模型"对话框右下角的"展开"按钮，展开右侧隐藏部分的内容，如图 11-2 所示。

图 11-1

图 11-2

对话框选项解释如下。

"打印机/绘图仪"选项组用于选择打印设备。

⊙ "名称"下拉列表：选择打印设备的名称。当用户选定打印设备后，系统将显示该设备的名称、连接方式、网络位置及与打印相关的注释信息，同时其右侧 特性(R)... 按钮将变为可选状态。

"图纸尺寸"选项组用于选择图纸的尺寸。

⊙　"图纸尺寸"下拉列表：可以根据打印的要求选择相应的图纸，如图 11-3 所示。

若该下拉列表中没有相应的图纸，则需要用户自定义图纸尺寸。其操作方法是单击"打印机/绘图仪"选项组中的 ⬚特性(R)... 按钮，弹出"绘图仪配置编辑器"对话框，然后选择"自定义图纸尺寸"选项，并在出现的"自定义图纸尺寸"选项组中单击 ⬚添加(C)... 按钮，随后根据系统的提示依次输入相应的图纸尺寸即可。

"打印区域"选项组用于设置图形的打印范围。

⊙　"打印范围"下拉列表：从中可选择要输出图形的范围，如图 11-4 所示。

图 11-3　　　　　　　　　　　　　　　　　图 11-4

⊙　"窗口"选项：当用户在"打印范围"下拉列表中选择"窗口"选项时，用户可以选择指定的打印区域。其操作方法是在"打印范围"下拉列表中选择"窗口"选项，其右侧将出现 ⬚窗口(O)< 按钮。单击 ⬚窗口(O)< 按钮，系统将隐藏"打印-模型"对话框，此时用户即可在绘图窗口内指定打印的区域，如图 11-5 所示。打印预览效果如图 11-6 所示。

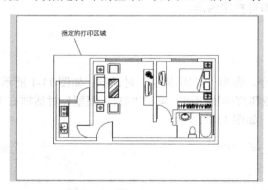
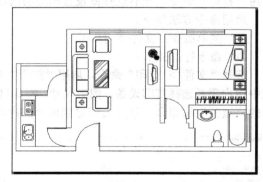

图 11-5　　　　　　　　　　　　　　　　　图 11-6

⊙　"范围"选项：打印出图形中所有的对象，打印预览效果如图 11-7 所示。

⊙　"图形界限"选项：按照用户设置的图形界限来打印图形，此时在图形界限范围内的图形对象将打印在图纸上，打印预览效果如图 11-8 所示。

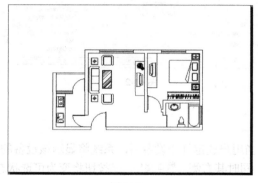
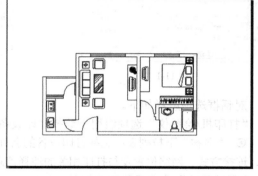

图 11-7　　　　　　　　　　　　　　　　　图 11-8

⊙ "显示"选项：打印绘图窗口内显示的图形对象，打印预览效果如图 11-9 所示。

"打印比例"选项组用于设置图形打印的比例，如图 11-10 所示。

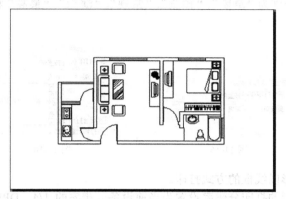

图 11-9

图 11-10

⊙ "布满图纸"复选框：自动按照图纸的大小适当缩放图形，使打印的图形布满整张图纸。选择"布满图纸"复选框后，"打印比例"选项组的其他选项变为不可选状态。

⊙ "比例"下拉列表：用于选择图形的打印比例，如图 11-11 所示。当用户选择相应的比例选项后，系统将在下面的数值框中显示相应的比例数值，如图 11-12 所示。

"打印偏移"选项组用于设置图纸打印的位置，如图 11-13 所示。在默认状态下，AutoCAD 将从图纸的左下角打印图形，其打印原点的坐标是（0,0）。

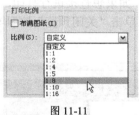

图 11-11

图 11-12

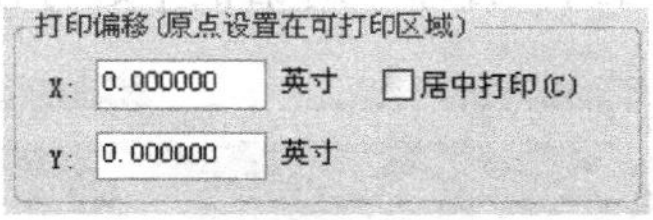

图 11-13

⊙ "X"、"Y"数值框：设置图形打印的原点位置，此时图形将在图纸上沿 X 轴和 Y 轴移动相应的位置。

⊙ "居中打印"复选框：在图纸的正中间打印图形。

"图形方向"选项组用于设置图形在图纸上的打印方向，如图 11-14 所示。

⊙ "纵向"单选项：当用户选择"纵向"单选项时，图形在图纸上的打印位置是纵向的，即图形的长边为垂直方向。

⊙ "横向"单选项：当用户选择"横向"单选项时，图形在图纸上的打印位置是横向的，即图形的长边为水平方向。

⊙ "上下颠倒打印"复选框：当用户选择"上下颠倒打印"复选框时，可以使图形在图纸上倒置地打印。该选项可以与"纵向"、"横向"两个单选项结合使用。

"着色视口选项"选项组用于打印经过着色或渲染的三维图形，如图 11-15 所示。

"着色打印"下拉列表中存在 4 个选项，分别为"按显示"、"线框"、"消隐"以及"渲染"。

⊙ "按显示"选项：按图形对象在屏幕上的显示情况进行打印。

⊙ "线框"选项：按线框模式打印图形对象，而不考虑图形在屏幕上的显示情况。

⊙　"消隐"选项：按消隐模式打印图形对象，即在打印图形时去除其隐藏线。

⊙　"渲染"选项：按渲染模式打印图形对象。

"质量"下拉列表中存在 6 个选项，分别为"草稿"、"预览"、"常规"、"演示"、"最高"和"自定义"，如图 11-16 所示。

图 11-14

图 11-15

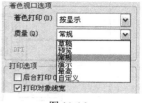

图 11-16

⊙　"草稿"选项：渲染或着色的图形以线框的方式打印。

⊙　"预览"选项：渲染或着色的图形的打印分辨率设置为当前设备分辨率的 1/4，DPI 最大值为 150。

⊙　"常规"选项：渲染或着色的图形的打印分辨率设置为当前设备分辨率的 1/2，DPI 最大值为 300。

⊙　"演示"选项：渲染或着色的图形的打印分辨率设置为当前设备的分辨率，DPI 最大值为 600。

⊙　"最高"选项：渲染或着色的图形的打印分辨率设置为当前设备的分辨率。

⊙　"自定义"选项：渲染或着色的图形的打印分辨率设置为"DPI"框中用户指定的分辨率。

⊙　 预览(P)... 按钮：显示图纸打印的预览图，如图 11-17 所示。如果想直接进行打印，可以单击"打印"按钮，打印图形；如果设置的打印效果不理想，可以单击"关闭预览"按钮，返回到"打印"对话框中进行修改，再进行打印。

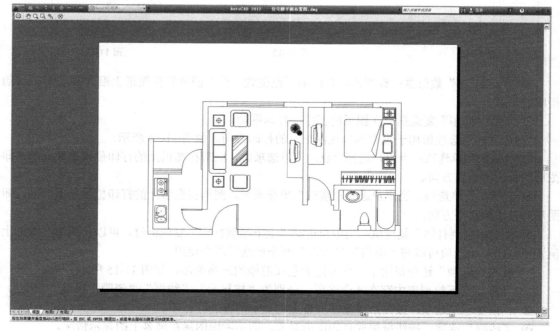

图 11-17

用户常常需要在一张图纸上打印多个图形，以便节省图纸，操作步骤如下。

（1）选择"文件 > 新建"命令，创建新的图形文件。

（2）选择"插入 > 块"命令，弹出"插入"对话框，单击 浏览(B)... 按钮，弹出"选择图形文件"对话框。从中选择要插入的图形文件，单击 打开(O) 按钮。此时在"插入"对话框的"名称"文本框内将显示所选文件的名称，如图 11-18 所示，单击 确定 按钮，将图形插入到指定的位置。

图 11-18

（3）利用相同的方法插入其他图形，选择"缩放"工具□，将图形进行缩放，其缩放的比例与打印比例相同，适当组成一张图纸幅面。

（4）选择"文件 > 打印"命令，弹出"打印"对话框，设置比例为 1：1，并打印图形。

11.2 输出图形为其他格式

在 AutoCAD 中，利用"输出"命令可以将绘制的图形输出为 BMP 和 3DS 等格式的文件，并在其他应用程序中使用它们。

启用命令方法如下。

⊙ 菜单命令：文件 > 输出。

⊙ 命令行：exp（export）。

选择"文件 > 输出"命令，启用"输出"命令，弹出"输出数据"对话框。指定文件的名称和保存路径，并在"文件类型"选项的下拉列表中选择相应的输出格式，如图 11-19 所示。单击 保存(S) 按钮，将图形输出为所选格式的文件。

图 11-19

在 AutoCAD 中，可以将图形输出为以下几种格式的文件。

⊙　"图元文件"：此格式以".wmf"为扩展名，将图形输出为图元文件，以供不同的 Windows 软件调用。图形在其他的软件中时，图元的特性不变。

⊙　"ACIS"：此格式以".sat"为扩展名，将图形输出为实体对象文件。

⊙　"平板印刷"：此格式以".stl"为扩展名，输出图形为实体对象立体画文件。

⊙　"封装 PS"：此格式以".eps"为扩展名，输出为 PostScrip 文件。

⊙　"DXX 提取"：此格式以".dxx"为扩展名，输出为属性抽取文件。

⊙　"位图"：此格式以".bmp"为扩展名，输出为与设备无关的位图文件，可供图像处理软件调用。

⊙　"3D Studio"：此格式以".3ds"为扩展名，输出为 3D Studio（MAX）软件可接受的格式文件。

⊙　"块"：此格式以".dwg"为扩展名，输出为图形块文件，可供不同版本 CAD 软件调用。

11.2.1　输出为 3D Studio 格式文件

将 AutoCAD 中的二维平面图形输出并应用于 3ds Max 的操作步骤如下。

（1）在桌面菜单中选择启动 3ds Max 程序命令，运行 3ds Max 软件。

（2）在 3ds Max 软件中选择"导入"命令，弹出"选择要导入的文件"对话框。选择光盘中的"Ch11 > 素材 > 方茶几 1"文件，如图 11-20 所示。单击 打开(O) 按钮，弹出"AutoCAD DWG/DXF 导入选项"对话框，如图 11-21 所示。单击 确定 按钮，在窗口中打开图形。

图 11-20　　　　　　　　　　　　　　　　　图 11-21

（3）在窗口中打开图形，此时可在 3ds Max 中对图像进行编辑，如图 11-22 所示。

将 AutoCAD 中的三维图形输出并应用于 3ds Max 的操作步骤如下。

（1）打开光盘中的"Ch11 > 素材 > 方茶几 2"文件。

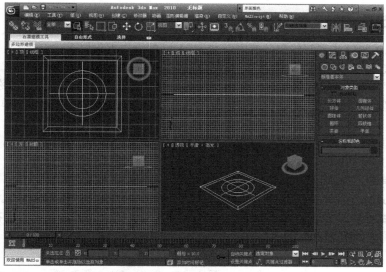

图 11-22

（2）选择"导出"命令，弹出"选择要导出的文件"对话框，指定文件的名称和保存路径，并在"保存类型"选项的下拉列表中选择 3D Studio（*.3DS）格式，如图 11-23 所示。单击 保存(S) 按钮，弹出"将场景导出到.3DS 文件"对话框，如图 11-24 所示，单击 确定 按钮。

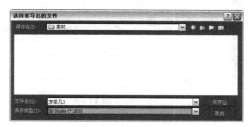

图 11-23　　　　　　　　　　　　　　　　　　　　　　图 11-24

（3）在 3ds Max 中选择"导入"命令，在对话框中选择文件"方茶几 3"，单击 打开(O) 按钮，此时会弹出"3DS 导入"对话框，如图 11-25 所示。单击 确定 按钮，在窗口中打开图形，如图 11-26 所示。

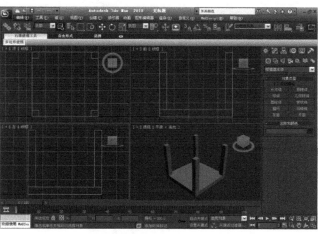

图 11-25　　　　　　　　　　　　　图 11-26

271

11.2.2　输出为 BMP 格式文件

将 AutoCAD 2012 中图形输出并应用于 Photoshop 的操作步骤如下。

（1）打开光盘中的"ch11 > 素材 > 住宅楼平面布置图"文件。

（2）选择"文件 > 输出"命令，弹出"输出数据"对话框，指定文件的名称和保存路径，并在"文件类型"选项的下拉列表中选择位图（*.bmp）格式，如图 11-27 所示。单击 保存(S) 按钮进行保存。

（3）对话框关闭后，光标变为拾取框，用窗口选择方式选择需要输出的图形，按 Enter 键，输出所选图形。

（4）从菜单中选择启动 Photoshop 程序命令，运行 Photoshop 软件。

（5）在 Photoshop 软件中，选择"文件 > 打开"命令，弹出"打开"对话框。选择前面输出的文件"住宅楼平面布置图"，单击 打开(O) 按钮，在窗口中打开图形，用户可以在 Photoshop 中对图像进行编辑，如图 11-28 所示。

图 11-27

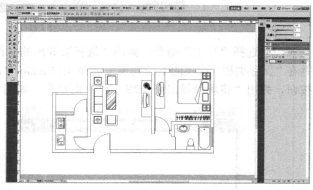

图 11-28